NETWORK | 中等职业学校计算机系列教材

网络专业 zhongdeng zhiye xuexiao jisuanji xilie jiaocai

ASP动态网页制作教程

ASP Dongtai Wangye Zhizuo Jiaocheng

◎ 陈学平 康海燕 董立国 编著

人民邮电出版社

北京

图书在版编目（C I P）数据

ASP动态网页制作教程 / 陈学平，康海燕，董立国编著. -- 北京 : 人民邮电出版社，2012.9
中等职业学校计算机系列教材
ISBN 978-7-115-27792-3

Ⅰ. ①A… Ⅱ. ①陈… ②康… ③董… Ⅲ. ①网页制作工具－程序设计－中等专业学校－教材 Ⅳ. ①TP393.092

中国版本图书馆CIP数据核字(2012)第046495号

内 容 提 要

本书主要内容包括 ASP 动态网站开发环境的配置、Access 数据库的基本操作、Access 数据库动态网站建设实例。

全书详细地介绍了通过 Dreamweaver 8.0 的可视化设计环境结合 Access 数据库开发 ASP 动态网站的各种技巧，项目 1～项目 3 对 ASP 数据库动态网站的运行环境、网站建设需要的数据库及 IIS 的配置等进行了详细介绍，以便读者在项目 4 至项目 8 的 ASP 动态网站的开发案例学习中能够轻松上手。

本书可以作为计算机应用、计算机网络、电子信息类的大中专学生学习 ASP 动态网站的教材，也可作为培训学校的动态网站培训教材。

中等职业学校计算机系列教材

ASP 动态网页制作教程

◆ 编　　著　陈学平　康海燕　董立国
　责任编辑　王　平
◆ 人民邮电出版社出版发行　　北京市崇文区夕照寺街 14 号
　邮编　100061　　电子邮件　315@ptpress.com.cn
　网址　http://www.ptpress.com.cn
　大厂聚鑫印刷有限责任公司印刷
◆ 开本：787×1092　1/16
　印张：13.25　　2012 年 9 月第 1 版
　字数：333 千字　　2012 年 9 月河北第 1 次印刷

ISBN 978-7-115-27792-3

定价：29.80 元

读者服务热线：(010)67170985　印装质量热线：(010)67129223
反盗版热线：(010)67171154

前 言

目前，网页制作技术已经很普及，很多读者都希望能够快速掌握 ASP 动态网站的建设技巧，鉴于此，我们结合自己长期的一线教学经验和网站建设的实践经验编写本教材,以便为读者提供一份可以借鉴的资料。

1．编写思路

ASP 动态网站的开发有两种情形，一种是通过程序员编写 ASP 源代码程序来实现 ASP 动态网站的功能，另一种是通过网页制作软件 Dreamweaver（MX /2004/8.0/CS3/CS4/CS5 等）来开发 ASP 动态网站。对于大多数读者来说，编写 ASP 源代码程序有一定难度，而通过可视化设计环境来开发 ASP 动态网站则较为容易，本书通过 Dreamweaver 可视化的设计环境+少许的源代码+Access 数据库的方式，来完成 ASP 动态网站的开发，这种编写方式在其他同类图书中是少有的，而且通过作者多年的教学验证该方式是最能够让学生理解和掌握的方式。

2．主要内容

全书共由 8 个项目构成，详尽地介绍了使用 Dreamweaver 8.0 开发 ASP 动态数据库网站的各种技巧。各项目的具体内容如下。

项目 1：介绍动态网站开发环境的设计方法，并给出开发环境构建的技巧实例。这是为后面的网站建设打基础，要求读者能够掌握。

项目 2：介绍动态网站开发所必需的数据库的设计方法，同时介绍了数据库与 Dreamweaver 环境相连接的方法， 其中有 DSN 连接和字符串连接等。

项目 3：主要介绍记录集的定义与服务器行为，为后面章节介绍的 ASP 动态网站设计作好知识上的准备。

项目 4：在项目 3 的基础上介绍服务器行为的高级应用，如介绍了一些较为复杂的网页技术。如图片验证码、MD5、在线编辑器等。

项目 5：以 Access 数据库为基础，以招聘求职系统为例介绍了网站的运行环境的设计与配置技巧，并详细介绍了数据库表的建立及 ODBC 数据源的连接方法。

项目 6：介绍 ASP 动态网站主页面的设计，读者要掌握数据库记录集“筛选”参数的设置方法、多表连接查询及 URL 链接、用户登录验证等技巧。

项目 7：本章主要介绍了 ASP 动态网站的会员中心页面设计技巧， 在讲解过程中将源代码设计和 Dreamweaver 8.0 可视化环境设计有机地结合起来，以利于读者的掌握。

项目 8：主要介绍 ASP 动态网站首页面链接和二级页面的设计技巧。

3．本书特色

（1）编写思路新颖，采用 Dreamweaver 8.0 可视化设计环境为开发平台，结合 Access + 一定的源代码来完成 ASP 动态网站开发的编写思路，使读者能够快速掌握网站建设技巧，全书通俗易懂，可以让读者轻松上手，从零起点入手。

（2）在介绍 ASP 动态网站的建设时讲解了现今最流行的技术，如图片验证码技术、MD5 密码加密技术，体现了知识的先进性。

（3）提供大量的图例，配合操作步骤进行详细讲解，使读者可以直观地学习。

（4）通过本书的学习举一反三设计地出其他类型的 ASP 动态数据库网站如：聊天室、音乐点播等。

（5）为方便读者更好地掌握与提升网页设计技能，我们精心制作了与本书内容相对应的源代码文件，书中所提及的源代码均可从人民邮电出版社教学服务与资源网（www.ptpedu.com.cn）免费下载使用。

4．您学习本书后的收获

（1）能够掌握安装配置 ASP 运行环境的方法。

（2）能够掌握掌握 Access 数据库的创建方法，掌握 Access 数据库添加数据表的方法，掌握 Access 数据库表的操作方法。

（3）能够熟练配置 ASP 动态数据库。

（4）能掌握 Aceess 数据库动态网站的建设技巧，能够掌握 Dreamweaver 8.0 可视化的设计环境+少许代码开发 ASP 动态网站的技巧，能够掌握最新的图片验证码及 MD5 加密技术。

本书由重庆电子工程职业学院的陈学平担任主编，参加本书编写工作的还有北京一轻高级技术学校的康海燕和董立国老师，全书的项目 1、项目 2、项目 5 至项目 8 由重庆电子工程职业学院的陈学平老师编写，项目 3 由北京一轻高级技术学校的康海燕老师编写，项目 4 由北京一轻高级技术学校的董立国老师编写。本书在编写过程中，得到了笔者家人、同事、所教班级学生的帮助，得到了出版社编辑的大力支持，借此机会向他们表示衷心的感谢！由于作者水平所限，书中难免存在错误和不妥之处，殷切希望广大读者批评指正。

陈学平

2012 年 3 月于重庆

目 录

构建动态网站开发环境

本项目将介绍动态网站开发环境的设计方法，并给出开发环境构建的技巧实例。

学习目标

◆ 掌握安装并配置 IIS 服务器的方法。
◆ 掌握默认网站的配置方法。
◆ 掌握新建网站的配置方法。
◆ 掌握虚拟主机网站的配置方法。
◆ 掌握本地站点的定义方法。

任务 1 安装和配置 IIS 服务器

【任务分析】

现在 Internet 上的网站种类名目繁多，归纳起来有两大类即动态网站和静态网站。动态网站又分为 ASP 动态网站、ASP.NET 动态网站、JSP 动态网站、PHP 动态网站。静态网站基本上不需要做什么特殊的配置就可以正常测试和运行，而动态网站必须有一定的运行环境才能运行和调试。上面 4 种动态网站的调试和运行环境不太相同，此处只介绍 ASP 动态网站的运行环境。ASP 动态网站要能够正常运行，必须安装与配置 IIS（Internet Information Services，Internet 信息服务）服务器，没有 IIS 服务器则不能调试 ASP 程序。

【实现步骤】

一、知识准备

1．区分动态网页与静态网页

分析以下 3 个网站。

（1）××××班级网站 1：静态网站。

（2）××××班级网站 2：动态网站（ASP 技术）。

（3）××××网站：动态网站（PHP 技术）。

动态网站中有静态和动态，分析哪些是静态，哪些是动态。

（1）静态网页。纯粹 HTML 格式的网页通常被称为静态网页，静态网页通常以.htm、.html、.shtml、.xml 等为后缀。

静态网页的弱点如下。

① 内容相对稳定，容易被搜索引擎检索。

② 没有数据库的支持，在网站制作和维护方面工作量较大。

③ 交互性差，在功能方面有较大限制。

（2）动态网页。简单地讲，由网页应用程序反馈至浏览器上生成的网页即是动态网页，该网页是服务器与用户进行交互的界面。

最常见的动态网页效果如图 1-1 所示，用户在某个网页中的文本框输入相关的内容，然后单击其旁边的确认按钮后，即可打开一个相关的网页。

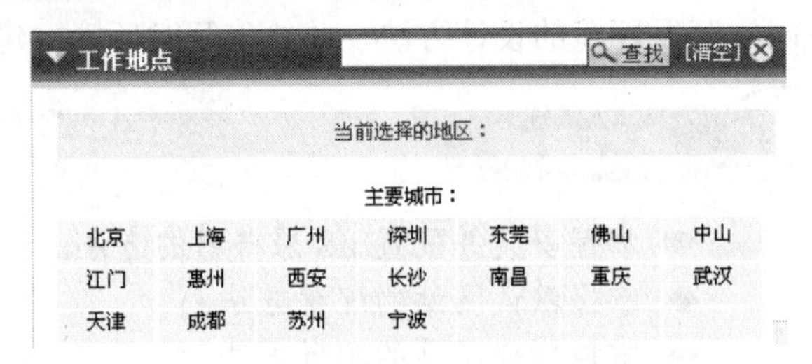

图 1-1　动态网页

所谓“动态”，并不是指 GIF 动态图片、Flash、滚动字幕等，下面为动态页面的概念制定了几条规则。

① 交互性。即网页会根据用户的要求和选择而动态改变和响应，将浏览器作为客户端界面，这将是今后 Web 发展的方向。

② 自动更新。即无须手动地更新 HTML 文档，便会自动生成新的页面，可以大大节省工作量。

③ 因时因人而变。即当不同的时间、不同的人访问同一网址时会产生不同的页面。

2．ASP 动态网站简介

ASP 是 Active Server Page 的缩写，意为“活动服务器网页”，是一种服务器端脚本编写环境，可以用来创建和运行动态网页或 Web 应用程序。ASP 网页可以包含 HTML 标记、普通文本、脚本命令，以及 COM 组件等。

（1）常用的动态网页技术。主要有 4 种，即 PHP、JSP、ASP.NET、ASP。

① PHP。运行于多个操作系统平台，基于 C 语言、Java 语言和 Perl 语言。支持所有数据库，扩展性差。

② JSP。运行于多个操作系统平台，基于 Java 语言，支持组件，编写程序比较复杂。

③ ASP.NET。只能运行于 Windows 平台，基于 C＃、VB.NET，扩展性比较强。

④ ASP。只能运行于 Windows 平台，基于 VB 语言，无须编译。

（2）ASP 文件。由文本、HTML 标记、ASP 脚本命令等几部分组成。

（3）ASP 程序的工作原理。具体如图 1-2 所示。

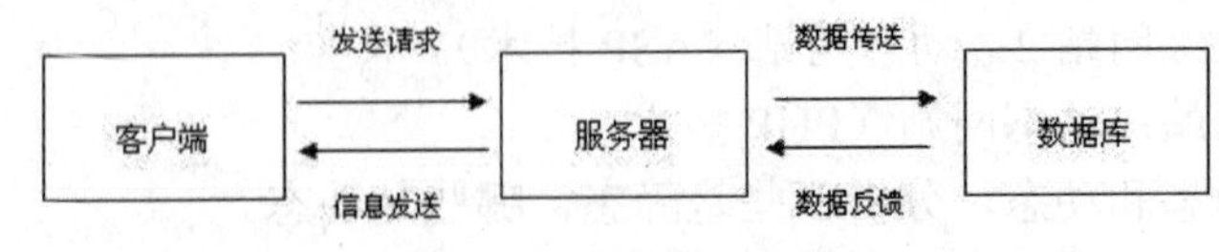

图 1-2　ASP 程序的工作原理

①客户端输入网页地址（URL），通过网络向服务器发送一个ASP的文件请求。

②服务器开始运行ASP文件代码，从数据库中取需要的数据或写数据。

③服务器把数据库反馈的数据发送到客户端上显示。

二、快速构建ASP运行环境

ASP语言建站目前应用范围还是比较广泛的，要运行ASP程序，必须安装调试ASP的环境，这里就需要安装Windows自带的IIS作为服务器。而IIS的安装对于非专业人士来说是件难以完成的任务，通常不知道如何着手，且安装过程繁琐，容易出错，还需要使用操作系统安装光盘。

1．配置ASP运行环境

要使用ASP创建动态网页，首先要从硬件和软件方面配置好ASP的运行环境。在硬件方面，必须在计算机上安装网卡，至少要安装一个虚拟网卡，如Microsoft Loopback Adapter；在软件方面，必须安装TCP/IP和服务器软件。因为ASP是Microsoft公司推出的，目前只有在Windows操作系统及其配套的Web服务器软件的支持下才能运行。

Microsoft Windows操作系统及相应Web服务器软件如下。

前几年的操作系统：

Windows 98，Microsoft Personal Web Server；

Windows NT Server，Microsoft Internet Information Server 4.0（IIS 4.0）；

Windows 2000 Professional，Microsoft Internet Information Server 5.0（IIS 5.0）；

Windows 2000 Server，Microsoft Internet Information Server 5.0（IIS 5.0）。

现在的主流操作系统及相应的Web服务器软件如下。

Windows XP Professional，Microsoft Internet Information Server 5.1（IIS 5.1）；

Windows 2003 Server，Microsoft Internet Information Server 6.0（IIS 6.0）；

Windows 7，Microsoft Internet Information Server 7.0；

Windows 2008 Server，Microsoft Internet Information Server 7.0（IIS 7.0）。

（1）安装服务器软件。

在Windows平台上创建ASP动态网页之前，应当在计算机上安装服务器软件PWS或IIS。这两种服务器软件有一个共同特点，即它们同时兼有Web服务器和ASP应用程序服务器的功能。选择哪种服务器软件，与所使用的Windows版本有关。在Windows 95/98平台上可以安装PWS作为服务器软件；在Windows NT 4.0 Server平台上可以安装IIS 4.0作为服务器软件；在Windows 2000平台上可以安装IIS 5.0作为服务器软件；在Windows XP平台上可以安装IIS 5.1作为服务器软件。在Windows 2003平台上可以安装IIS 6.0作为服务器软件。

若要检查PWS或IIS是否安装成功，在IE浏览器地址栏中输入“http://localhost”，能够正常显示默认网页则成功。

（2）启动或停止服务。

在Windows 2000和Windows XP/2003中，可以使用Internet服务管理单元来启动或停止IIS 5.0或IIS 6.0，具体步骤如下。

① 选择“开始”→“程序”→“管理工具”→“Internet信息服务IIS管理器”命令。

② 当出现“Internet信息服务”窗口时，单击左边树窗格“本地计算机”图标，然后从

弹出菜单中选择“重新启动 IIS”命令。

③ 在“停止/启动/重新启动”对话框时选择下列选项之一。

- 重新启动 Internet 服务：选择此项，将关闭并重新开始所有的 Internet 服务。
- 停止 Internet 服务：如果需要安装注册新的 COM 组件或 ISAPI 筛选器，应关闭 Internet 服务。在使用服务时无法进行这样的操作。
- 启动 Internet 服务：选择此项，将启动在正常开机时启动的所有服务。
- 重新启动：如果成功地重新启动了 Internet 服务，可以选择重新启动计算机。在大多数情况下，重新启动 Internet 服务就足够了。

④ 单击“确定”按钮。

2．安装配置 IIS 实例

（1）在 Windows 2000 中安装和配置 IIS。

① 安装 Internet 信息服务。

a．在“控制面板”中双击“添加/删除程序”图标，插入 Windows 2000 安装光盘，从安装“Windows 组件”中选中“Internet 信息服务（IIS）”复选框，如图 1-3 所示。

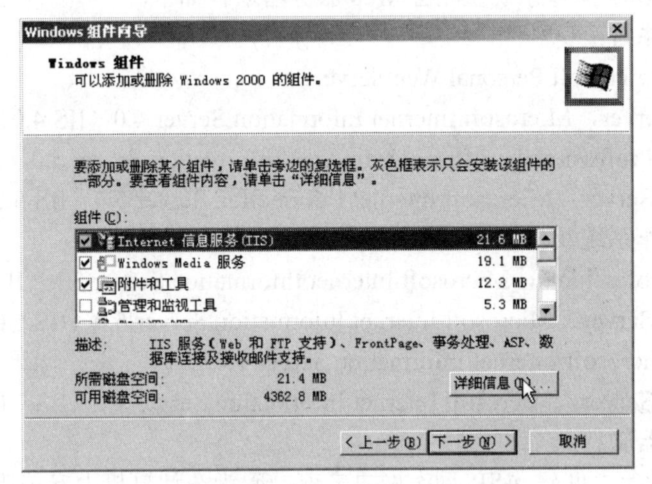

图 1-3　选取“Internet 信息服务（IIS）”组件

b．单击“详细信息”按钮，进入“Internet 信息服务（IIS）”子组件窗口，选取相关的组件，如图 1-4 所示。

c．回到“Internet 信息服务（IIS）”组件安装窗口，单击“下一步”按钮，提示完成“Internet 信息服务（IIS）”组件的安装。

②配置 Web 应用程序开发运行环境。

打开 IIS 管理器，选择“开始”→“程序”→“管理工具”命令，选择“Internet 信息服务”或直接在“运行”中输入“%SystemRoot%\System32\Inetsrv\iis.msc”，安装好后的 IIS 已经自动建立了管理和默认两个站点，如图 1-5 所示。其中管理 Web 站点用于站点远程管理，可以暂时停止运行，但最好不要删除，否则重建时会很麻烦。要想获得帮助可以在浏览器地址栏中输入“http://localhost/iishelp/iis/misc/default.asp”，这是 Microsoft 预置在 IIS 中的详尽的帮助资料。

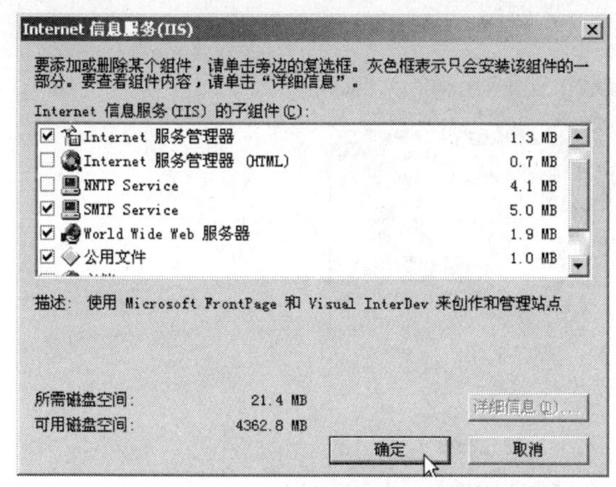

图 1-4　“Internet 信息服务（IIS）”子组件

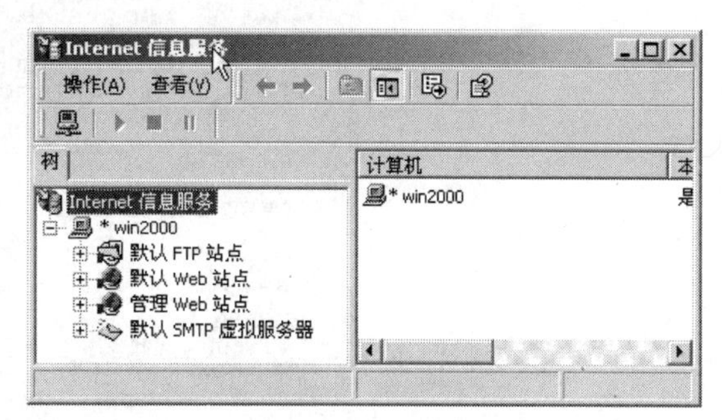

图 1-5“Internet 信息服务”窗口

a．每个 Web 站点都具有唯一的、由 3 个部分组成的标记，用来接收和响应请求的分别是端口号、IP 地址和主机头名。浏览器访问 IIS 的形式为：IP→端口→主机头→该站点主目录→该站点的默认首文档。所以 IIS 的整个配置流程应该按照访问顺序进行设置。

b．用鼠标右键单击已存在的“默认 Web 站点”，在弹出的菜单中选择“属性”命令，会弹出“默认 Web 站点属性”对话框，如图 1-6 所示，在该对话框中开始配置 IIS 的 Web 站点。

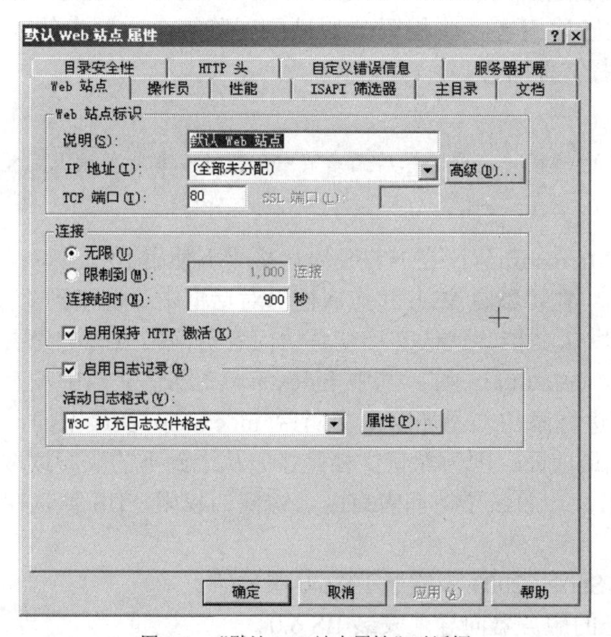

图 1-6　“默认 Web 站点属性”对话框

c．配置 IP 地址和主机头。在“默认 Web 站点属性”对话框，可以指定 Web 站点的 IP，若没有特别需要，则选择全部未分配。若指定了多个主机头，则 IP 一定要选为全部未分配，否则访问者将不能访问。如果 IIS 只有一个站点，则无需写入主机头标识。

d．配置端口。Web 站点的默认访问端口是 TCP 80，如果修改了站点端口，则访问者需要输入“http://yourip：”端口，才能够进行正常访问。

e．指定站点主目录。在“默认 Web 站点属性”对话框中，切换到“主目录”选项卡，

如图 1-7 所示。

图 1-7 “主目录”选项卡

主目录用来存放站点文件的位置，默认是%system%\Inetpub\wwwroot。可以选择其他目录作为存放站点文件的位置，在图 1-7 所示的对话框中单击“浏览”按钮后选择好路径就可以了。这里还可以赋予访问者一些权限，如目录浏览等。本例中的 G:\ts 只是一个例子而已，读者可以自己选择文件路径。

该主目录的路径一定要选择后面章节中介绍的在本地硬盘上定义的站点文件夹。

基于安全考虑，Microsoft 建议在 NTFS 磁盘格式下使用 IIS。

f. 设定默认文档。在“默认 Web 站点属性”对话框中，切换到“文档”选项卡。

每个网站都会有默认文档，默认文档就是访问者访问站点时首先要访问的那个文件，如 index.htm、index.asp、default.asp 等。其中 index.asp 在默认文档中没有，需要单击“添加”按钮，在弹出窗口中进行添加。添加默认文档后 index.asp 在最下面，可以单击“上移”按钮将 index.asp 移动到最前面。因为默认文档是按照从上到下的顺序读取的。

g．设定访问权限。一般赋予访问者有匿名访问的权限，IIS 默认在系统中建立 IUSR_机器名的匿名用户。

（2）在 Windows Server 2003 中安装 IIS 6.0 服务器。

① 使用“配置您的服务器向导”安装 IIS 6.0。

a．调出“开始”菜单，在“管理工具”中选择“管理您的服务器”。

b．在“管理您的服务器角色”下，单击“添加或删除角色”命令。

c．阅读“配置您的服务器向导”中的预备步骤，然后单击“下一步”按钮。

d．在“服务器角色”下，单击“应用程序服务器”，然后单击“下一步”按钮。

e．阅读概要信息，然后单击“下一步”按钮。

f．单击“完成”按钮即可。

② 使用控制面板安装 IIS、添加组件或删除组件。

a．在“开始”菜单中选择“控制面板”命令。

b．双击“添加或删除程序”选项。

c．单击“添加/删除 Windows 组件”命令。

d．在“组件”列表框中选中“应用程序服务器”复选框，如图 1-8 所示。

e．单击“详细信息”按钮，选中“Internet 信息服务（IIS）”复选框，如图 1-9 所示。

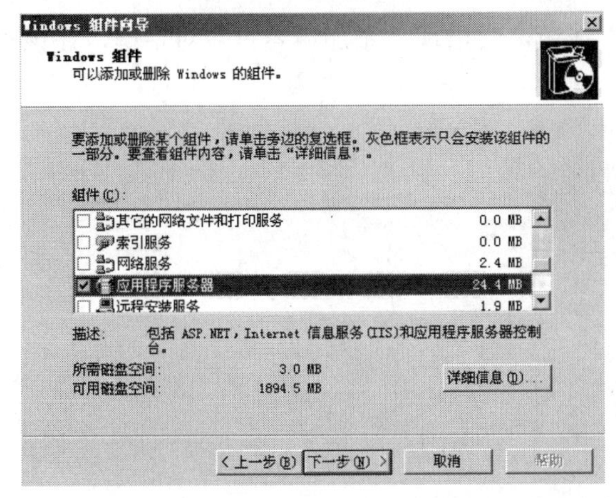

图 1-8　选中“应用程序服务器”复选框

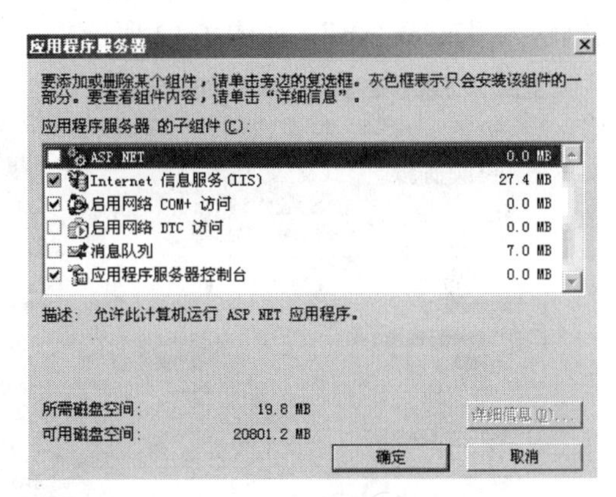

图 1-9　选择应用程序服务器的子组件

f．单击“Internet 信息服务（IIS）”选项。

g．单击“详细信息”按钮，以查看 IIS 可选组件的列表。

h．选择要安装的所有可选组件。

i．单击“确定”按钮，直到返回到“Windows 组件向导”对话框。

j．单击“下一步”按钮，然后完成 Windows 组件向导的安装。

k．启动“Internet 信息服务（IIS）管理器”窗口，展开“Internet 信息服务”控制树，在“默认网站”上用鼠标右键单击，在弹出的菜单中选择“属性”命令，如图 1-10 所示。

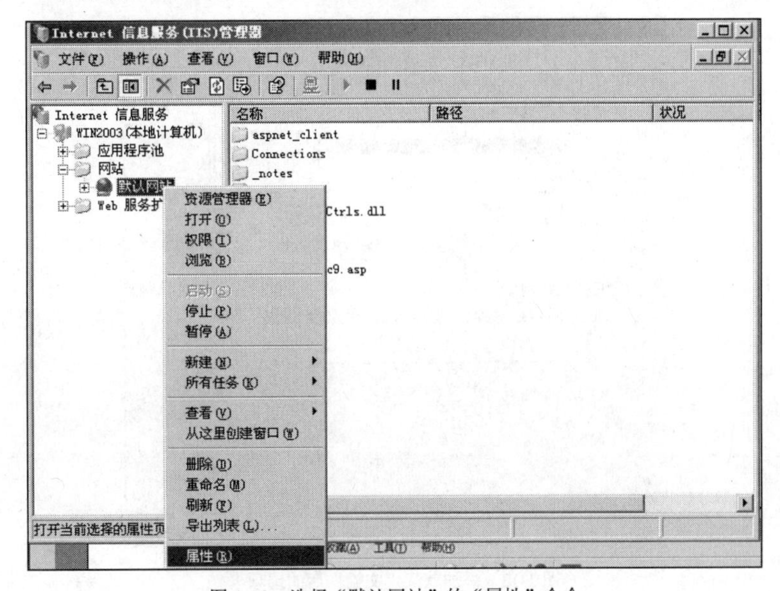

图 1-10　选择“默认网站”的“属性”命令

l．在“默认网站 属性”对话框中切换到“主目录”选项卡，在“本地路径”文本框中通过“浏览”按钮选择主目录的路径，如图 1-11 所示。

本处选择的是 E：\yz 这个网站文件夹。这是作者在本地硬盘上的网站文件夹，读者可以浏览选择自己在硬盘上建立的网站文件夹。

m．选择“文档”选项卡，单击“添加”按钮，会出现“添加内容页”对话框，在该对话框输入“index.asp”，如图 1-12 所示。

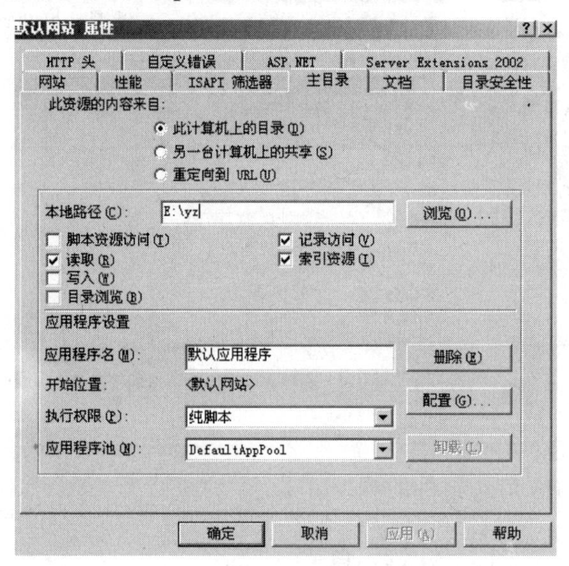

图 1-11　设置主目录

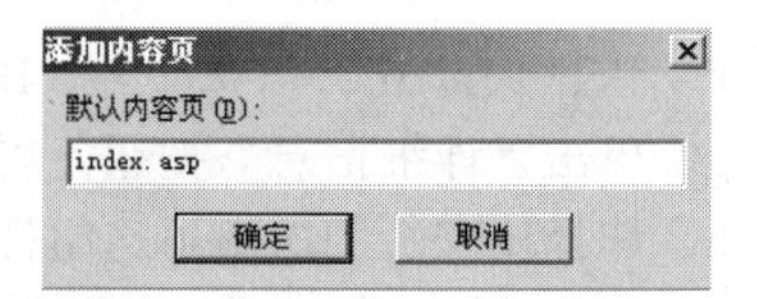

图 1-12　添加内容页

n．单击“确定”按钮，回到“文档”选项卡，发现已经多了一项 index.asp 默认文档，通过单击“上移”按钮将 index.asp 移动到第一项，如图 1-13 所示。

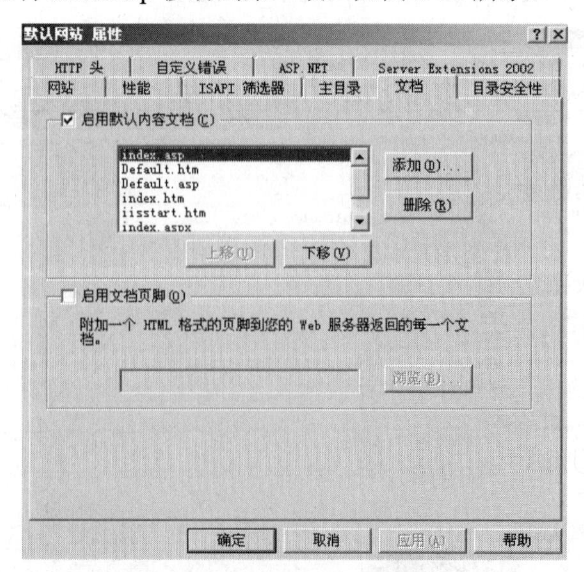

图 1-13　添加默认“文档”后的选项卡

o．单击“确定”按钮，回到“Internet 信息服务（IIS）管理器”窗口。

p．单击“Web 服务扩展”选项，在右边窗口中显示的各扩展项选择“允许”，如图 1-14 所示。

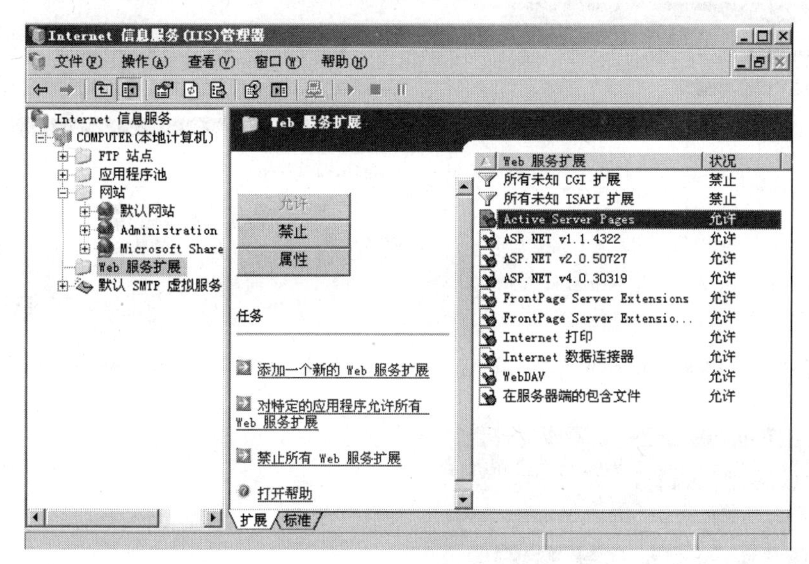

图 1-14　选择 Web 扩展允许

（3）在 Windows XP 中安装 IIS 服务器。

① 在“开始”菜单中选择“控制面板”命令。

② 在“控制面板”中双击“添加或删除程序”图标，如图 1-15 所示。

③ 在“添加或删除程序”窗口中选择“添加/删除 Windows 组件”选项，如图 1-16 所示。

图 1-15　双击“添加或删除程序”图标

④ 在“组件”列表框中，选中“Internet 信息服务（IIS）”复选框，如图 1-17 所示。

⑤ 选择“Internet 信息服务管理单元”复选框，如图 1-18 所示。

⑥ 单击“确定”按钮，直到返回到“Windows 组件向导”界面。

⑦ 单击“下一步”按钮，完成“Windows 组件向导”的设置。

⑧ 安装 IIS 后，选择“开始”→“控制面板”→“管理工具”命令，再双击“Internet 信息服务快捷方式”图标，如图 1-19 所示。

⑨ 打开“Internet 信息服务”窗口，展开“本地计算机”前面的“+”号，再展开“网站”前面的“+”号，如图 1-20 所示。

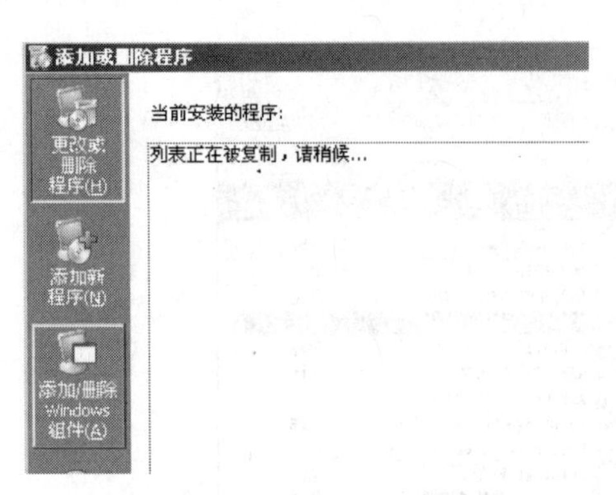

图 1-16　选择“添加/删除 Windows 组件”选项

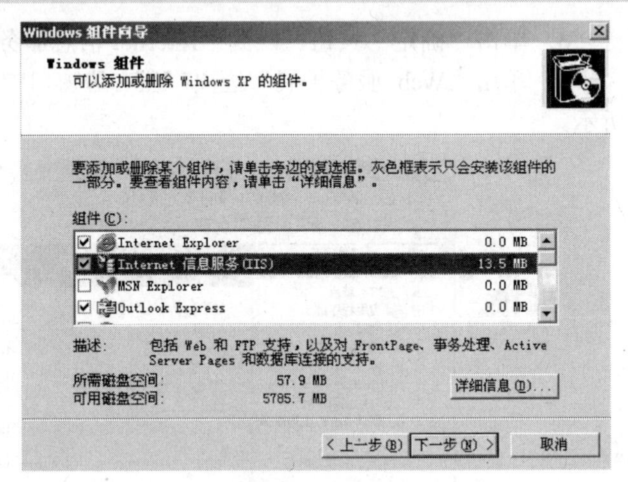

图 1-17　选择“Internet 信息服务（IIS）”复选框

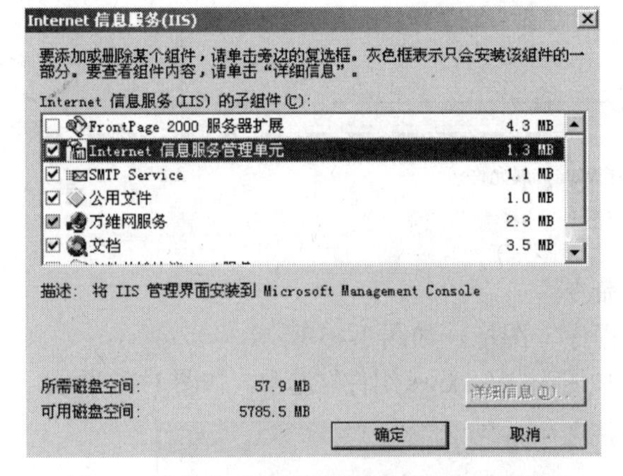

图 1-18　选择“Internet 信息服务管理单元”复选框

图 1-19　双击“Internet 信息服务快捷方式”图标

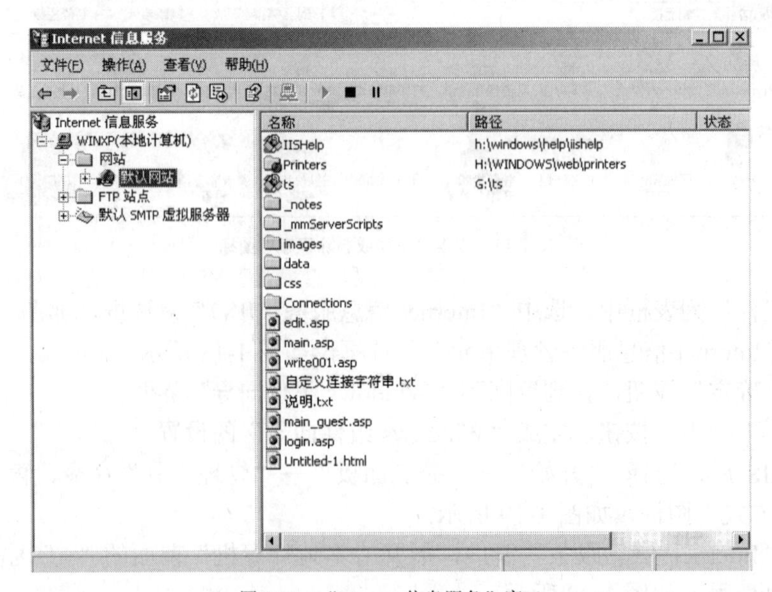

图 1-20　“Internet 信息服务”窗口

⑩ 用鼠标右键单击“默认网站”，在弹出菜单中选择“属性”命令，如图 1-21 所示。

⑪ 出现“默认网站属性”对话框，如图 1-22 所示。

⑫ 选择“主目录”选项卡，如图 1-23 所示，单击“浏览”按钮，选择站点文件夹。

此时，可以保持默认的文件夹，今后设计的网站将要放在这个网站的文件夹中，也可以选择自己在本地硬盘中定义的网站文件夹。网站的默认文件夹为 C:\Inetpub\wwwroot。

⑬ 选择“文档”选项卡，单击“添加”按钮，会出现“添加默认文档”对话框，在该对话框中输入“index.asp”，如图 1-24 所示。

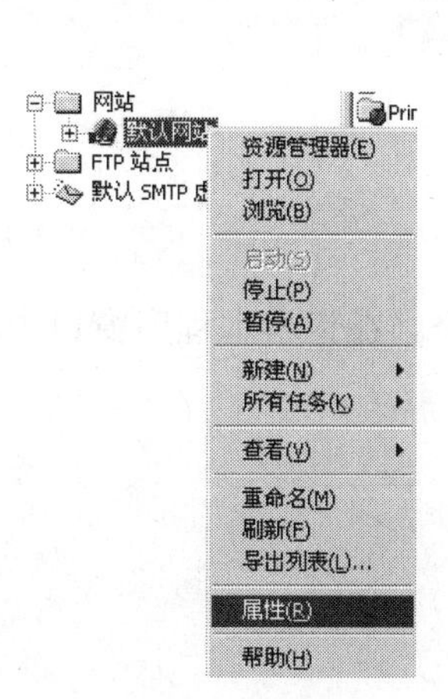

图 1-21　选择“属性”命令

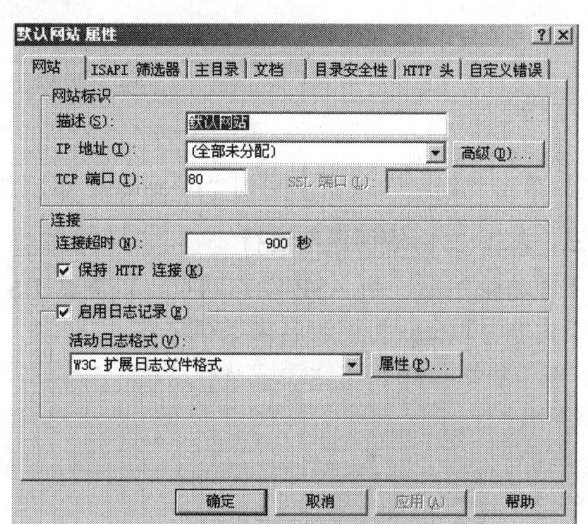

图 1-22　“默认网站属性”对话框

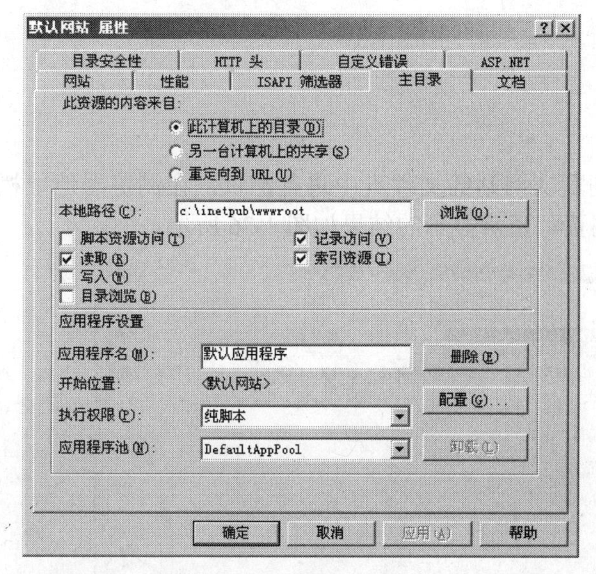

图 1-23　“主目录”选项卡

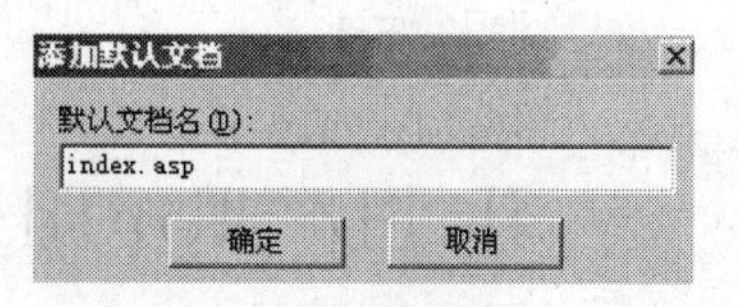

图 1-24　添加默认文档

⑭ 单击“确定”按钮，回到“文档”选项卡，发现已经多了一项 index.asp 默认文档，通过单击向上的方向按钮将 index.asp 移动到第一项，如图 1-25 所示。

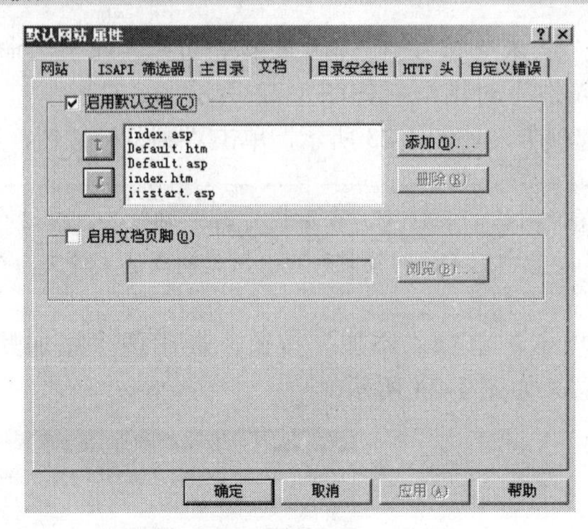

图 1-25　添加默认文档后的“文档”选项卡

⑮ 单击“确定”按钮，回到“Internet 信息服务”窗口。

三、ASP 文档的创建与运行

下面将编写第一个 ASP 动态网页，以测试 IIS 的 ASP 引擎。在记事本程序窗口中，输入以下内容并以.asp 为扩展名来保存文件。

```
<%@ Language="VBScript" %>
<HTML>
<BODY>
<% for i=3 To 7 %>
<FONT size= <% =i%>>
Hello World!<BR>
</FONT>
<% next %>
</BODY>
</HTML>
```

保存文件名为 test.asp，并将其放到默认网站的文件夹中进行测试，在浏览器地址栏中输入“http://localhost/test.asp”，可打开网页，正常显示的结果如图 1-26 所示。

图 1-26　测试成功的网页

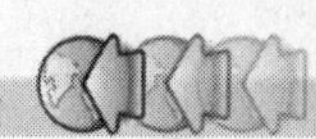

【上机实战】

练习一：安装IIS。

（1）依次选择“控制面板”→“添加或删除程序”→“添加和删除 Windows 组件”→“Internet 信息服务（IIS）”命令。

（2）在安装路径中找到IIS的解压包，然后一路单击“确定”即可。

练习二：搭建静态网站。

新建如图1-27所示的文件夹结构图。

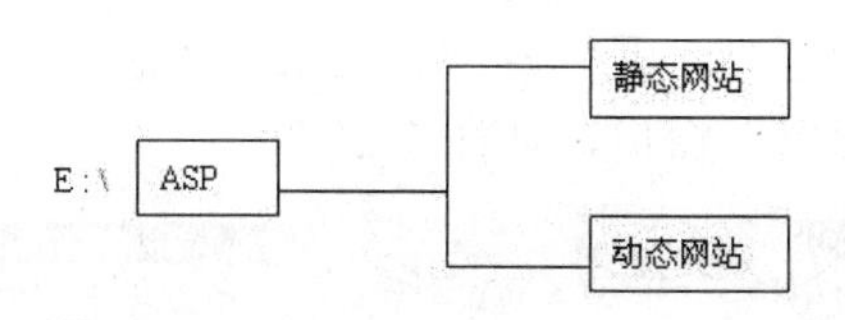

图1-27　文件夹结构

此时网站的本地站点的路径为 E:\ASP，而不是 C:\Inetpub\wwwroot，也就是说，默认的网站路径发生了变化，需要通过图1-23来进行更改，将主目录改为E:\ASP。

（1）依次选择“控制面板”→“管理工具”→“Internet 信息服务”命令，打开IIS。

（2）修改默认网站的主目录为静态网站所在的文件夹。

（3）将文档修改为index.html，可以用以下3个地址进行预览。

http://localhost/[站点名称]/[路径]

http://127.0.0.1/[站点名称]/[路径]

http://本机 ip 地址/[站点名称]/[路径]

练习三：搭建动态网站。

在练习二的步骤上把动态网站的内容也复制到默认网站的主目录下。

练习四：运行第一个 ASP 程序 1.asp

（1）用记事本编写一个 ASP 文档。

① 打开记事本程序窗口。

② <%、%>或<Script> </Script>标记代码。

③ 书写代码。

```
<%
response.write“hello world!”
%>
```

④ 保存到 ASP 文件夹下，文件名为 1.asp。并测试效果，要求配置好 IIS 的主目录和文档才能测试。

任务2　新建网站和虚拟目录

【任务分析】

在任务1中我们介绍的是通过IIS的默认站点属性进行的网站配置，除了通过“默认站点”属性来完成 IIS 的配置外，如果有多个网站，还可以通过新建网站和新建虚拟目录来完成站点的配置。

【实现步骤】

1．IIS 的相关配置

安装完毕 IIS 后，还需要对其进行配置，否则 IIS 服务器是无从知道网站文件是放置在哪里的，也不知道网站的域名、IP 端口等配置。

IIS 的配置是通过运行 IIS 管理器来进行的。

在“开始”菜单中选择“管理工具”→“Internet 信息服务（IIS）管理器”命令，打开“Internet 信息服务（IIS）管理器”窗口，如图 1-28 所示。

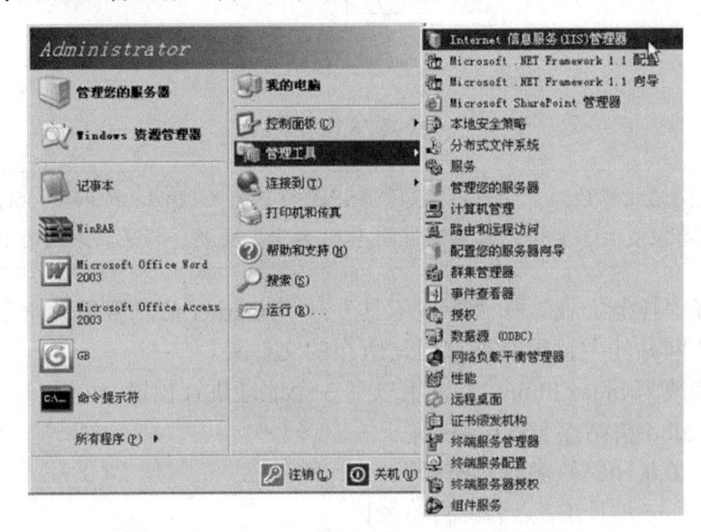

图 1-28　选择“Internet 信息服务（IIS）管理器”命令

因为需要新建一个网站，所以在打开的“Internet 信息服务（IIS）管理器”窗口左侧的栏目树中，用鼠标右键单击“网站”选项，在弹出的菜单中选择“新建”→“网站”命令，如图 1-29 所示。

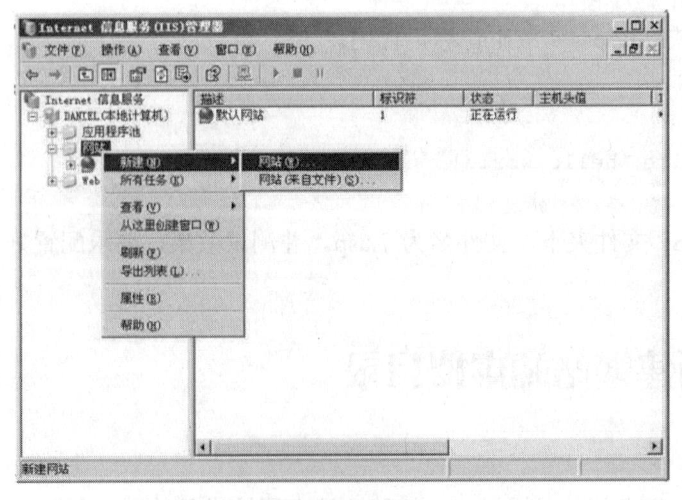

图 1-29　新建网站

这时会打开“网站创建向导”窗口，在其中首先需要输入“网站描述”，网站描述用于管理员标识网站以方便在服务器上存在多个站点的情况下快速区分，如图1-30所示。

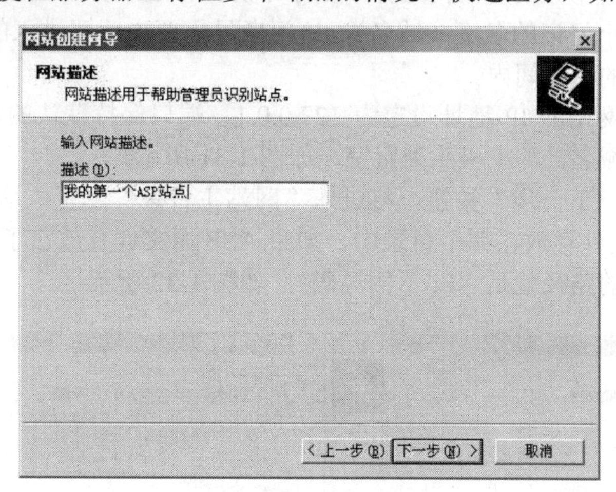

图1-30 输入网站的描述

这里输入“我的第一个 ASP 站点”作为网站描述，而后单击“下一步”按钮，此时要求输入网站的IP地址、端口和主机头信息。

IP 地址是服务器在 Internet 上的一个访问路径，这里由于是在本机测试，因此将 IP 地址设定为“127.0.0.1”，这个 IP 地址是始终指向本机的。如果服务器是在 Internet 上真实的提供服务的网站服务器，那么此处就需要填写网站服务器的 IP 地址。同时可以看到，这里的默认值是“(全部未分配)”，这表示所有发送到这个服务器的请求都将传送到这个站点。

端口是网站服务器对外的一个“门”，对于 HTTP 服务来说，默认的端口是 80。如果修改了这个端口号，则用户在访问网站的时候，还需要在网站域名后加上端口号来进行一个显式的端口声明，例如，http://www.sina.com:81，则说明是要访问 www.sina.com 这个服务器的81端口。

主机头是实现网站域名绑定的地方，如果需要绑定 www.sina.com 这个域名到当前网站，则可以在主机头处设置为“www.sina.com”。

那么，为什么要在这里设置 IP 地址、端口和主机头，而不是将域名直接指向网站并访问呢？

这些选项配置，主要是为了实现在一个服务器上拥有多个IP地址或者放置多个网站。

一个服务器上存在多个 IP 地址的情况并不少见，如果服务器上安装了多块网卡，那么一般此服务器拥有多个 IP，通过给在一个服务器的不同的站点绑定不同的 IP 地址，可以实现在一个服务器上放置多个站点。

由于我国 IP 资源并不十分充足，如果想在一个服务器上放置多个网站，但是只有一个IP，那么应该怎么样处理呢？这时有两种解决方法，即给不同的网站分配不同的端口和不同的主机头。

给不同的网站分配不同的端口，好比在一间大房子打开多扇小门，每扇小门都通往一个小房间，当有访问者来的时候，则可以通过不同的门来进入不同的小房间。

但是这种方法并不完美，这需要访问者了解每一个在服务器上的网站所分配的端口，也就是说，访问者必须知道他访问的门的门牌号，这是非常麻烦的。此时就可以采用主机头的方法来完成这项工作。

主机头相当于在一个大的房间内划分了多个小房间，它们只有一扇统一对外的门，但是每一个小房间都有一个好记的名字（域名），访问者只需要说明要进入的门的名字，IIS 就会自动将其分配到相应的小房间内。

在这一步中，给网站的 IP 地址设定为 127.0.0.1，端口保持默认的 80，由于是在本机调试网站，因此不绑定域名，即主机头处留空，如图 1-31 所示。

填写完毕并单击“下一步”按钮，将进入“网站主目录”配置，这个配置的含义是告诉 IIS，那些 ASP 网页文件存放在哪个目录中，如果 ASP 源文件存放在了 E 盘的“示例源码”文件夹下，那么这里的路径就是“E:\示例源码”，如图 1-32 所示。

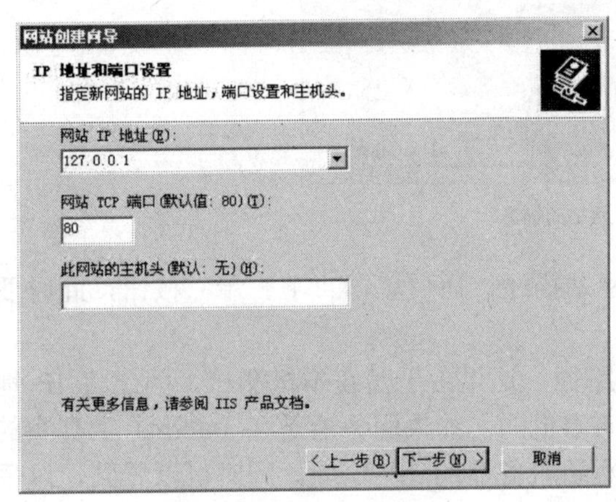

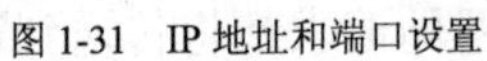
图 1-31 IP 地址和端口设置

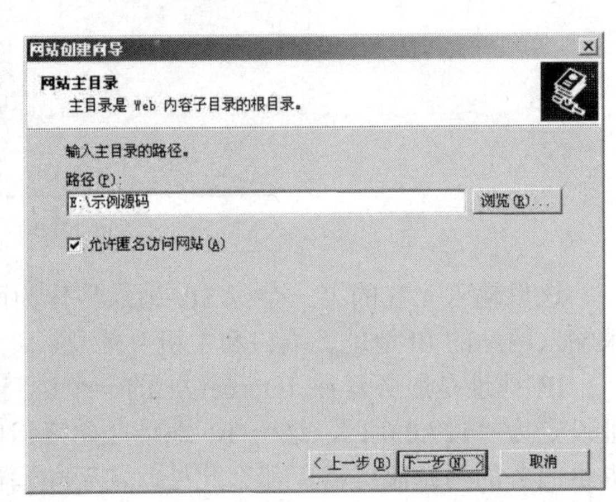

图 1-32 设置网站主目录

最后进入“权限配置”，权限配置是在服务器上设置 ASP 脚本执行所拥有的操作权限，如果这里设置不当，将会影响到服务器的安全。由于是进行文件调试，因此这里选中“读取”、“运行脚本”和“浏览”复选框，如果是在实际的网站服务器上，应当只选中“读取”复选框，以避免居心不良的用户通过已经开启的“浏览”功能获得服务器上的文件列表，如图 1-33 所示。

完成后，在“Internet 信息服务（IIS）管理器”窗口中可以看到图 1-34 所示的界面。

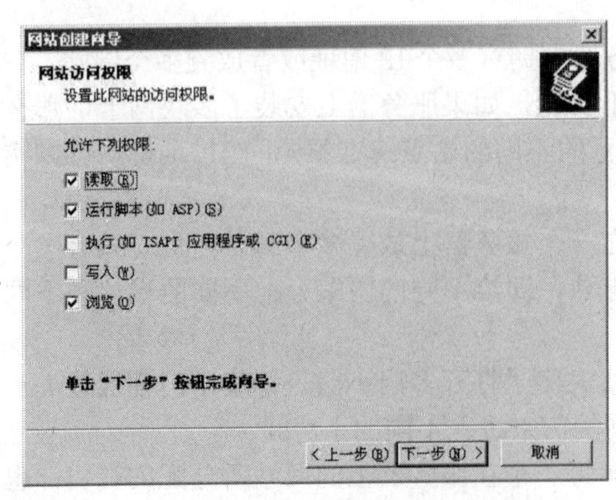

图 1-33 配置网站访问权限

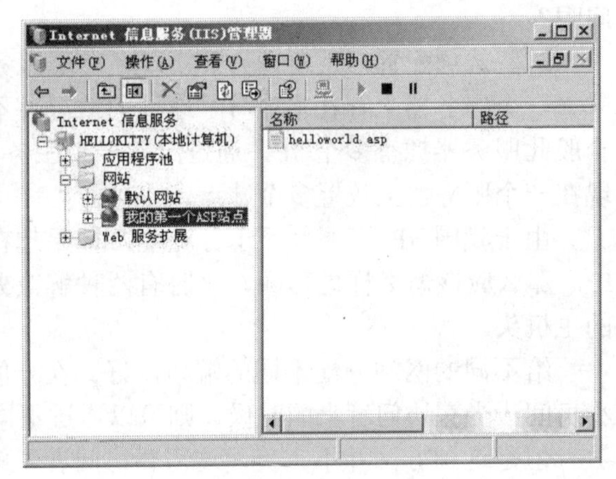

图 1-34 查看站点

如果使用的系统是 Windows Server 2003，那么在此版本 Windows Server 2003 所附带的 IIS 6.0 中，还需要额外开启对于 ASP 扩展的支持。

单击在 IIS 界面左部的管理树中的"Web 服务扩展"，打开"Web 服务扩展"配置。可以看到此时 Active Server Pages 的扩展是被禁止的，如图 1-35 所示。选择 Active Server Pages，之后单击左面的"允许"按钮，开启对 ASP 扩展的支持，因为它原来是禁止支持 ASP 文件的。

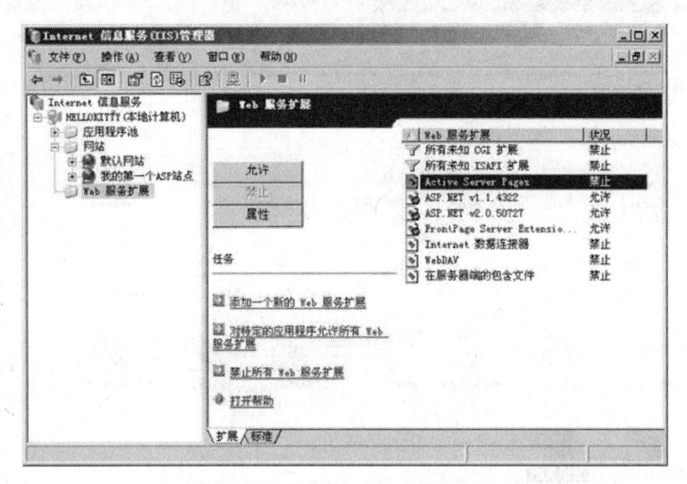

图 1-35　允许 Active Server Pages

这时就已经成功地新建了一个 ASP 网站了。

为了测试这个网站是否可以成功地解析 ASP，创建一个 ASP 页面来进行测试，代码如下。

```
<%
Dim sString
sString = "这是我的第一个 ASP 网页"
Response.Write (sString)
%>
```

这段代码现在还不需要了解它的具体含义，其功能是在页面中显示"这是我的第一个 ASP 网页"的字样。将这个文件保存为 helloworld.ASP，并保存在前面配置的站点根目录下。然后打开浏览器，在地址栏中输入"http://127.0.0.1/helloworld.asp"，这时应该已经看到了如图 1-36 所示的页面。

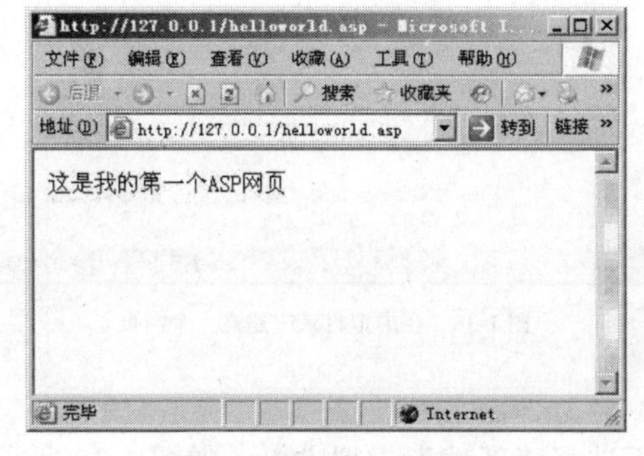

图 1-36　显示第一个网页

2．配置虚拟目录

在做之前首先要明白配置虚拟目录有什么好处，配置虚拟目录可以将数据分散保存到不同的磁盘或者计算机上，以便于管理和维护；在数据移动到其他物理位置时，也不会影响Web站点的逻辑结构。

先创建文件夹并在该文件下面创建网页内容，如图1-37和图1-38所示。

图1-37 新建一个虚拟目录的文件夹

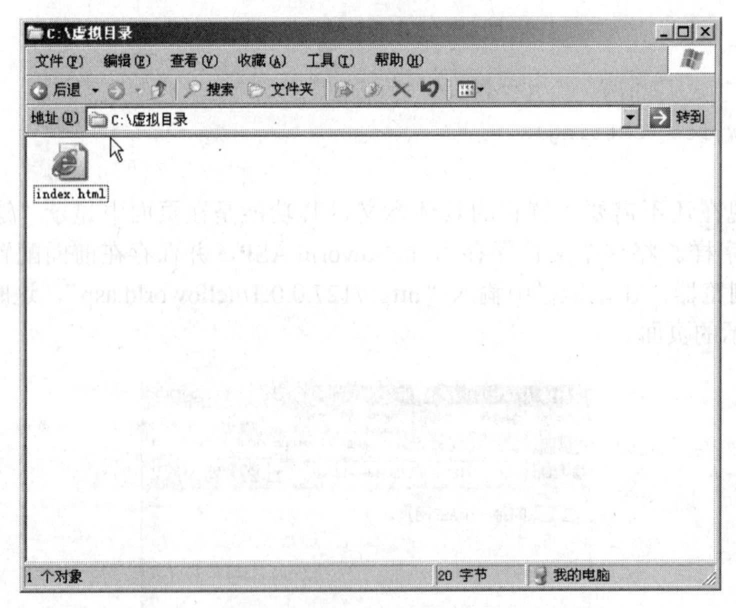

图1-38 在虚拟目录中建立一个网页

3．创建虚拟目录

（1）选中默认站点然后选择“新建”虚拟主机，如图1-39所示。

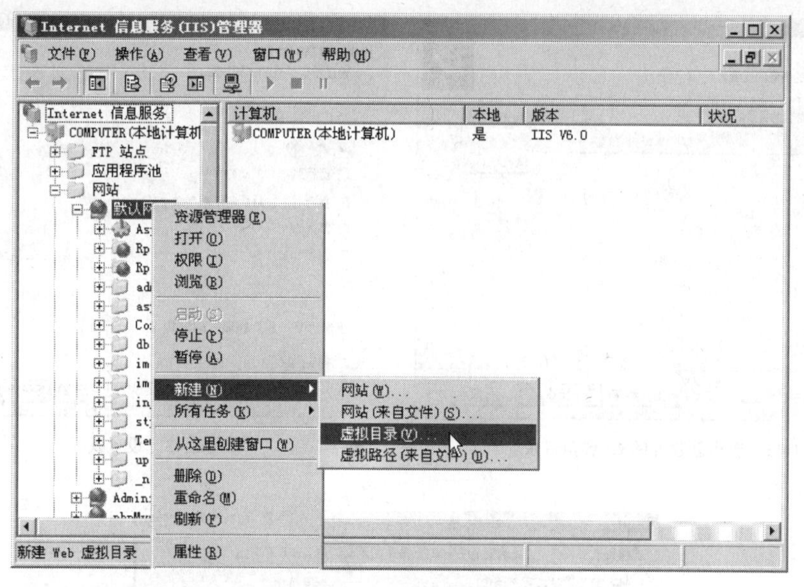

图1-39　新建虚拟目录

（2）之后会弹出一个向导界面询问是否继续，如图1-40所示。

（3）在“虚拟目录别名”文本框中输入别名，如xuni，如图1-41所示，单击“下一步”按钮。

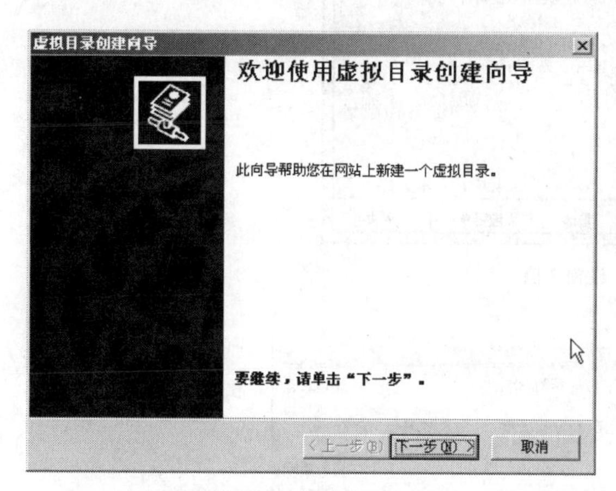

图1-40“虚拟目录创建向导”窗口

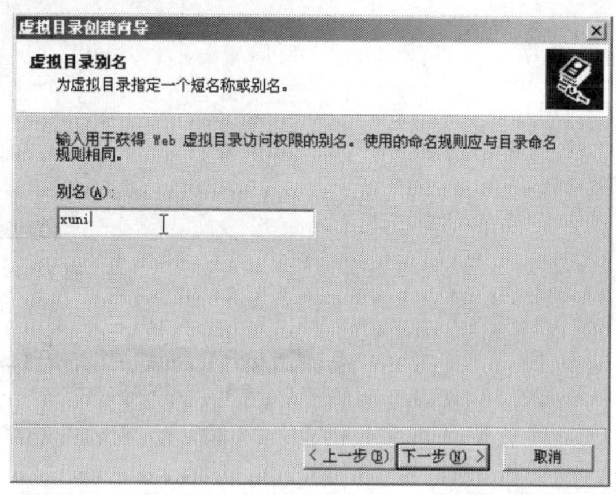

图1-41　输入别名

（4）在“网站内容目录”页面中选择输入文本的路径（但是此文件夹必须是包含网页文件的目录），可以选择前面已经创建好的C:\虚拟目录，单击“下一步”按钮如图1-42所示。

（5）然后选择权限，选中“读取”复选框即可完成，如图1-43所示。

（6）配置完路径再配置首页及文档，如图1-44所示。

（7）完成上面的配置即可。

（8）访问虚拟目录看看是否完成，如图1-45所示。

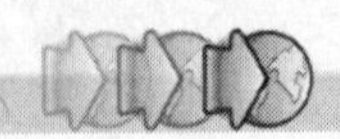

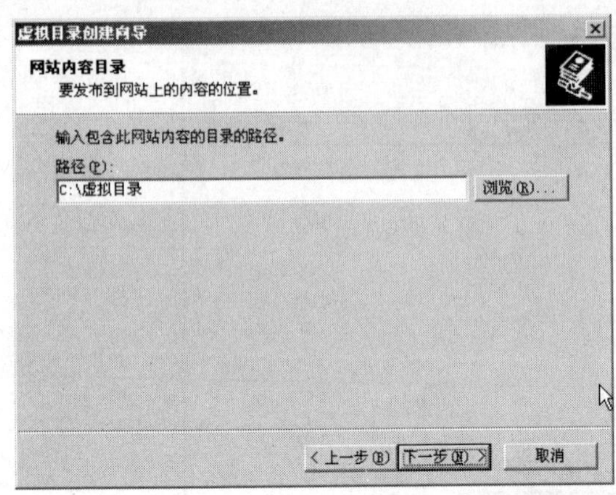

图 1-42　选择创建好的 C:\虚拟目录

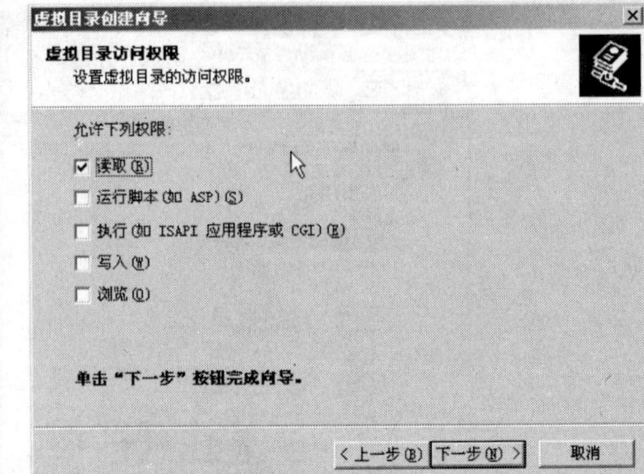

图 1-43　设置权限

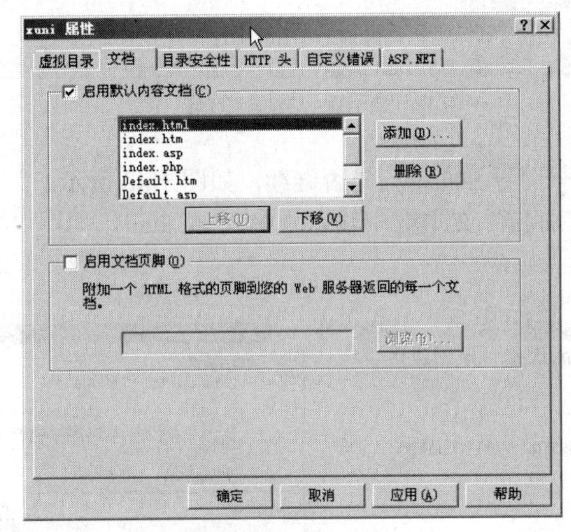

图 1-44　设置文档

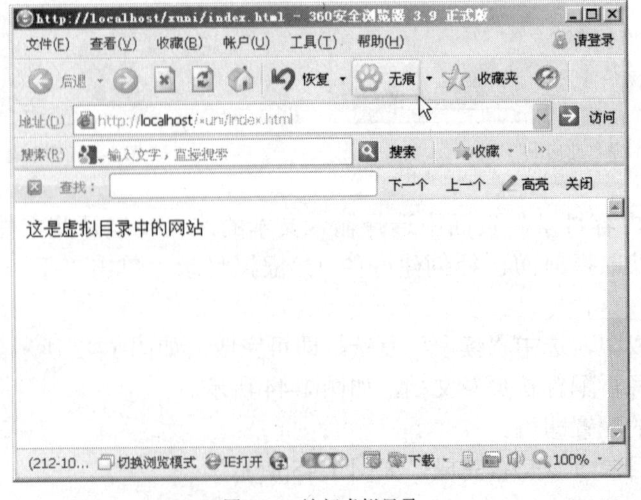

图 1-45　访问虚拟目录

【上机实战】

（1）在 C 盘新建一个网站，文件夹名称为“我的第一新网站”，然后建立一个新网站指向这个文件夹。

（2）在 C 盘新建一个网站，文件夹名称为“我的虚拟网站”，然后建立一个虚拟目录指向这个文件夹。

任务3 快速设置站点

【任务分析】

前面介绍了 IIS 中的新建默认网站、建立一个新网站、建立虚拟目录的方法，下面将介绍如何在 Dreamweave 中快速设置站点。本书的任务都是以 Dreamweave 平台来实现，希望读者认真阅读本任务。

【实现步骤】

在 Dreamweaver 中，站点通常包含两部分：本地计算机（本地站点）上的一组文件和远程 Web 服务器上的一个位置（远程站点）。当准备好要发布到网络上文件，以便使公众可以访问它们时，需要将那些文件上传到该位置。通过本案例的学习，希望读者能够使用 Dreamweaver 快速地设置站点，并能够编辑 Dreamweaver 站点。

一、快速设置站点

Dreamweaver 站点功能为网站开发人员提供一种组织工作文档的途径。通过把相关文档组织到站点中，可以利用 Dreamweaver 将站点文档上传到 Web 服务器、自动跟踪和维护链接、管理文档及共享文档。

在使用 Dreamweaver 开发网站的流程中，Dreamweaver 站点通常包含如下 3 个部分。

（1）本地计算机（本地站点）上的一个文件夹（本地文件夹）。这就是为 Dreamweaver 站点所处理的文件的存储位置。只需建立本地文件夹即可定义 Dreamweaver 站点。

（2）远程 Web 服务器（远程主机或远程站点）上的一个文件夹（远程文件夹）。若要向 Web 服务器传输文件或开发 Web 应用程序，还需添加远程站点和测试服务器信息。一般来说，远程文件夹位于运行 Web 服务器的计算机上。Web 服务器也可能是局域网上的一台计算机。

（3）测试服务器文件夹。是 Dreamweaver 处理动态页的文件夹。

使用 Dreamweaver 创建 Web 站点最常见的方法就是在本地磁盘上创建本地站点文件夹和文件并编辑网页，然后将本地站点文件夹中的文件上传（发布）到一个远程 Web 服务器，从而使公众可以访问这个站点。用户也可以采用在本地计算机上运行 Web 服务器，将文件上传到中间 Web 服务器或不定义站点而直接编辑文件的方式来使用 Dreamweaver。

在使用 Dreamweaver 编辑网页之前，最好先定义一个站点。

1．Dreamweaver 的文件夹结构

创建本地站点时，可以将所有现有资源（图像或其他内容）放在本地站点根文件夹的某个文件夹中。Dreamweaver 附带的示例文件包含建构站点时所需的文件。创建站点的第一步是将示例文件从 Dreamweaver 应用程序文件夹复制到磁盘相应的文件夹内。然后创建一个

Dreamweaver 站点定义，从而实现对站内文件的管理。

设置 Dreamweaver 站点远程文件夹访问权限时，必须确定远程文件夹的主机目录。指定的主机目录应该对应于本地文件夹的根文件夹。

如果远程文件夹结构与本地文件夹的结构不匹配，Dreamweaver 会将文件上传到错误的位置，站点的访问者将无法看到这些文件。图像和链接路径也可能被破坏。远程根目录必须存在，Dreamweaver 才能连接到它。如果远程文件夹没有根目录，则创建一个根目录。即使只打算编辑远程站点的一部分，也必须在本地复制远程站点相关分支的整个结构，即从远程站点的根文件夹直到要编辑的文件。

2．创建本地文件夹

如果要创建本地文件夹，则依照下列步骤操作。

（1）在硬盘上的用户文件夹中创建一个名为 Sites-Local 的新文件夹。

（2）在硬盘上的 Dreamweaver 应用程序文件夹中找到 GettingStarted 文件夹。在 Windows 中，如果将 Dreamweaver 安装到其默认位置，则该文件夹的路径为：C:\Program Files\Macromedia\Dreamweaver8\Samples\ GettingStarted\。

（3）将 GettingStarted 文件夹复制到 Sites-Local 文件夹。

3．定义本地文件夹

复制 GettingStarted 文件夹之后，将该文件夹定义为 Dreamweaver 本地文件夹。可以使用“站点定义”对话框创建站点定义并定义本地文件夹。可以以“基本”或“高级”这两种视图模式中的任意一种来填写此对话框。“基本”视图模式使用“站点定义向导”指导用户一步一步地完成站点设置。对于已经熟练使用 Dreamweaver 的高级用户，可以选择“高级”选项卡，使用“高级”视图模式完成站点的设置。本案例以“站点定义向导”为例，通过执行下列操作讲解站点的定义过程。

（1）首先选择“站点”→“管理站点”命令。

（2）在弹出的“管理站点”对话框中，单击“新建”按钮，然后从出现的下拉菜单中选择“站点”命令。

（3）在弹出的“站点定义”对话框中选择“基本”选项卡。

（4）在“站点定义向导”的第一个对话框的文本框中输入站点的名称，可以输入一个自己定义的站名称如“我的个人空间”，单击“下一步”按钮。

（5）在“站点定义向导”的第二个对话框中，可以选择是否使用服务器技术，选择“否”选项，再单击“下一步”按钮。

（6）在“站点定义向导”的第三个对话框中，选择标有“编辑我的计算机上的本地副本，完成后再上传到服务器（推荐）”选项，单击该文本框旁边的文件夹图标。

（7）在弹出的“选择站点的本地根文件夹”对话框中，打开本地硬盘上的 Sites-Local\GettingStarted 文件夹,然后单击“选择”按钮，再单击“下一步”按钮。

（8）在“站点定义向导”新出现的对话框中，可以设置如何连接到远程服务器，从下拉菜单中选择“无”，单击“下一步”按钮。

（9）在“站点定义向导”新出现的对话框中，将显示刚才的设置概要。单击“完成”按钮结束设置操作。新站点将被显示在弹出的“管理站点”对话框，单击“完成”按钮关闭“管理站点”对话框。

此时站点的新本地根文件夹显示在“文件”面板中。通过对文件列表的操作，可以复

制、粘贴、删除、移动和打开文件。在定义了本地根文件夹的基础上，可以创建 Trio Motors 示例站点。在完成了网页的创建和编辑后，可继续在服务器上定义远程文件夹并发布网页。

4. 定义远程文件夹

只有将本地站点中的文件发布到远程 Web 服务器上，公众才能浏览该站点。如果 Web 服务器位于 Internet/Intranet 上，用户必须有该服务器的访问权限。用户也可以在本地计算机上创建一个 Web 服务器，本案例也将本地计算机上的 Web 服务器视为远程服务器。通过以下操作可以连接到远程站点。

（1）先在 Web 服务器上的远程站点内创建一个空文件夹，并将该空文件夹作为远程根文件夹。将新空文件夹的名称与本地根文件夹的名称保持一致。例如，在本案例中，可以将远程空文件夹命名为 GettingStarted（这与本案例中本地根文件夹的名称一致）。

（2）在 Dreamweaver 中，选择"站点"→"管理站点"命令，在"管理站点"对话框中选择一个站点（如我的个人空间），然后单击"编辑"按钮。

（3）在出现的"我的个人空间的站点定义为"对话框中选择"基本"选项卡。重复单击"下一步"按钮，直到出现包含"您如何连接到远程服务器？"选项的新对话框。

（4）若选择"FTP"选项，输入以下选项。

① 输入服务器的主机名或 FTP 地址，如ftp://lmhzmr.sina.com。

② 输入远程服务器上存储站点文件的文件夹名称，在大多数情况下，不需填写此文本框。

③ 在相应的文本框中输入用户名和密码。

④ 如果服务器支持 SFTP，选择"使用安全 FTP （SFTP）"选项。

⑤ 单击"测试连接"按钮，如果连接不成功，请咨询网络管理员。

（5）若选择"本地/网络"选项卡，先在文本框中输入远程站点的根文件夹的地址，取消选中"自动刷新远端文件列表"选项可以提高软件运行速度。在输入相关信息后，单击"下一步"按钮。

（6）在新弹出的对话框中，不要为 Trio Motors 站点启用文件存回和取出功能，单击"下一步"按钮，再单击"完成"按钮以结束远程站点的设置。最后，在"管理站点"对话框中单击"完成"按钮。

5. 上传本地文件

为了将本地站点发布到 Web 服务器上，必需将文件从本地文件夹上传到 Web 服务器，从而使公众可以访问该网站。必须将它们上传到 Web 服务器，即使 Web 服务器运行在本地计算机上也必须进行上传。执行下列操作可以将文件从本地文件夹上传到 Web 服务器。

（1）在"文件"面板（选择"窗口"→"文件"命令）中选择站点的本地根文件夹。

（2）单击"文件"面板工具栏上的"上传文件"蓝色箭头图标。

（3）在浏览器中打开远程站点以测试是否正确上传了所有内容。

二、编辑 Dreamweaver 站点

使用"站点定义"对话框中的"高级"选项设置来设置 Dreamweaver 站点。"高级"设置使用户可以根据需要分别设置本地、远程和测试（用于处理动态页）文件夹。

1．设置本地文件夹

如果要设置本地文件夹，依照下列步骤操作。

（1）选择“站点”→“管理站点”命令。

（2）在“管理站点”对话框中，单击“编辑”按钮。

（3）选择“高级”选项卡，在“高级”选项卡中选择“本地信息”选项。

（4）输入“本地信息”的下列选项。

- 在“站点名称”文本框中，输入 Dreamweaver 站点的名称。“站点名称”显示在“文件”面板和“管理站点”对话框中。该名称并不出现在浏览器中。
- 在“本地根文件夹”文本框中，输入本地磁盘中存储站点文件、模板和库项目的文件夹的名称，或者单击文件夹图标浏览到该文件夹。
- 使用“自动刷新本地文件列表”选项来指定每次将文件复制到本地站点时，Dreamweaver 是否自动刷新本地文件列表。取消选择此选项可在复制此类文件时提高 Dreamweaver 的速度，但也意味着“文件”面板的“本地”视图不会自动刷新。可以单击“文件”面板工具栏中的“刷新”按钮来手动刷新面板。
- 在“默认图像文件夹”文本框中输入此站点的默认图像文件夹的路径。该选项可以不填写。
- 在“HTTP 地址”文本框中输入已完成的 Web 站点将使用的 URL。这使 Dreamweaver 能够验证站点中使用绝对 URL 的链接。该选项可以不填写。
- 对于“启用缓存”选项，指定是否创建本地缓存以提高链接和站点管理任务的速度。如果不选择此选项，Dreamweaver 在创建站点前将再次询问是否希望创建缓存。最好选择此选项，因为只有在创建缓存后“资源”面板在“文件”面板组中才有效。

2．设置远程文件夹

为 Dreamweaver 站点设置本地文件夹后，可以设置远程文件夹。根据开发环境的不同，远程文件夹是用户存储用于进行测试、协作、生产、部署等文件的位置。如果要设置远程文件夹，则依照下列步骤操作。

（1）打开“站点定义”对话框的“高级”选项卡。

（2）从左侧的“类别”列表中选择“远程信息”。

（3）选择一个“访问”选项。

（4）选择以下项之一。

- 无。不打算将站点上传到服务器，选择此选项。
- FTP。使用 FTP 连接到 Web 服务器，选择此选项。
- 本地/网络。访问网络文件夹，或者在本地计算机上运行 Web 服务器，选择此选项。

（5）如果选择了“本地/网络”选项，则要设置下列选项。

- 单击“远端文件夹”文本框右侧的文件夹图标，浏览到并选择存储站点文件的文件夹，也可以直接在文本框中输入远端文件夹的地址。
- 如果希望在添加和删除文件时自动更新“文件”面板的“远程”窗格，选择“自动刷新远程文件列表”复选框。若要在将文件复制到远程站点时提高速度，就不要选择此选项。若要在任何时候手动刷新“文件”面板，单击工具

栏中的“刷新”按钮。

- 如果希望在保存文件时 Dreamweaver 将文件上传到远程站点，选择“保存时自动将文件上传到服务器”复选框。
- 如果用户处于一个多人协同的网站开发环境，必须激活“存回/取出”系统。如果希望激活“存回/取出”系统，请选择“启用文件存回和取出”。当激活了“存回/取出”系统后，必须设置其他 3 个选项。首先要设置“打开文件前取出”选项，默认为“取出”。然后可以在“取出名称”选项中设置一个取出的名称，也可以在“电子邮件地址”选项中设置一个电子邮件地址。
- 单击“确定”按钮。

如果选择的是“FTP”，则要设置下列选项。

- 输入 Web 站点的文件上传到的 FTP 主机的主机名。FTP 主机是计算机系统的完整 Internet 名称（地址）。
- 输入远程站点上存储公共可见的文档的主机目录。
- 输入用于连接到 FTP 服务器的登录名和密码。单击“测试”按钮测试登录名和密码。默认情况下，Dreamweaver 保存密码。

如果希望每次连接到远程服务器时 Dreamweaver 都提示输入密码，取消选中“保存”复选框。

- 如果防火墙配置要求使用被动式 FTP，选中“使用被动式 FTP”复选框。“被动式 FTP”使本地软件能够建立 FTP 连接，而不是请求远程服务器来设置它。如果不能确定是否使用被动式 FTP，请询问系统管理员。
- 如果从防火墙后面连接到远程服务器，请选中“使用防火墙”复选框。单击“防火墙设置”按钮编辑防火墙主机或端口。
- 如果要使用安全的 FTP，可以选择 SFTP 选项。
- 如果希望在保存文件时 Dreamweaver 将文件上传到远程站点，选择“保存时自动将文件上传到服务器”复选框。
- 如果多人协同开发大型网站，最好激活“存回/取出”系统。如果希望激活“存回/取出”系统，选择“启用文件存回和取出”选项。
- 单击“确定”按钮，然后单击“完成”按钮。

Dreamweaver 创建初始站点缓存，新的 Dreamweaver 站点显示在“文件”面板中。若要使用 FTP 访问连接到远程文件夹，在“文件”面板中，单击工具栏中的“连接到远程主机”按钮。若要从远程文件夹断开，在“文件”面板中，单击工具栏上的“断开”按钮。

【上机实战】

练习一

（1）在本地硬盘的任意一个分区上建立一个文件夹，如 E:\site。

（2）启动 Dreamweaver，在 Dreamweaver 中建立站点，并对站点进行编辑。

练习二

按照本案例的操作步骤，设置案例中的示例站点。

项目 2 配置网站数据库

本项目将介绍动态网站开发所必需的数据库的设计方法，同时还要介绍数据库与 Dreamweaver 环境相连接的方法，其中有 DSN 连接和字符串连接等。

学习目标

- ◆ 掌握安装 Access 的方法。
- ◆ 掌握建立 Access 数据库的方法。
- ◆ 掌握建立 Access 数据库表的方法。
- ◆ 掌握 ODBC 数据源的配置方法和 Dreamweaver 环境中连接数据库的方法。
- ◆ 掌握 ASP 探针的使用方法。

任务 1 动态网站 Access 数据库的安装及操作

【任务分析】

前面几个任务介绍了网站的 IIS 站点的配置、Dreamweaver 的站点的快速配置、默认和新网站及虚拟站点的配置，但是网站如果没有数据库的支持，则不能进行用户的交互，因此，需要给网站增加数据库功能。网站的数据库有很多种，在这个案例中将介绍最简单的小型数据库 Access。

【实现步骤】

一、Access 数据库安装

通常来说，ASP 程序是搭配 Access 数据库来使用的，因此，在安装完毕运行 ASP 所需要的环境之外，为了方便建立和管理数据库解决方案，还需要安装 Access。

Access 是 Microsoft Office 家族中的一员，用于提供一个轻量级的数据库解决方案。

使用 Access，可以设计数据库本身及数据库的应用程序，如查询、窗体、数据访问页等。当然，在 ASP 中主要使用的是 Access 数据库本身的功能，而一般不会用到窗体等高级功能，因此不必要特别去学习 Access，只要学会基本的建立数据表等操作就可以了。

在使用 Access 之前，需要先安装它，如果计算机没有安装 Office，或者安装了 Office，但是没有安装 Access 组件，那么可以根据下面的讲解，一起来安装 Access。

而在安装之前，需要先来选择一下 Office 的版本，现在市面上最新的 Office 版本是

2010，但是普及率最广的版本应当是 Office 2003，出于兼容性的考虑，一般选择安装 Office 2003 中的 Access 2003。

首先需要插入 Office 2003 安装光盘，然后安装过程将会自动运行，如果已经安装了 Office 的部分组件，则会出现如图 2-1 所示的画面，这时选择“添加或删除功能”单选按钮，进入图 2-2 的画面，如果没有安装，则会出现输入序列号的画面，输入完序列号并填写用户名等信息后，将进入图 2-2 所示的画面。

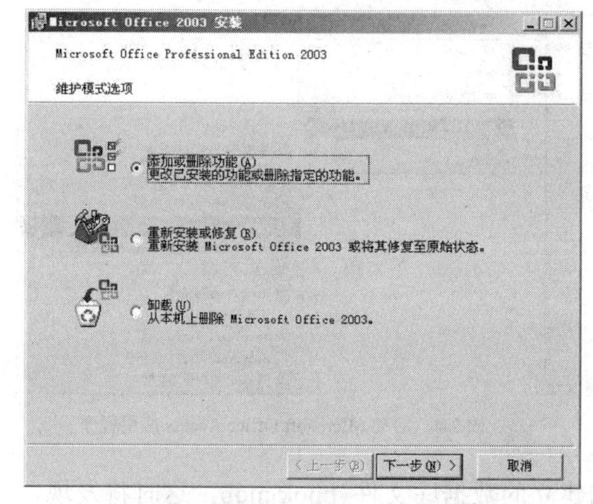

图 2-1　选择“添加或删除功能”单选按钮

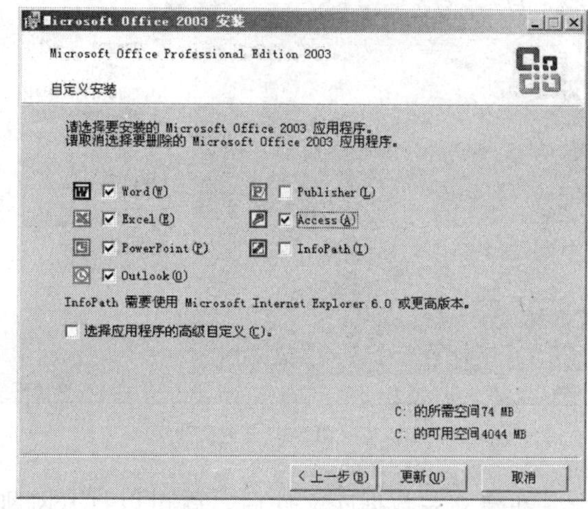

图 2-2　选中 Access

在图 2-2 的窗口中选中 Access，并单击“更新”按钮，将进入安装过程，稍等 2～5 分钟即可完成安装。

当安装完 Access 后，可以发现所有的扩展名为.mdb 的文件的图标已经变为 Access 的图标，这时说明已经建立了正确的文件关联。

二、使用数据库软件 Access

建议读者熟练使用 Access，这将是学习 ASP 中必要的准备工作，因为在小型 Web 项目开发中，Access 几乎是唯一的数据库选择。

1. 创建 Access 数据库和数据表

在 Access 中，一个文件就代表了一个数据库，因此，如果新建一个数据库，那么首先要新建一个 Access 文件，类似于通过身份证号来标识某个人。

新建 Access 文件有两种方法，第一种是在“开始”菜单中打开 Access 软件，然后选择“文件”→“新建”命令，这时在 Access 的窗口右部将出现“新建文件”的窗格，如图 2-3 所示。

这里选择“空数据库”选项，之后将弹出保存文件的窗口，从中选择文件的保存路径（为了统一，这里将文件保存为 F：\gogojob\db\db.mdb）。这样就在所选择的路径下建立了一个 Access 数据库文件。与 Word 等软件不同，Access 数据库文件在建立时就强制要求保存了，这与数据库的特性有关，因为数据库将忠实记录对于数据的操作，因此保存文件到硬盘后再处理相比在内存中处理更好。

F：\gogojob\db\db.mdb 这个路径是自己定义的，读者可以根据自己的需要进行设置。

另外一种方便的建立数据库的方法是在要保存数据库文件的文件夹中单击鼠标右键，在弹出的菜单中选择“新建”→“Microsoft Office Access 应用程序”命令（见图 2-4），这时将在当前目录下建立 Access 数据库文件。

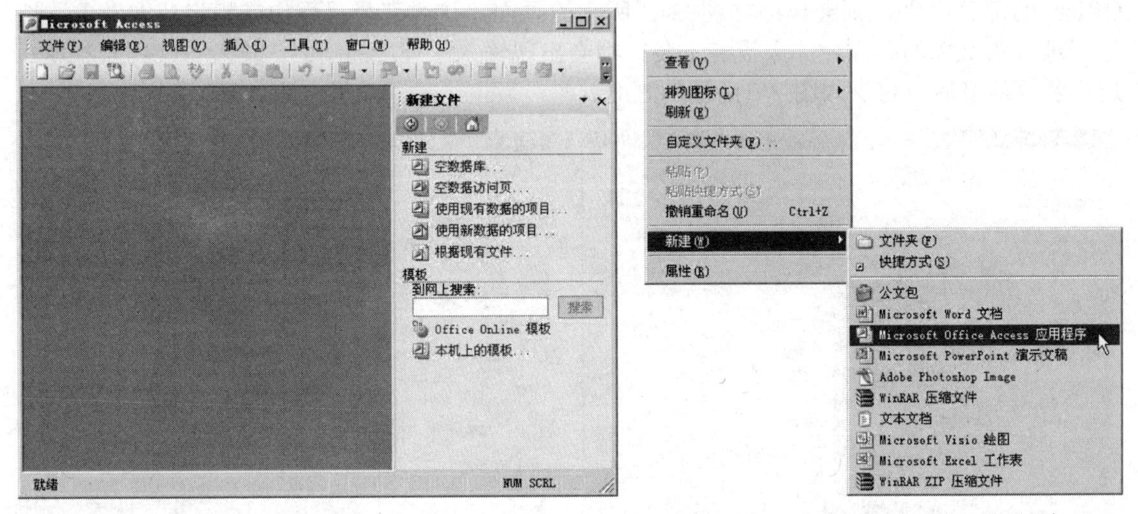

图 2-3　新建文件　　　　图 2-4　启动 Microsoft Office Access 应用程序

在建立完数据库文件后，就可以打开刚刚建立的数据库文件 book.mdb，这时将发现，这个文件中“什么都没有”，如图 2-5 所示。

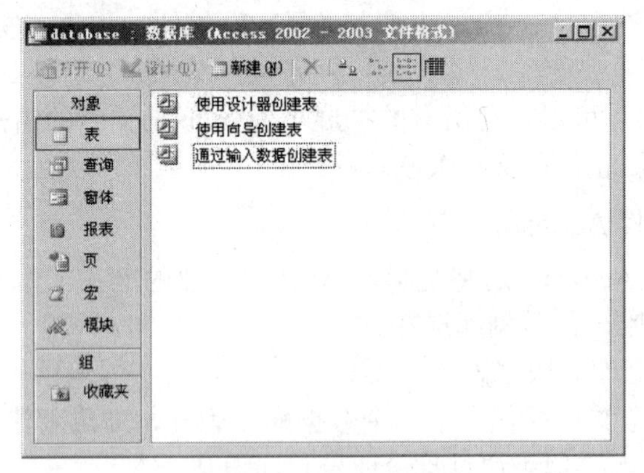

图 2-5　打开的空数据库

首先对这个窗口做一些简单的介绍，这个窗口大致分为 3 个部分，即上面的对象操作栏、左面的对象分组导航栏及右边的对象浏览部分。

在左边的对象分组导航栏中，列出了几种在 Access 中存在的对象，这里一般仅会用到“表”这个对象，在少数时候也会用到“查询”对象，因此，基本不用单击左边的导航按钮。在右边的对象浏览部分中，将出现所建立的数据表，因为还没有建立任何表，所以仅仅有 3 个建立表的选项，即“使用设计器创建表”、“使用向导创建表”和“通过输入数据创建表”，建议使用“使用设计器创建表”，因为“使用向导创建表”这一方式通常是从 Access 内置的几种常用的数据库设计中选择一个，往往不能满足要求，而“通过输入数据创建表”这一方式又不方便对所创建的表中的数据列进行属性的编辑，也不能满足后面的要求。

下面开始使用设计器来创建数据表。

双击“使用设计器创建表”，这时将打开一个如图 2-6 所示的窗口，在这个窗口，将完成创建表的工作。

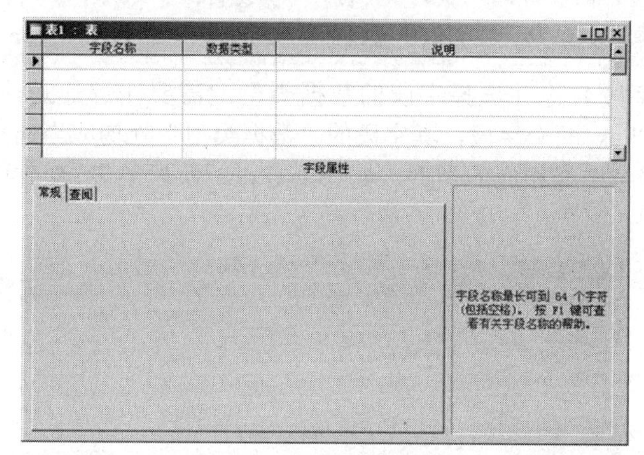

图 2-6　创建表的窗口

图 2-6 所示的创建表窗口仍然是以行、列形式输入的，每一行可以创建表中的一个数据列（“数据列”的名称为了人直观理解，一般称之为字段），这里创建一个字段，需要输入字段的“字段名称”，还应当选择字段的“数据类型”，为了便于记忆和理解字段的作用，还可以输入字段的说明。

建立一个表 Book，该表共有 5 个字段，分别为 BookID、BookName、BookPrice、BookPubDate 及 BookClick，下面在 Access 中建立这些字段。

首先打开表设计器，然后在字段名称的第一行中输入 BookID，并在数据类型中选择“自动编号”，同时注意 BookID 的备注信息，此处说明这个字段是“主键”，因此还要在 Access 中设定主键，在刚才输入的 BookID 字段前单击鼠标右键选中这个字段，然后在弹出的菜单中选择“主键”命令，如图 2-7 所示。

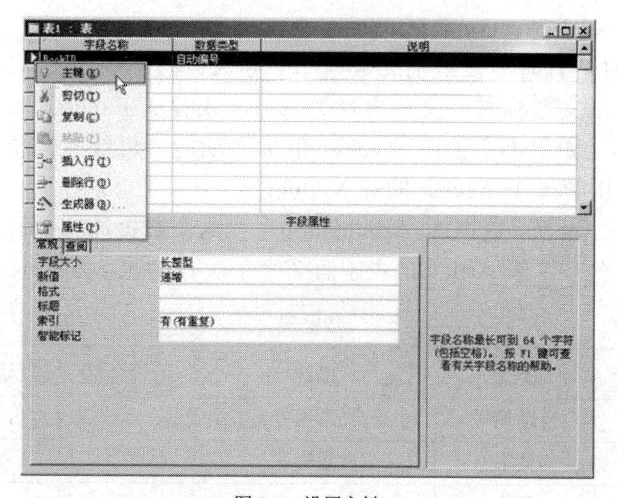

图 2-7　设置主键

设定完毕主键的字段，可在其字段前看到标识图标。

什么是主键？

简单来说，主键是数据颤中用来标识一条记录的依据，这有些类似于身份证号，一般来说，每个人的身份证号都是唯一的、不重复的，即身份证号和个人一一对应的，通过主键字段来标识记录，就类似于通过身份证号来标识某个人。

之后依次输入字段名称并选择字段的数据类型，需要注意的是，对于本数据表中的 BookPrice 和 BookClick 两个字段，其字段的“数据类型”处均应当选择“数字”型，之后在字段属性详情中继续选择相应的类型，如 BookPrice 字段的设定，再选择“单精度型”，如图 2-8 所示。

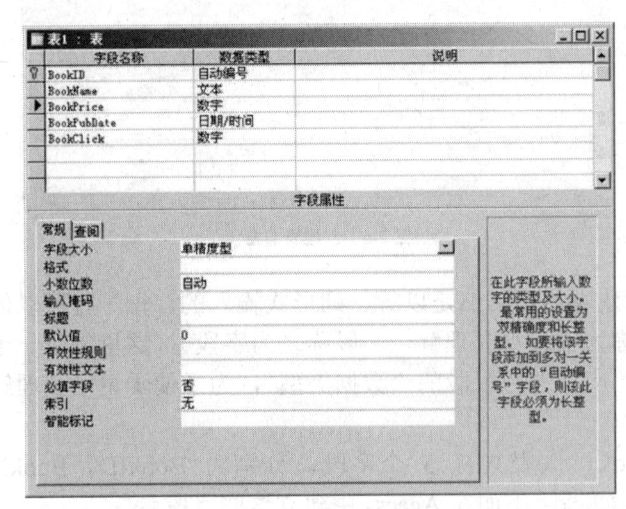

图 2-8　设置字段的类型

在输入完所有字段后，即可保存，由于这个数据表还没有保存，因此会有提示要求输入数据表名称，此时输入“Book”。

2．在 Access 中导入数据

（1）在 Access 中导入 Access 数据表。

在使用 Access 时，有时需要从别的数据库中导入数据，例如，从另一个 Access 数据库中导入一些文章，包括文章标题、文章内容等信息，或者从 Excel 文件中导入一些数据，如学校的考试成绩表等，如果不会使用 Access 的导入功能，可能就需要手动一条一条地输入数据了，在这里简单讲解一下 Access 的导入功能。

首先假设有一个 Access 数据库 Article.mdb，在这个数据库中要存放一些文章信息，因此，在这个数据库中有一个表 Article，表中有 3 个字段，如表 2-1 所示。

表 2–1　　数据表

字段	类型	描述	可否为空	默认值	备注
AricleID	自动编号	文章编号	否		主键
ArticleTitle	文本	文章标题	否		
ArticleTitle	备注	文章内容	否		

同时，还有一个已经存放了许多文章，但是数据库结构和 Article.mdb 不同的数据表

Source.mdb，需要把该数据表的内容导入 Article.mdb。

首先要打开文件 Article.mdb，然后在 Access 中选择“文件”→“获取外部数据”→“导入”命令，如图 2-9 所示。

此时会弹出打开文件的对话框，这里选择数据源文件 Source.mdb，系统要求选择导入对象，由于 Source.mdb 文件中保存文章信息的表是 PE_Article，因此选择这个表，而后单击“确定”按钮，如图 2-10 所示。

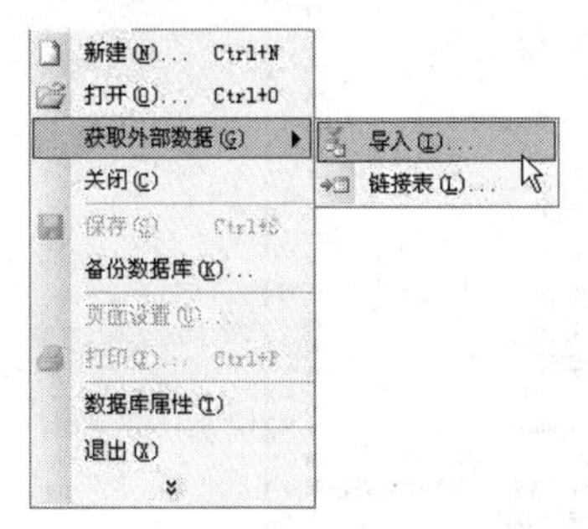

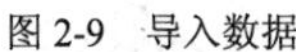

图 2-9 导入数据

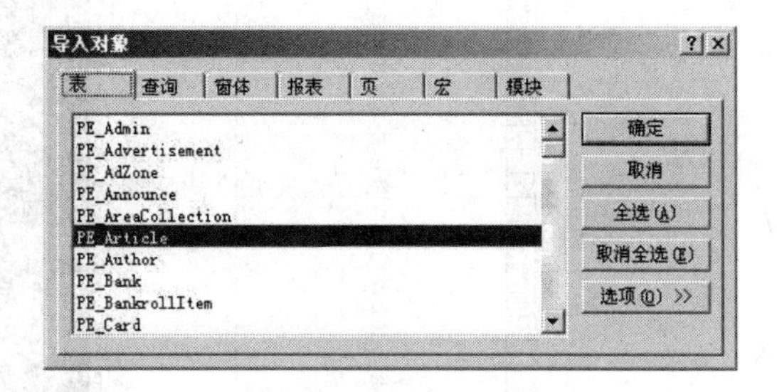

图 2-10 选择导入的对象

此时可以在对象浏览窗口中看到，表 PE_Article 已经复制到数据库 Article.mdb 中了，如图 2-11 所示。

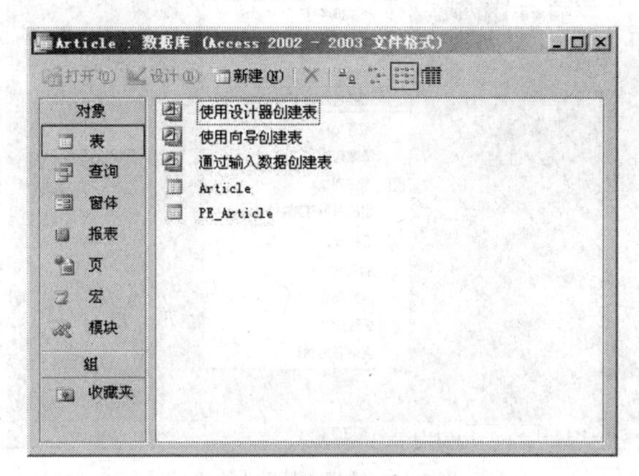

图 2-11 数据表已经导入

这时有两种方法可以完成将数据导入 Article 表中的操作。

第一种是用复制法，打开表 PE_Article，之后在其文章标题列 Title 上单击鼠标右键，选中整列，而后复制，并打开表 Article，选中其标题列 ArticleTitle，单击“粘贴”命令，再打开表 PE_Article，选中其内容列 Content，重复刚才的动作即可，如图 2-12 和图 2-13 所示。

第二种方法则比较巧妙，先将原有的表 Article 删除，之后将表 PE_Article 改名为 Article，最后在现在的表 Article 上单击鼠标右键，在出现的菜单中选择“设计视图”命令，在表的设计视图中删除无关的字段，并修改 Title 字段和 Content 字段的名称即可。

（2）在 Access 中导入 Excel 数据表或文本文件。

大家都知道，Access 和 Excel 都是 Microsoft Office 家族的成员，根据 Microsoft 一向保持的良好兼容特性，在这个家族成员中的两个软件，其文件往往是可以互相导入的，除此以外，Access 的导入功能还可以智能地识别许多其他数据库的格式，如 dBase、Lotus 等，当

然，也可以识别以某种特定符号分割的文本文件，并且对于这些文件的导入功能都是类似的，这里就以 Excel 文件为例来进行讲解。

图 2-12　选择“复制”命令

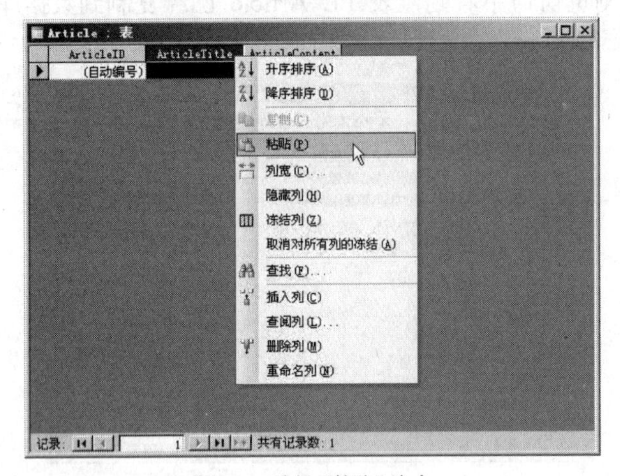

图 2-13　选择“粘贴”命令

将 Excel 中的数据导入到 Access 中的方法如下。

Excel 数据表如图 2-14 所示。

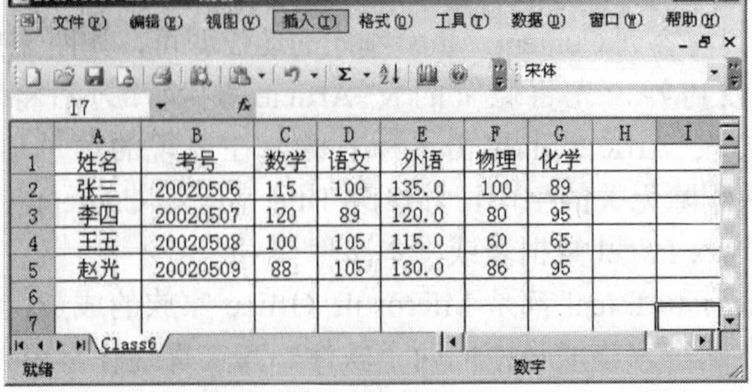

	A	B	C	D	E	F	G	H	I
1	姓名	考号	数学	语文	外语	物理	化学		
2	张三	20020506	115	100	135.0	100	89		
3	李四	20020507	120	89	120.0	80	95		
4	王五	20020508	100	105	115.0	60	65		
5	赵光	20020509	88	105	130.0	86	95		
6									
7									

图 2-14　Excel 数据表

由于 Excel 数据表中已经存在了相关信息，因此这里就不需要再在 Access 数据库中建立表了，首先新建一个 Access 文件，然后在菜单栏的“获取外部数据”中选择“导入”命令，并选择 Excel 文件“成绩.xls”，此时会打开“导入表向导”，在这个向导中将完成导入的所有操作。

① 选择是否将第一行的各列作为标题，因为一般在 Excel 数据表中，都会在数据的第一行写上该列数据的标题，在成绩表中，也按照这个原则，写了“姓名”、“考号”和各科名称，这里选择“第一行包含列标题”，并单击“下一步”按钮。

② 选择将导入的数据保存在新表中还是现有表中，这里由于是完全从 Excel 中导入的数据，因此选择“新表中”，并单击“下一步”按钮。

③ 定义要导入的各列，可以修改字段的标题，还可以选择“不导入字段”，这里不需要对其进行修改，因此可以直接单击“下一步”按钮。

④ 进入主键选择部分，这里有 3 个选项，“让 Access 添加主键”代表 Access 将自动添加一个字段作为主键，“我自己选择主键”代表将从已经存在的字段中选择一个作为主键，“不要主键”代表不设定主键。这里不设定主键，即选择“不要主键”，并单击“下一步”按钮。

⑤ 填写要新建的表的名称，这里填写“成绩”，最后单击“完成”按钮，完成整个导入工作。

【上机实战】

练习一　如下。

（1）安装 Access 数据库（Office 2003 版）。

（2）启动 Access 数据库，在里面建立一个数据库，创建用户表 user 并设置几个与用户相关的字段，之后选择好字段类型，同时建立一个新闻表 news，并建立几个字段、设置字段类型。

练习二　导入数据库，可以按照案例中的介绍进行。

任务 2　数据库的连接

【任务分析】

前面的任务介绍了数据库的创建和操作方法，本任务将介绍数据库的连接，如果不连接数据库，动态网站的功能将不能实现。

【实现步骤】

一、创建 ODBC 数据源

ADO 可以与 ASP 结合，以建立提供数据库信息的主页内容。在主页画面执行命令，让用户在浏览器画面中输入、更新和删除站点服务器的数据库信息：ADO 使用 RecordSets 对象，作为数据的主要接口；ADO 可使用 VBScript 与 JavaScript 语言来控制数据库的访问与查询结果的输出显示画面；ADO 可连接多种数据库，包括 SQL Server、Oracle、Inform 等支持 ODBC 的数据库。在使用 ADO 访问数据库之前，先要创建和配置 ODBC 数据源。

ODBC（Open Database Connectivity）为开放式数据库互连，是 Microsoft 公司推出的一种工业标准。它是一种开放的独立于厂商的 API 应用程序接口，可以跨平台访问各种个人计算机、小型机及主机系统。ODBC 作为一个标准，绝大多数数据库厂商和工具软件厂商都为自己的产品提供 ODBC 接口或 ODBC 支持，其中包括常用的 SQL Sever、Oracal、Access。

二、配置 ODBC 数据源

在本书的任务网站“中国西部汽车王”中，数据都是采用 Access 数据库，数据库的配置都是基于系统 DSN。下面介绍 Access 数据库系统 DSN 的配置过程。

（1）选择“开始”→“控制面板”命令，在“控制面板”窗口中双击“ODBC”图标，然后选择 System DSN 选项卡，如图 2-15 所示。

（2）单击“添加”按钮，弹出创建新数据源的对话框。在该对话框中选择数据源为 Driver do Microsoft Access（*.mdb），如图 2-16 所示。

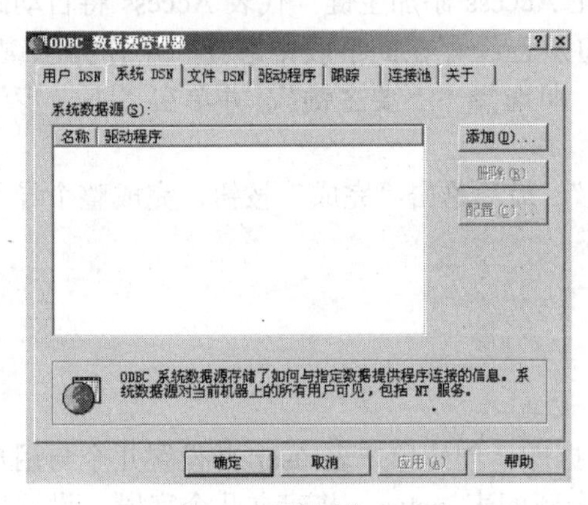

图 2-15 配置系统 DSN

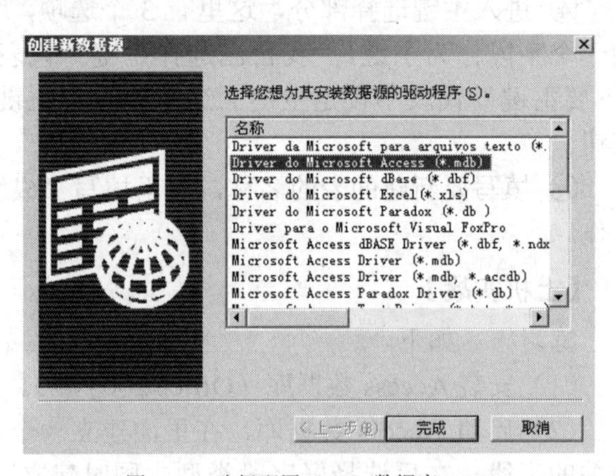

图 2-16 选择配置 Access 数据库 DSN

（3）单击“完成”按钮，弹出“ODBC Microsoft Access 安装”对话框，在“数据源名”文本框中输入数据源的名称，如“eshop”，如图 2-17 所示。

（4）单击“选择”按钮，弹出“选择数据库”对话框（见图 2-18），在“数据库名”文本框中直接输入数据库的路径及名称或者通过右边窗口，选择驱动器再选择数据库。此处选择驱动器为“e 盘”，选择文件夹为“e：\xbauto\eshop\pskloveping_vti_cnf\eshop.mdb”。如果自己建立的数据不同，则输入不同，单击“确定”按钮后，出现选择数据库后的对话框。

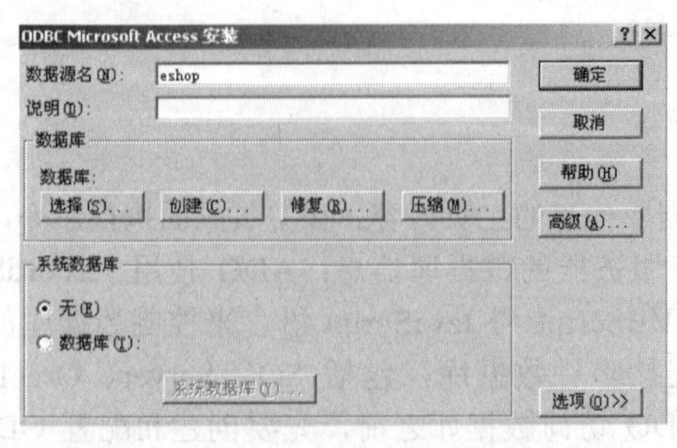

图 2-17 “ODBC Microsoft Access 安装”对话框

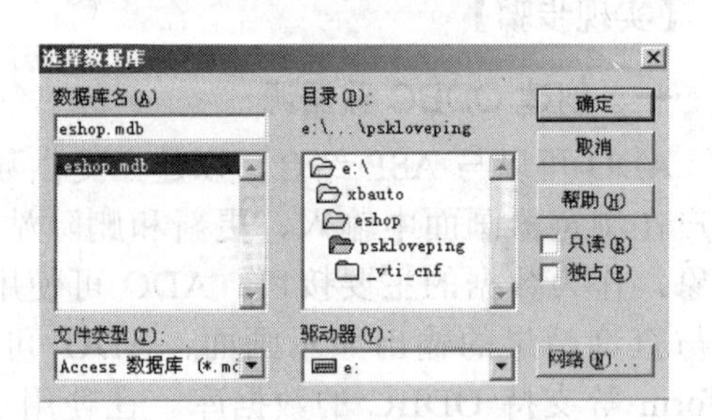

图 2-18 “选择数据库”对话框

（5）在图 2-19 所示的对话框中，单击“确定”按钮，将出现新的 ODBC 数据源管理对话框。建立的数据源“eshop”将出现在系统数据源列表中，如图 2-20 所示，说明 Access 数据库系统 DSN 已经配置完成。

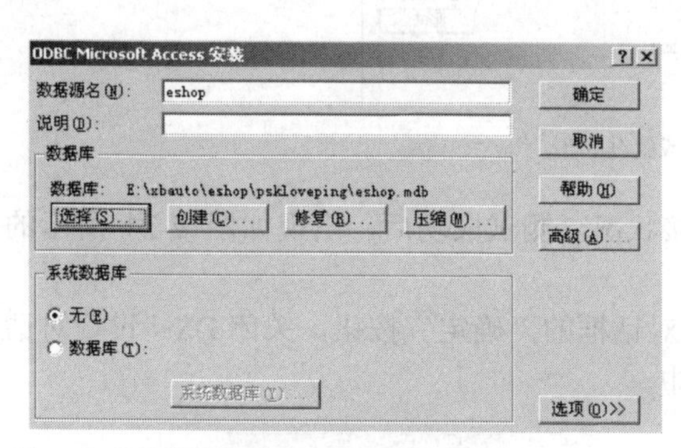

图 2-19　选择数据库后的“ODBC Microsoft Access 安装”对话框

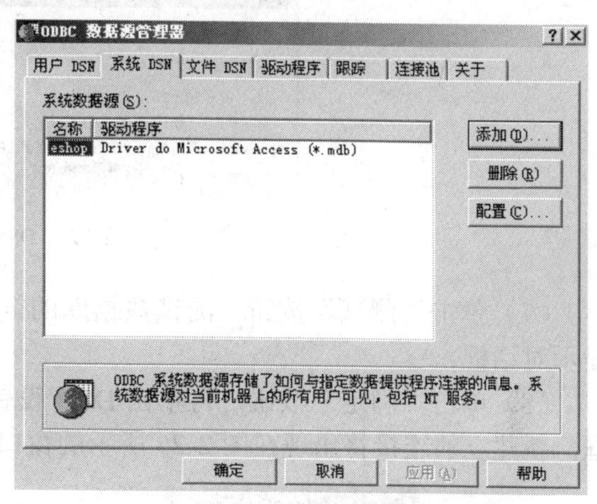

图 2-20　完成对 eshop.mdb 系统 DSN 的配置

三、DSN 连接的创建

建立了数据源 DSN 后，就可以创建网络应用程序和数据库之间的 ODBC 连接。当定义 DSN 的时候，同时定义了连接参数。参数中包括服务器名字、数据库路径或数据库名字、使用的 ODBC 驱动程序和用户名、口令等。

由于测试的服务器是本地计算机，在 Dreamweaver 8.0 中创建 DSN 连接的方法及步骤如下。

（1）定义 DSN。

（2）启动 Dreamweaver 8.0 程序。

（3）打开已经定义的站点“中国西部汽车王”，在站点窗口中双击“index.asp”。

（4）选择“窗口”→“数据库”命令，如图 2-21 所示。

（5）在出现的应用程序窗口中选择“数据源名称（DSN）”，如图 2-22 所示。

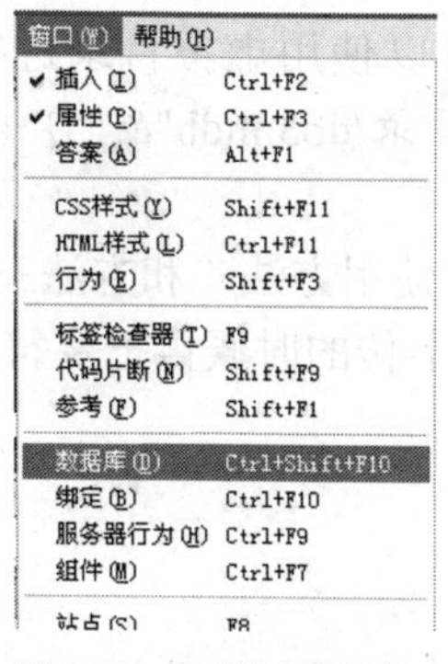

图 2-21　启动数据库连接

图 2-22　选择 DSN 的连接方式

（6）在出现的 DSN 设置对话框中，在“连接名称”文本框中输入“xbauto”。在“数据源名称”下拉列表中选择数据库源名“eshop”，如果在下拉列表中没有该数据源，则需要在 ODBC 数据源中进行 DSN 的定义，方法见前面所述。如果前面定义 DSN 时，定义了用户

名和密码，则需要在“用户名”和“密码”文本框中输入用户名和密码。在“Dreamweaver 应连接”选项组中选择“使用本地 DSN”单选按钮，如图 2-23 所示。

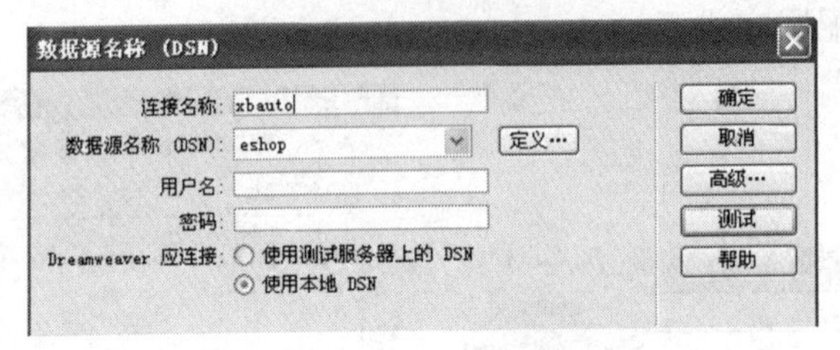

图 2-23　DSN 设置对话框

（7）单击“测试”按钮，测试数据库的链接状况。测试成功后，出现如图 2-24 所示的提示对话框。

（8）单击“确定”按钮，再单击 DSN 设置对话框的“确定”按钮，关闭 DSN 设置对话框，新建立的连接将出现在图 2-25 所示的窗口中。

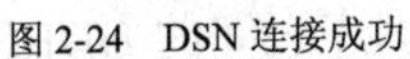

图 2-24　DSN 连接成功

图 2-25　建立成功的连接

四、Dreamweaver 使用自定义字符串连接数据库

Dreamweaver 连接 Access 和 SQL Server 数据库的代码，在弹出来的“自定义连接字符串”对话框中，“连接名称”随便写一个。

方法一：“使用此计算机上的驱动程序”时，应用绝对路径：DRIVER={Microsoft Access Driver （*.mdb）};DBQ=d:\newgn\database\cnbruce.mdb。

方法二：“使用测试服务器上的驱动程序”时，采用 Mappath 转换路径："Driver={Microsoft Access Driver （*.mdb）};DBQ="& server.mappath（"/newgn/database/cnbruce.mdb"）。

注意，如果有将要上传到网站上的网页就可以直接采用 Mappath 功能了。

方法三：“使用测试服务器上的驱动程序”时，也可以使用虚拟目录进行转换路径：MM_mu_STRING = "DBQ="+server.mappath（""&"/虚拟目录/db3.mdb"&""）+";DefaultDir=; DRIVER={Microsoft Access Driver （*.mdb）};" %>。

在本机使用的是绝对路径（方法一），在上传到网站上使用方法二和方法三均可。

注意，可本机制做网站时，最好是先使用方法一，要上传的时候再把字符串进行修改成方法二或方法三。

任务 3　ASP 探针的使用

【任务分析】

网站做出来后，除了在本地测试外，一般情况下，还会上传到远程主机中，通过配置 DNS，来进行域名访问，为了防止数据库被下载，需要将数据库传送到远程主机非 Web 站

点的目录中，这样黑客是不能下载的，而这样，如果不知道远程主机的物理路径，将不能连接数据库，网站就不能正常访问，因此，这就需要用一个 ASP 探针来探测主机的物理路径。

【实现步骤】

一、ASP 探针介绍

ASP 探针是一种用来探测服务器网站空间速度、性能、安全功能等的 ASP 程序。

下面介绍常见的阿江 ASP 探针，其主要功能如下。

（1）服务器概况、组件支持情况、内存变量、环境参数检测。

（2）连接速度测试、磁盘信息和速度测试、脚本运算能力测试。

（3）服务器安全评价。

二、ASP 探针的使用

将 ASP 探针文件上传到远程空间的网站目录中，然后通过浏览器进行访问，可以得到如图 2-26 所示的结果。该结果说明远程站点的路径在 D 盘中。这样将数据库传送到 database 目录中时，就可以与 wwwroot 目录进行连接了。这样做的目的，是让测试者可以正常访问，而数据库却不能被黑客下载。

ASP探针 - V1.4(ITlearner)

选项：服务器有关参数 | 服务器组件情况 | 服务器运算能力 | 服务器磁盘信息 | 服务器连接速度
安全：系统用户(组)和进程检测

服务器有关参数			
服务器名	localhost	服务器操作系统	Windows_NT
服务器IP	127.0.0.1	服务器端口	8080
服务器时间	2011-9-18 8:14:10	服务器CPU通道数	2个
IIS版本	Microsoft-IIS/6.0	脚本超时时间	90 秒
Application变量	0个	Session变量	0个
所有服务器参数	50个 [遍历服务器参数]	服务器环境变量	14个 [遍历环境变量]
服务器解译引擎	JScript: 5.7.16535 | VBScript: 5.7.16535		
本文件实际路径	d:\host\phpMyAdmin\WWW\asp\index.asp		

服务器组件情况	
· IIS自带的ASP组件	
组 件 名 称	支持及版本
MSWC.AdRotator	√
MSWC.BrowserType	√ 6.0
MSWC.NextLink	√
WScript.Shell	√
Microsoft.XMLHTTP	√
Scripting.FileSystemObject (FSO 文本文件读写)	√
ADODB.Connection (ADO 数据对象)	√ 2.8
· 网站常用组件	
组 件 名 称	支持及版本
SoftArtisans.FileUp (SA-FileUp 文件上传)	×
Persits.Upload (ASPUpload 文件上传)	√ 3.0.0.5

图 2-26　ASP 探针的测试图

【上机实战】

（1）自己在本地配置一个站点，然后使用 ASP 探针进行本地硬盘物理路径的探测。

（2）申请一个虚拟主机站点，然后上传 ASP 探针进行测试。

项目 3 记录集的定义与服务器行为的简单应用

本项目主要介绍记录集的定义与服务器的行为，为后面章节介绍的 ASP 动态网站设计作好知识上的准备。

◆ 掌握记录集设置的方法。
◆ 掌握记录集数据显示的方法。
◆ 掌握记录集分页显示的方法。
◆ 掌握用户登录和用户验证的方法。
◆ 掌握转到详细页的方法。

任务 1 使用插入记录的服务器行为实现数据添加的使用

【任务分析】

在人们的日常生活工作中，从大型的银行存取款系统、全国联网铁路售票系统，到小型的图书借阅系统、学生成绩管理系统，数据库应用系统无处不在。所以，网页挂接后台数据库是当前的热门应用，在各个领域有着广泛的应用。如果不能掌握在 ASP 中使用数据库，那么就不能编写出功能强大的 ASP 应用程序。在基于 Web 数据库的应用中，先来看如何在网页中添加数据库的相关记录。

【实现步骤】

一、知识准备

1．ADO 简介

ASP 是通过 ADO（ActiveX Data Objects，ActiveX 数据对象）来操作数据库的。ADO 是是一种功能强大的数据访问编程模式，使得大部分数据源可编程的属性得以直接扩展到 ASP 网页上。如果 ASP 程序员需要让用户通过访问网页来获得存在于 IBM DB2、Oracle、SQL Server 或者 Access 等数据库中的数据，那么就可以在 ASP 页面中包含 ADO 程序，用来连接数据库。于是，当用户在网站上浏览网页时，返回的网页将会包含从数据库中获取的数据，而这些数据都是由 ADO 代码做到的。

2．数据源的连接

（1）创建连接字符串。

创建 Web 数据库应用程序首先要为 ADO 提供一种定位并标识数据源的方法，这是通过“连接字符串”实现的。连接字符串是一系列用分号分隔的参数，用于定义诸如数据源提供程序和数据源位置等参数。“连接字符串”可以使用 OLE DB 连接字符串，如表 3-1 所示。

表 3-1　常用的通用数据源的 OLE DB 连接字符串

数据源	OLE DB 连接字符串
Access	provider=Microsoft.jet.oledb.4.0; data source=数据源的路径
SQL Sever	provider=SQLOLEDB.1 source=指向服务器上数据源的路径
Oracle	provider=MSDAORA.1 source=指向服务器上数据源的路径

为了向后兼容，还可以使用 ODBC 连接字符串,如表 3-2 所示。

表 3-2　常用的 ODBC 连接字符串

数据源	ODBC 连接字符串
Access	Driver={Microsoft Access driver（*.mdb）};DBQ=数据源的路径
SQL Sever	Driver={SQL Server};SERVER=服务器的路径
Oracle	Driver={Microsoft ODBC for Oracle}; SERVER =服务器的路径

（2）连接到数据源。

ADO 提供的 Connection 对象，用于建立和管理应用程序与 OLE DB 兼容数据源或 ODBC 兼容数据库之间的连接。Connection 对象的属性和方法可以用来打开和关闭数据库连接，并发布对更新信息的查询。在 Dreamweaver 中，通过“应用程序”面板中“数据库”标签的“自定义连接字符串”可以建立 Connection 对象实例。

建立了连接对象 Connection，并打开了数据库连接后，就可以使用 Recordset 对象存取表中的记录。在 Dreamweaver 中，通过“应用程序”面板中“绑定”标签的“记录集（查询）”，可以创建 Recordset 对象实例。

二、在 Dreamweaver 中实现数据库的连接

（1）在站点根目录下专门的数据库存放目录 database 下建立数据库 gaoxiaoguanli.mdb，并建立数据表“用户表”，如图 3-1 所示。

（2）打开 Dreamweaver 8.0，在站点里面先新建个 ASP 页面（index.asp）。在“应用程序”面板中选中“数据库”标签。单击“+”号，选择“自定义连接字符串”，如图 3-2 所示。

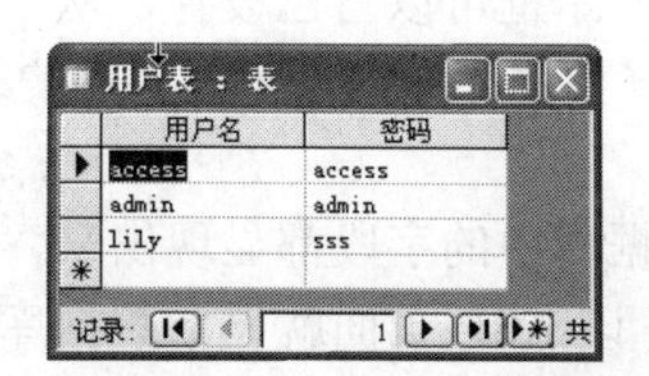

图 3-1　用户表

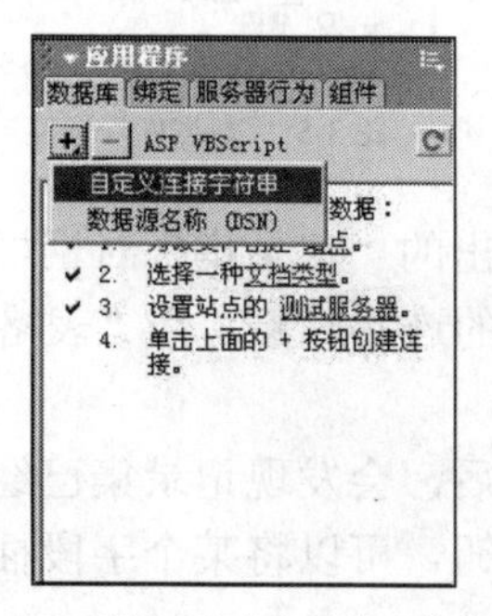

图 3-2　选择“自定义连接字符串”

（3）在弹出来的“自定义连接字符串”对话框中，“连接名称”可以自己设置，“连接字符串”使用 OLE DB 连接字符串，其中，provider=microsoft.jet.oledb.4.0 表示数据源来自 Access；data source 值为数据库的物理路径，并选择“使用此计算机上的驱动程序”单选按钮，进行设置，如图 3-3 所示。

注意，如果选择“使用测试服务器上的驱动程序”单选按钮，则 data source=” &Server.MapPath（“数据库相对路径”）。

（4）单击“测试”按钮进行连接，如图 3-4 所示。

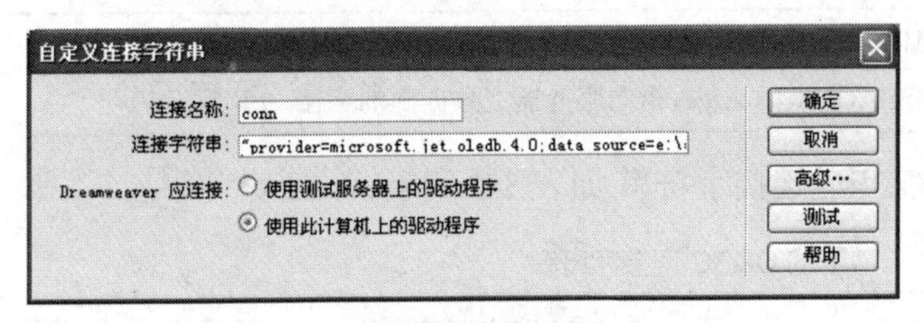

图 3-3 “自定义连接字符串”对话框

图 3-4 测试结果

（5）现在，Dreamweaver 里自动生成了一个连接文件 conn.asp，位置在自动生成的 Connections 文件夹中。在 Dreamweaver 数据库标签内，可以看到 mdb 文件内的各个字段，如图 3-5 所示。

三、在“用户表”中插入新的内容

（1）建立数据库连接后，打开“应用程序”面板，选择“绑定”标签，添加“记录集（查询）”，如图 3-6 所示。

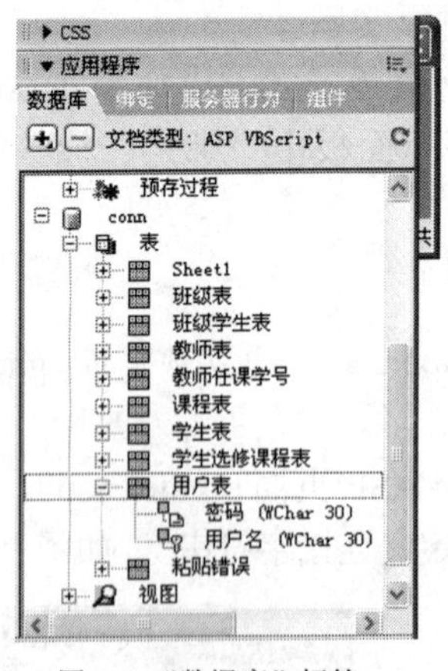

图 3-5 “数据库”标签

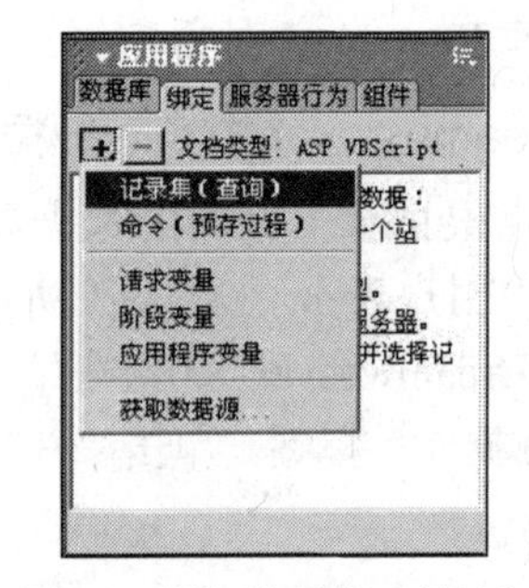

图 3-6 选择“记录集（查询）”

（2）在弹出的“记录集”对话框中，“名称”文本框可以自己设置，从“连接”下拉列表中选择定义的连接对象，在“表格”下拉列表选择数据库中的一个表“用户表”，如图 3-7 所示。

（3）确定后，会发现记录集已经绑定，所有数据库中的字段都显现出来，并且下方有一个“插入”按钮，可以将某个字段插入 ASP 页面。该 ASP 页面就显示数据库里面内容了，如图 3-8 所示。

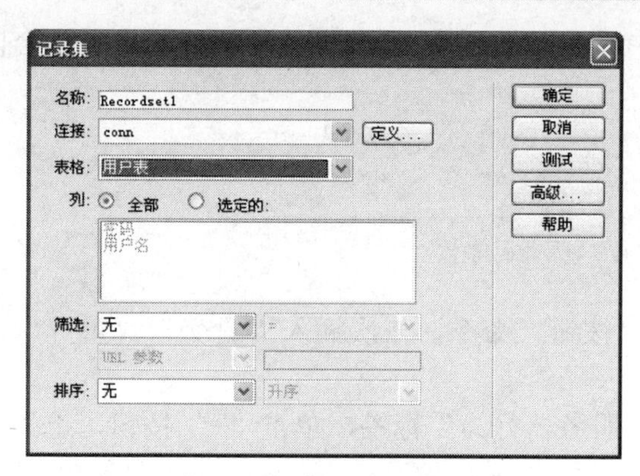

图 3-7 “记录集”对话框

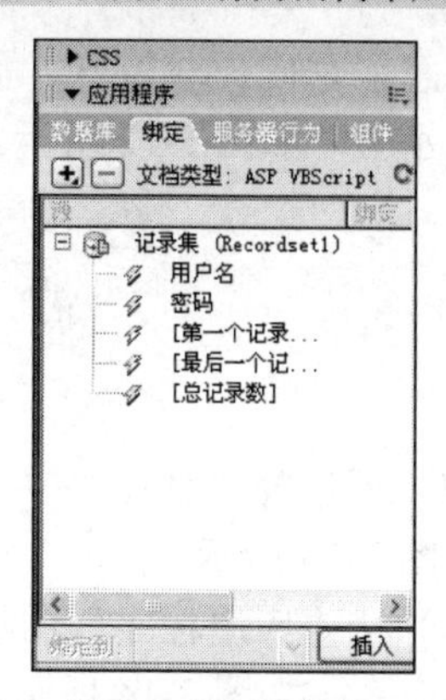

图 3-8 “绑定”标签

（4）在 ASP 页面中，选择“插入”→“表单”→“表单”命令，插入一个表单，如图 3-9 所示。

（5）为了排版美观，在表单中插入一个三行两列的表格，选择“插入”→“表格”命令进行设置，如图 3-10 所示。

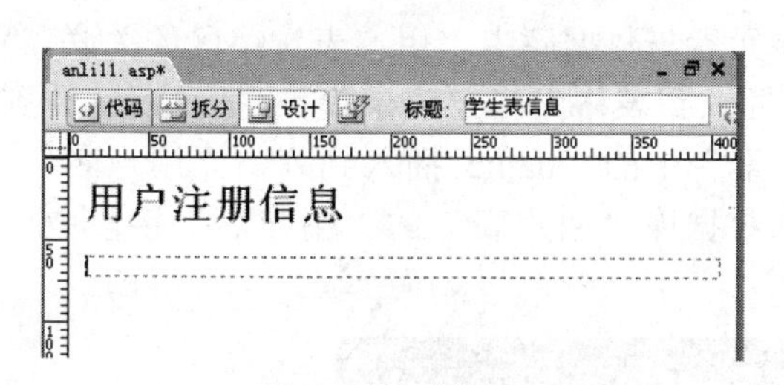

图 3-9 插入表单

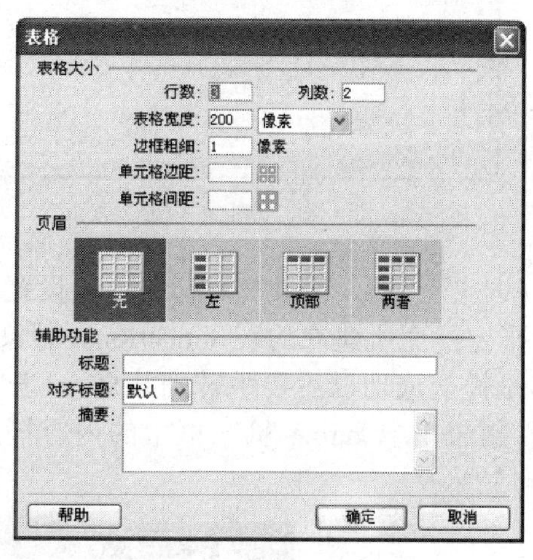

图 3-10 “表格”对话框

（6）在表单中，选择“插入”→“表单”→“文本域”命令，依次设置用户名（name）和密码（pw），如图 3-11 所示。

图 3-11 设置用户名和密码

注意，密码比较特殊，需要在属性中设置其类别为“密码”，那输入的内容就会以特定字符显示了，如图 3-12 所示。

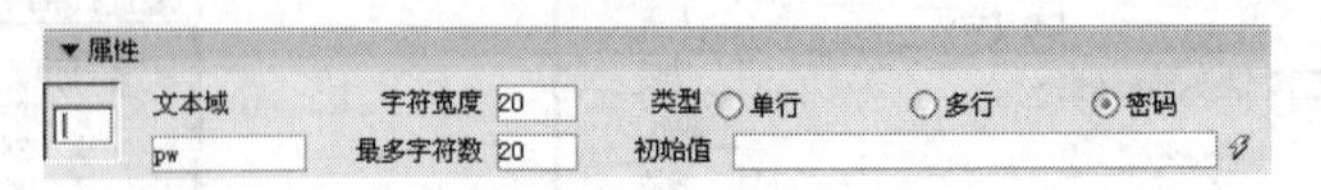

图 3-12　设置密码属性

（7）再选择“插入”→“表单”→“按钮”命令，依次插入“提交”、“重置”两个按钮，如图 3-13 所示。

（8）在“应用程序”面板中，选择“服务器行为”标签，单击“+”按钮，选择“插入记录”命令，如图 3-14 所示。

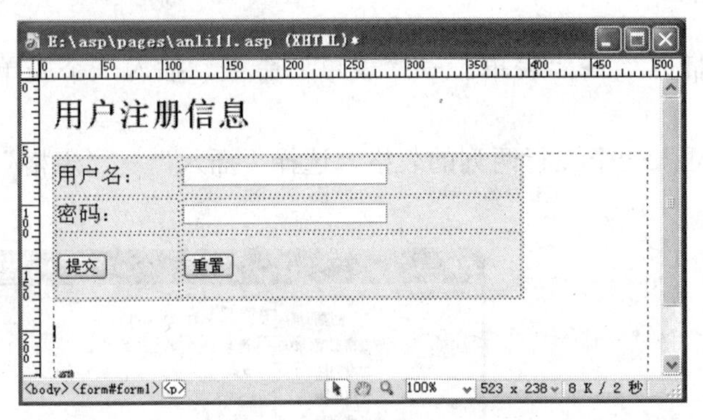

图 3-13　插入按钮

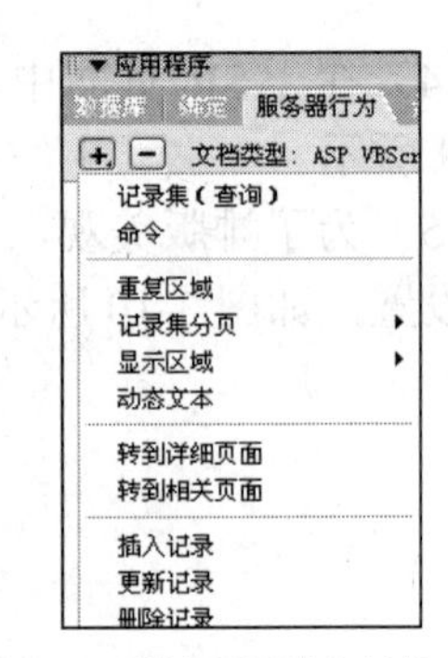

图 3-14 “服务器行为”标签

（9）在“插入记录”对话框中，设置表单元素与数据库中“用户表”字段的关联，“连接”指定前面所建立的 Connections 对象；“插入到表格”指定记录集；“插入后，转到”意思是提交成功以后要跳转到某页；“表单元素”中的“name 插入到列中“用户名”（文本）”指表单中 name 输入框中的内容插入到数据库“用户表”的“用户名”字段中，如图 3-15 所示。

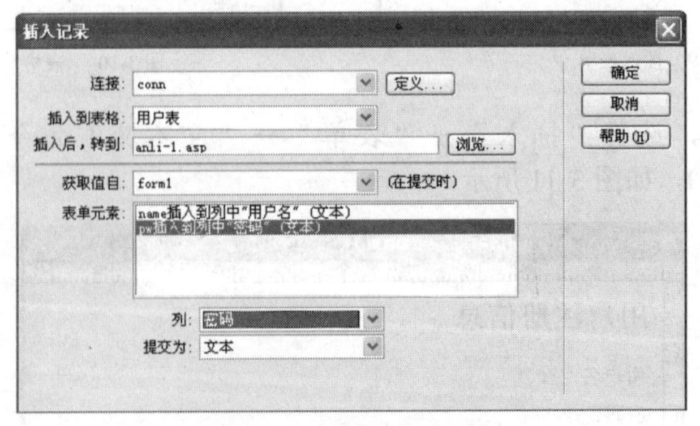

图 3-15 “插入记录”对话框

（10）保存网页并进行测试，浏览效果如图 3-16 所示。

（11）在文本框中输入用户名和密码，单击“提交”按钮后，进入下一个指定跳转页面，如图 3-17 所示。

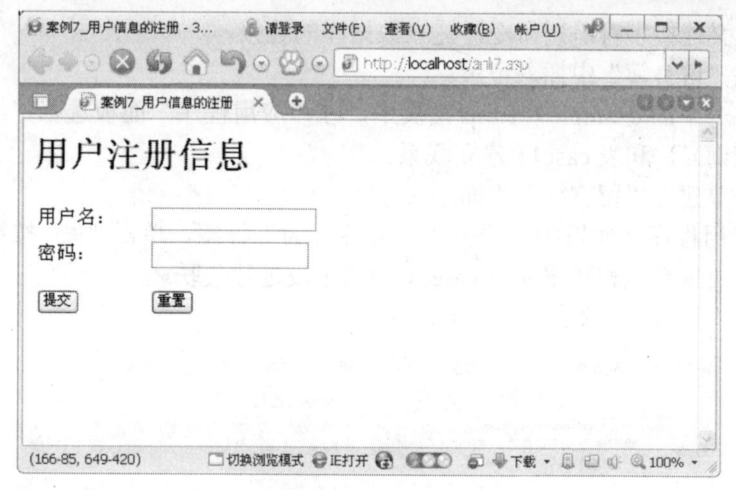

图 3-16 网页浏览效果

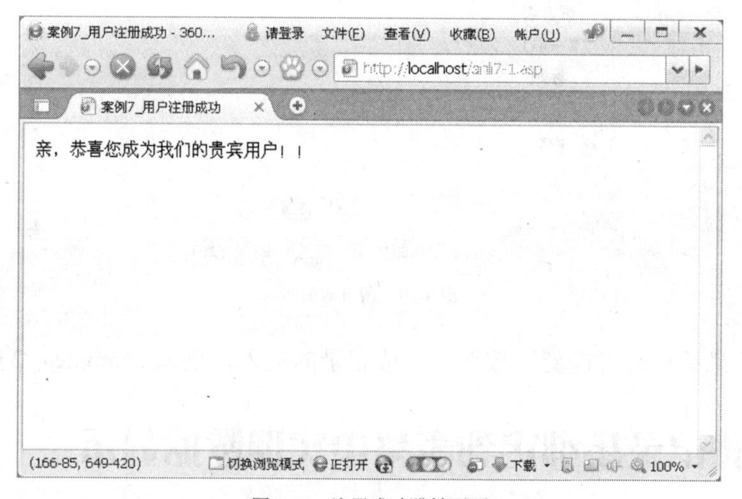

图 3-17 注册成功跳转页面

【上机实战】

练习一 建立数据库连接。

（1）利用 Access 建立数据库 cases.mdb，并建立表 case11，其内容如图 3-18 所示。

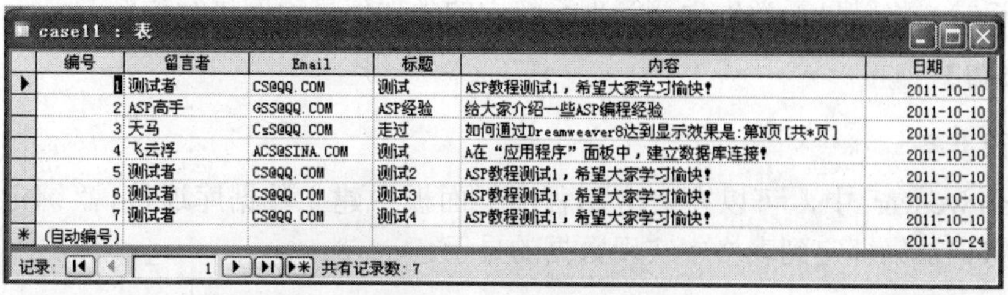

case11 : 表

编号	留言者	Email	标题	内容	日期
1	测试者	CS@QQ.COM	测试	ASP教程测试1，希望大家学习愉快!	2011-10-10
2	ASP高手	GSS@QQ.COM	ASP经验	给大家介绍一些ASP编程经验	2011-10-10
3	天马	CsS@QQ.COM	走过	如何通过Dreamweaver8达到显示效果是:第N页[共*页]	2011-10-10
4	飞云浮	ACS@SINA.COM	测试	A在“应用程序”面板中，建立数据库连接!	2011-10-10
5	测试者	CS@QQ.COM	测试2	ASP教程测试1，希望大家学习愉快!	2011-10-10
6	测试者	CS@QQ.COM	测试3	ASP教程测试1，希望大家学习愉快!	2011-10-10
7	测试者	CS@QQ.COM	测试4	ASP教程测试1，希望大家学习愉快!	2011-10-10
(自动编号)					2011-10-24

记录: 1 共有记录数: 7

图 3-18 “留言簿”case11 表

（2）在 Dreamweaver 中建立 example7_1.asp 和 example7_2.asp 两个网页。

（3）在 Dreamweaver 中，在“应用程序”面板中选择“数据库”标签。单击“+”按

钮，选择“自定义连接字符串”命令，建立数据库的连接。

练习二　在“留言簿”中插入记录。

（1）在练习一中的 example7_1.asp 网页中，在“应用程序”面板选择“绑定”标签，添加“记录集（查询）”，和表 case11 建立联系。

（2）利用表单建立“留言簿”界面。

（3）在“应用程序”面板中，选择“服务器行为”标签，单击“+”按钮，选择“插入记录”命令，将表单元素和数据库表 case11 中的字段进行关联。

（4）对网页进行测试，如图 3-19 所示。

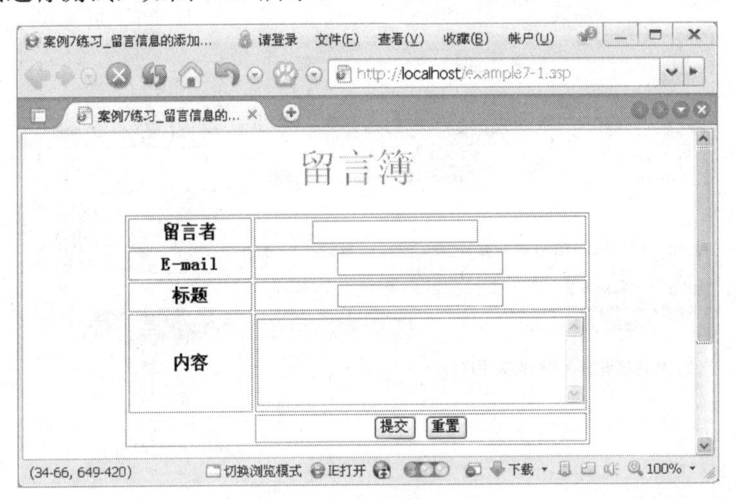

图 3-19　留言簿页面

（5）输入信息后单击“提交”按钮，完成记录的插入，进入 example7_2.asp。

任务 2　将记录集绑定到表格中实现数据显示

【任务分析】

用户使用浏览器，可以通过 Internet 或 Intranet 访问 Web 数据库中的数据，如在线购书、医院网上预约挂号、在线股市买卖交易、学生学籍管理等。在数据库应用系统中，最多的访问方式就是浏览数据库中的数据信息，所以在本任务中，来看如何在 ASP 网页中显示数据库相关记录，将以显示学生学籍管理系统中的学生信息为例进行说明。

【实现步骤】

一、知识准备

在 Dreamweaver 中，可以在“应用程序”面板中建立数据库连接，“绑定”相关记录集，并可以将记录集绑定到表格中实现数据的显示。

二、连接数据库并显示“学生表”的内容

（1）在站点根目录下专门的数据库存放目录 database 下建立数据库 dbcase12.mdb，并建立数据表“学生表”，如图 3-20 所示。

（2）打开 Macromedia Dreamweaver 8，在站点里面先新建个 ASP 页面（anli8.asp）。在“应用程序”面板中选中“数据库”标签。单击“+”按钮，选择“自定义连接字符串”命令，如图 3-21 所示。

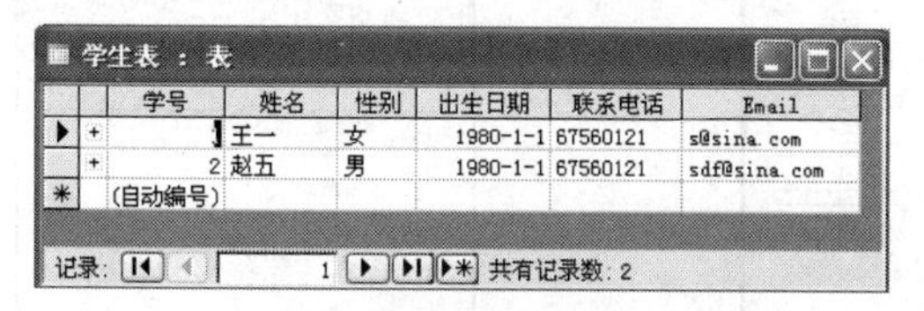

学生表 ： 表

	学号	姓名	性别	出生日期	联系电话	Email
+	1	王一	女	1980-1-1	67560121	s@sina.com
+	2	赵五	男	1980-1-1	67560121	sdf@sina.com
*	(自动编号)					

记录: 1 共有记录数: 2

图 3-20　“学生表”

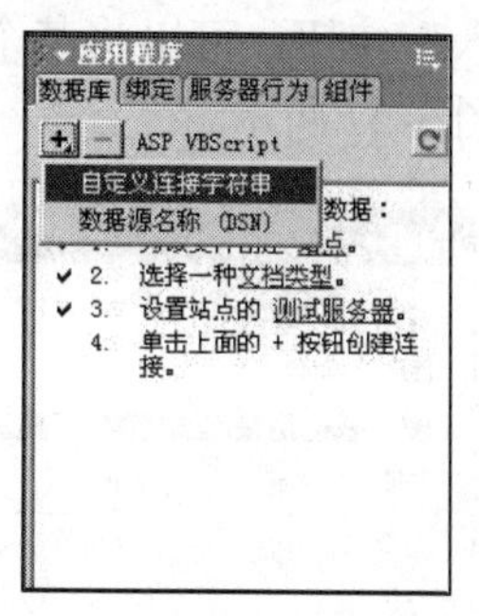

图 3-21　选择“自定义连接字符串”命令

（3）在弹出来的“自定义连接字符串”对话框中，如图 3-22 进行设置。

（4）单击“测试”按钮，进行连接，如图 3-23 所示。

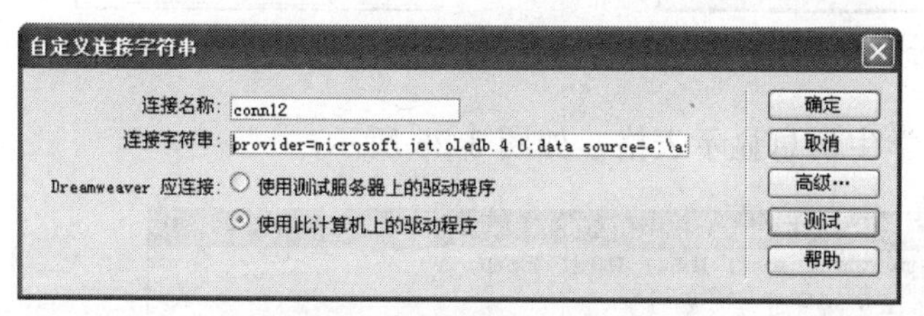

图 3-22　“自定义连接字符串”对话框

图 3-23　测试结果

（5）现在，Dreamweaver 里自动生成了一个连接文件 conn12.asp，位置在自动生成的 conn 文件夹中。在 Dreamweaver 的“数据库”标签内，可以看到 mdb 文件内的各个字段，如图 3-24 所示。

（6）选择“绑定”标签，添加“记录集（查询）”，如图 3-25 所示。

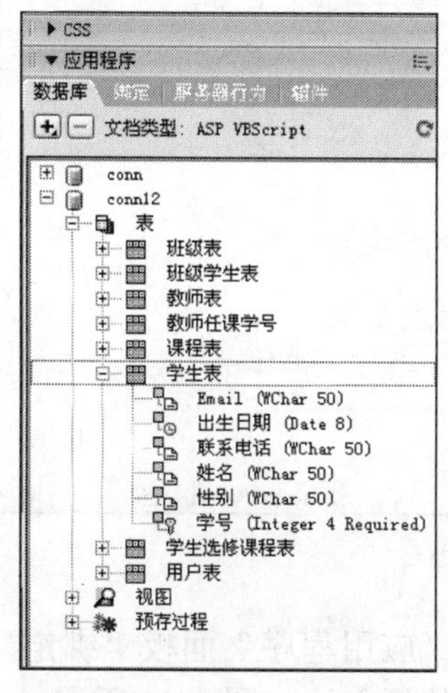

图 3-24　“数据库”标签

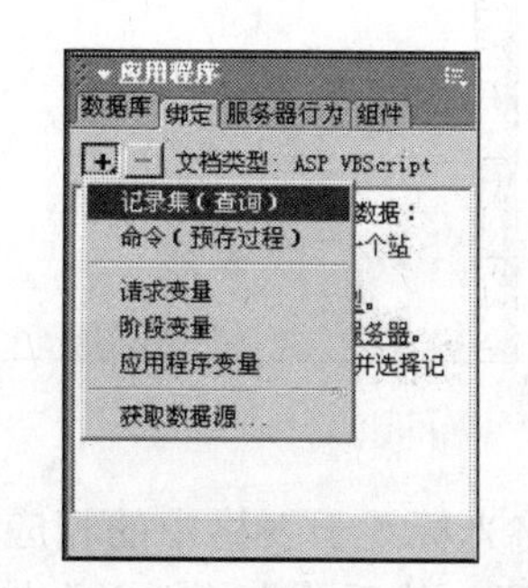

图 3-25　选择“记录集（查询）”命令

（7）在弹出的“记录集”对话框中，“名称”文本框可以自己设置，从“连接”下拉列

表中选择定义的连接对象，从“表格”下拉列表中选择数据库中的一个表——“学生表”，如图 3-26 所示。

（8）确定后，会发现记录集已经绑定，所有数据库中的字段都显现出来，并且下方有一个“插入”按钮，可以将某个字段插入到 ASP 页面。该 ASP 页面就显示数据库里面内容了，如图 3-27 所示。

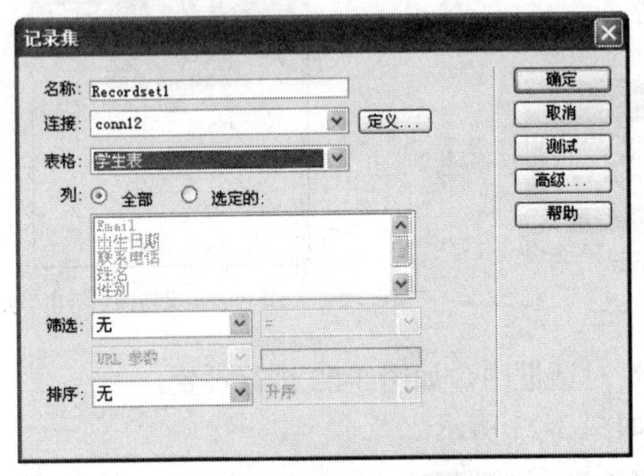

图 3-26 “记录集”对话框

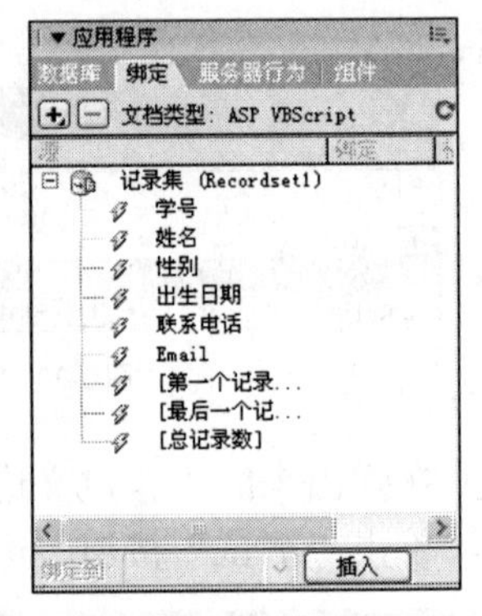

图 3-27 “绑定”标签

（9）在网页的设计界面，制作学生信息显示表格，如图 3-28 所示。

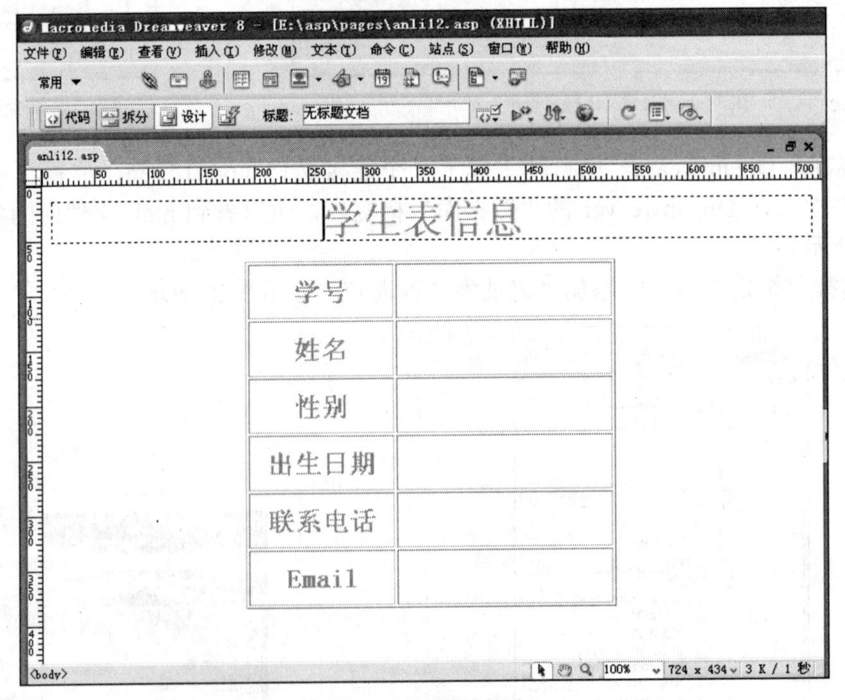

图 3-28 网页设计界面

（10）将光标置于表格中的相应单元格中，选中“应用程序”面板“绑定”标签中记录集的相应字段，然后单击“插入”按钮，完成字段域的插入，如图 3-29 所示。

（11）利用浏览器预览，如图 3-30 所示。

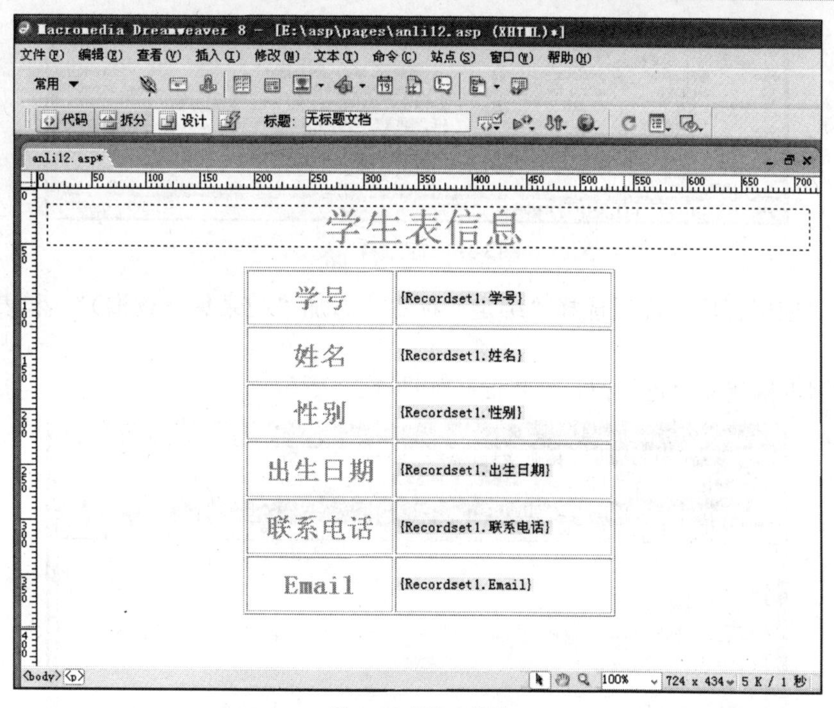

图 3-29　插入字段域

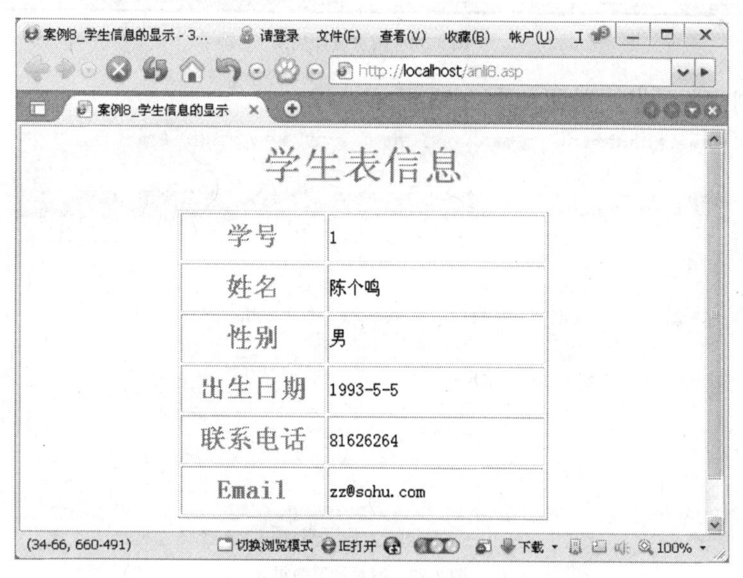

图 3-30　网页浏览界面

【上机实战】

练习　制作留言簿中显示留言页面。

（1）利用 Access 数据库 cases.mdb 中的表 case11，其内容如图 3-31 所示。

（2）在 Dreamweaver 中建立网页 example8.asp。

（3）在 Dreamweaver 中，在“应用程序”面板中选中“数据库”标签。单击“+”按钮，选择“自定义连接字符串”命令，建立数据库的连接。

case11 : 表

编号	留言者	Email	标题	内容	日期
1	测试者	CS@QQ.COM	测试	ASP教程测试1，希望大家学习愉快！	2011-10-10
2	ASP高手	GSS@QQ.COM	ASP经验	给大家介绍一些ASP编程经验	2011-10-10
3	天马	CsS@QQ.COM	走过	如何通过Dreamweaver8达到显示效果是:第N页[共*页]	2011-10-10
4	飞云浮	ACS@SINA.COM	测试	A在“应用程序”面板中，建立数据库连接！	2011-10-10
5	测试者	CS@QQ.COM	测试2	ASP教程测试1，希望大家学习愉快！	2011-10-10
6	测试者	CS@QQ.COM	测试3	ASP教程测试1，希望大家学习愉快！	2011-10-10
7	测试者	CS@QQ.COM	测试4	ASP教程测试1，希望大家学习愉快！	2011-10-10
(自动编号)					2011-10-24

记录: 1 共有记录数: 7

图 3-31 “留言簿”表

（4）在“应用程序”面板选择“绑定”标签，添加“记录集（查询）”，和表 case11 建立联系。

（5）利用表格建立“过往留言”界面，如图 3-32 所示。

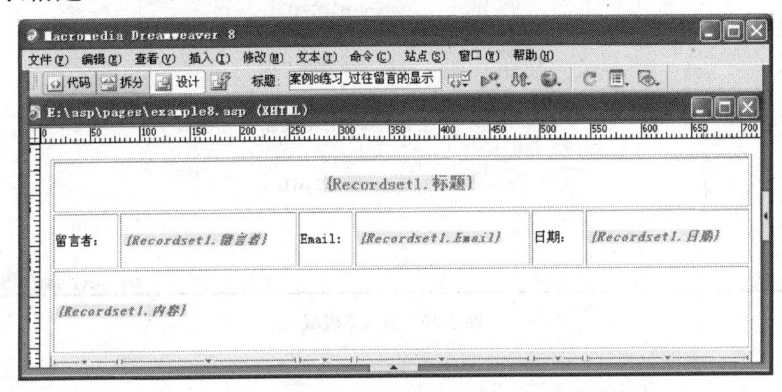

图 3-32 网页设计视图

（6）通过浏览器预览，效果如图 3-33 所示。

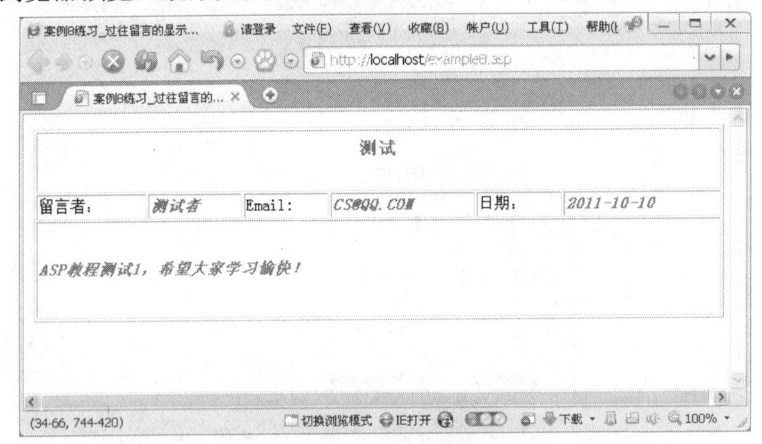

图 3-33 网页预览效果

任务 3 记录集的重复区域服务器行为应用

【任务分析】

在任务 2 中，我们已经通过“绑定”记录集实现数据库中第一条记录的显示，但在实际的数据库应用系统中，人们经常要查看数据库中的多条记录，本任务中，介绍如何通过

Dreamweaver 提供的服务器行为“重复区域”实现多条记录的显示。

【实现步骤】

在 Dreamweaver 中，可以在“应用程序”面板中建立数据库连接，“绑定”相关记录集，并可以选择“服务器行为”标签中的“重复区域”按钮，实现多条记录数据的显示。

连接数据库并显示 “学生表”内容的步骤如下。

（1）在站点根目录下专门的数据库存放目录 database 下建立数据库 dbcase12.mdb,并建立数据表“学生表”，内容同任务 2。

（2）打开 Dreamweaver，在站点里面先新建个 ASP 页面（anli9.asp）。在“应用程序”面板中选中“数据库”标签。单击“+”按钮，选择“自定义连接字符串”按钮。

（3）设置“自定义连接字符串”对话框，并测试连接。

（4）选择“绑定”标签，添加“记录集（查询）”。

（5）在弹出的“记录集”对话框中，“名称”文本框可以自己设置，从“连接”下拉列表中选择定义的连接对象，从“表格”下拉列表中选择数据库中的一个表——“学生表”，如图 3-34 所示。

（6）确定后，会发现记录集已经绑定，所有数据库中的字段都显现出来，并且下方有一个“插入”按钮，可以将某个字段插入到 ASP 页面。该 ASP 页面就显示数据库里面内容了，如图 3-35 所示。

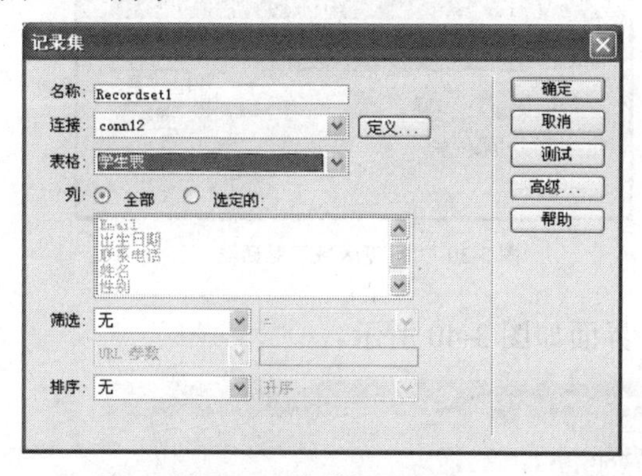

图 3-34 “记录集”对话框

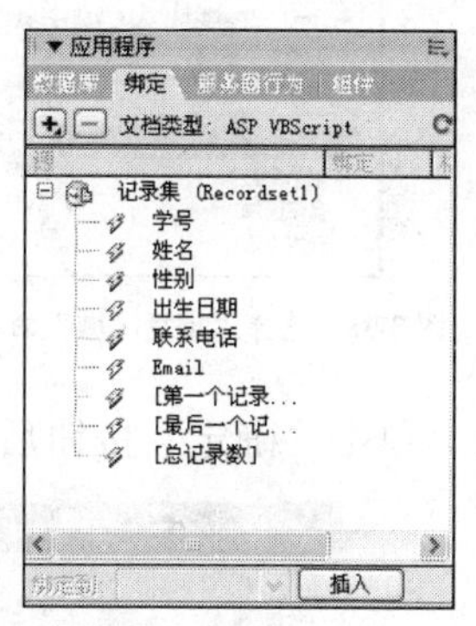

图 3-35 “绑定”标签

（7）设计网页界面，制作学生信息显示表格，在“应用程序”面板“绑定”标签中选择记录集的相应字段，然后单击“插入”按钮，完成字段域的插入，如图 3-36 所示。

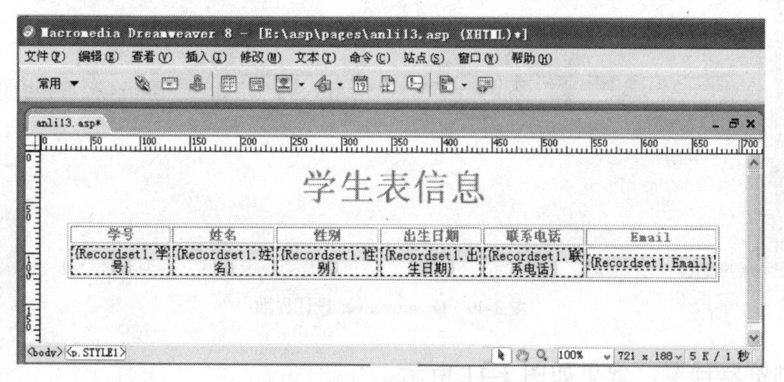

图 3-36　网页设计界面

（8）选中表格的第二行，如图 3-37 所示。

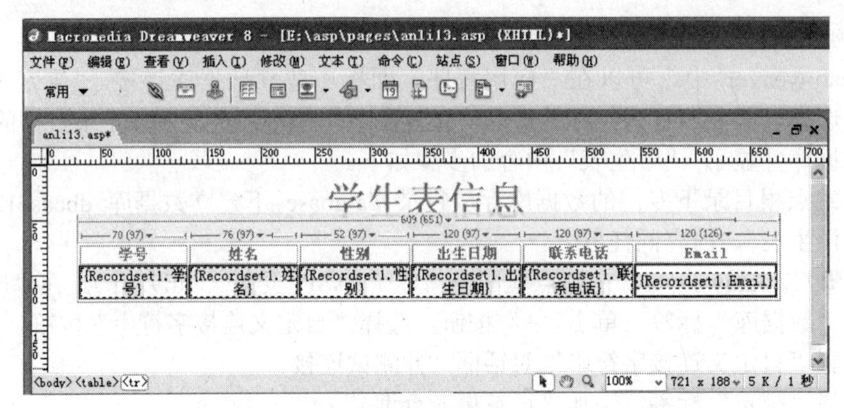

图 3-37　选中表格中的第二行

（9）在“服务器行为”标签中，选择“重复区域”命令，如图 3-38 所示。

（10）在“重复区域”对话框中，选择相应的记录集，并设置显示记录的数量，如图 3-39 所示。

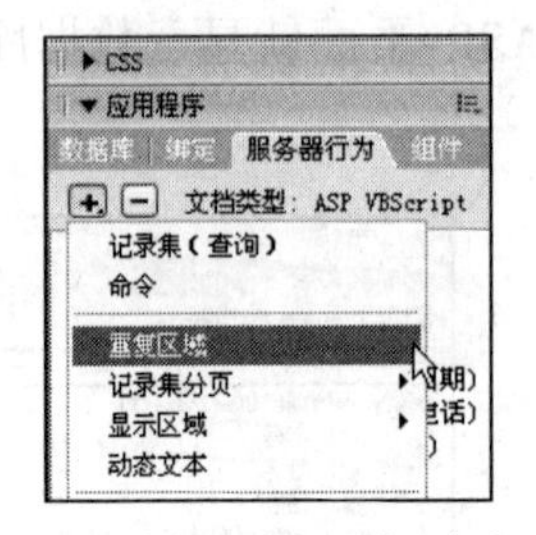

图 3-38　选择“重复区域”命令

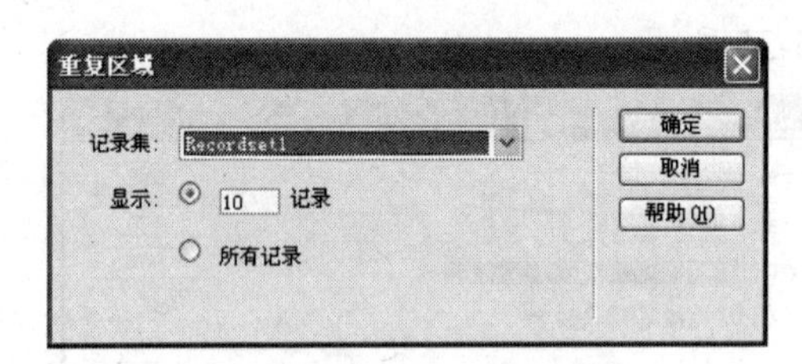

图 3-39　“重复区域”对话框

（11）单击“确定”按钮后，网页设计界面如图 3-40 所示。

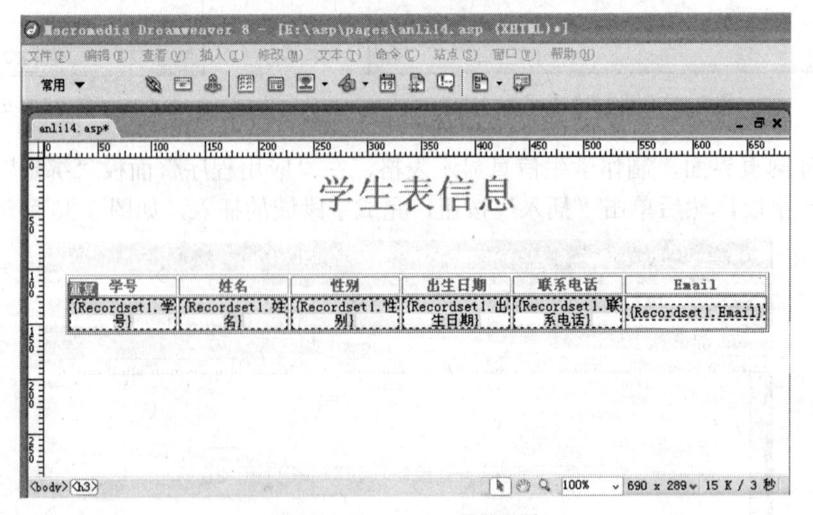

图 3-40　Dreamveaver 设计界面

（12）用浏览器预览，效果如图 3-41 所示。

学生表信息

学号	姓名	性别	出生日期	联系电话	Email
1	陈个鸣	男	1993-5-5	81626264	zz@sohu.com
2	在学民	男	1993-5-5	6770124	MMS@qq.com
3	高有	男	1993-5-5	81976264	MMS@qq.com
4	高亚人	女	1992-1-1	123456987	MMS@qq.com
6	要思阳	女	1992-1-1	13673311587	zz@sohu.com
7	果在杰	男	1993-5-5	123456987	MMS@qq.com
8	王贺云	男	1993-9-7	675665566	zz@sina.com
9	王岩	男	1992-12-8	123456987	zz@sina.com
10	枯家俊	男	1993-5-5	819265264	zz@sina.com
11	李有轩	男	1993-9-7	67560124	zz@sina.com

图 3-41　网页预览效果

【上机实战】

练习　制作留言簿中显示留言页面，要求显示多条留言。

（1）利用 Access 数据库 cases.mdb 中的表 case11，其内容如图 3-42 所示。

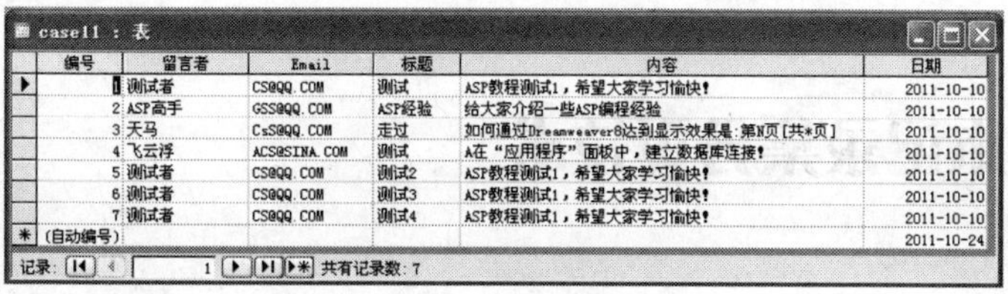

编号	留言者	Email	标题	内容	日期
1	测试者	CS@QQ.COM	测试	ASP教程测试1，希望大家学习愉快！	2011-10-10
2	ASP高手	GSS@QQ.COM	ASP经验	给大家介绍一些ASP编程经验	2011-10-10
3	天马	CsS@QQ.COM	走过	如何通过Dreamweaver8达到显示效果是：第N页[共*页]	2011-10-10
4	飞云浮	ACS@SINA.COM	测试	A在“应用程序”面板中，建立数据库连接！	2011-10-10
5	测试者	CS@QQ.COM	测试2	ASP教程测试1，希望大家学习愉快！	2011-10-10
6	测试者	CS@QQ.COM	测试3	ASP教程测试1，希望大家学习愉快！	2011-10-10
7	测试者	CS@QQ.COM	测试4	ASP教程测试1，希望大家学习愉快！	2011-10-10
(自动编号)					2011-10-24

记录：1　共有记录数：7

图 3-42　留言簿页面

（2）在 Dreamweaver 中建立网页 example9.asp。

（3）在 Dreamweaver 中，在“应用程序”面板中选中“数据库”标签。单击“+”按钮，选择“自定义连接字符串”命令，建立数据库的连接；选择“绑定”标签，添加“记录集（查询）”，和表 case11 建立联系。

（4）利用表格建立“过往留言”界面。

（5）选中记录重复显示区域，在“服务器行为”标签中，选择“重复区域”命令，进行设置，如图 3-43 所示。

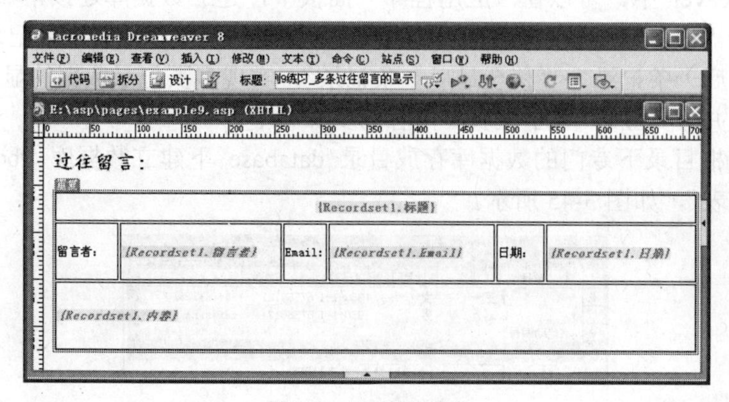

图 3-43　网页设计界面

（6）通过浏览器预览，效果如图 3-44 所示。

过往留言：

测试					
留言者：	测试者	Email:	CS@QQ.COM	日期：	2011-10-10
ASP教程测试1，希望大家学习愉快！					
ASP经验					
留言者：	ASP高手	Email:	GSS@QQ.COM	日期：	2011-10-10
给大家介绍一些ASP编程经验					

图 3-44　网页预览效果

任务 4　基本记录集分页技术

【任务分析】

在任务 3 中，已经通过“服务器行为”中的“重复区域”实现数据库中多条记录的显示，但在实际的数据库应用系统中，为了提高页面的读取速度，一般不会将所有的记录数据全部在一页中罗列出来，而是将其分成多页显示，每页显示一定数目的记录数，如 20 条，这就是数据库查询的分页显示。那么究竟如何才能做到将数据库的查询结果分页显示呢？本任务中，将介绍如何通过 Dreamweaver 提供的服务器行为“记录集分页”实现多页记录的显示。

【实现步骤】

在 Dreamweaver 中，可以在“应用程序”面板中，建立数据库连接，“绑定”相关记录集，并可以选择“服务器行为”标签中的“记录集分页”的“移至第一条记录”、“移至前一条记录”、“移至后一条记录”、“移至最后一条记录”，实现多页记录数据的显示。

连接数据库并分页显示　“学生表”内容的步骤如下。

（1）在站点根目录下专门的数据库存放目录 database 下建立数据库 dbcase12.mdb,并建立数据表“学生表”，如图 3-45 所示。

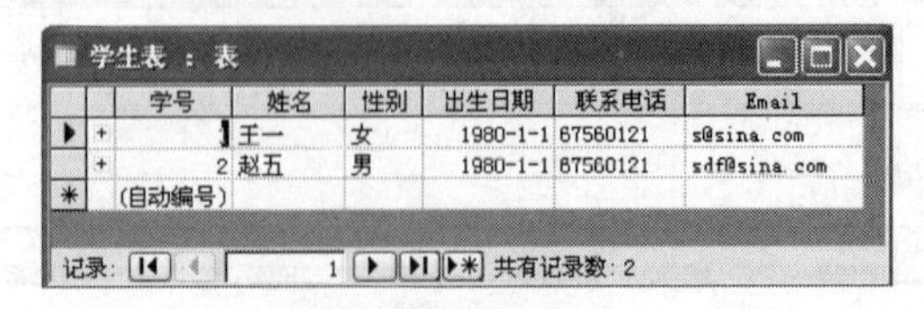

学生表 ：表

学号	姓名	性别	出生日期	联系电话	Email
1	王一	女	1980-1-1	67560121	s@sina.com
2	赵五	男	1980-1-1	87560121	sdf@sina.com
(自动编号)					

记录：1　共有记录数：2

图 3-45　“学生表”

（2）打开 Dreamweaver，在站点里面先新建个 ASP 页面（anli10.asp）。在“应用程序”面板中选中“数据库”标签。单击“+”按钮，选择“自定义连接字符串”命令。

（3）设置“自定义连接字符串”对话框，并测试连接。

（4）选择“绑定”标签，添加“记录集（查询）”。

（5）在弹出的“记录集”对话框中，“名称”文本框可以自己设置，从“连接”下拉列表中选择定义的连接对象，从“表格”下拉列表中选择数据库中的一个表：“学生表”。

（6）确定后，会发现记录集已经绑定，所有数据库中的字段都显现出来，并且下方有一个“插入”按钮，可以将某个字段插入到 ASP 页面。该 ASP 页面就显示数据库里面内容了。

（7）设计 Dreamweaver 界面，制作学生信息显示表格，在“应用程序”面板“绑定”标签中选择记录集的相应字段，然后单击“插入”按钮，完成字段域的插入操作，如图 3-46 所示。

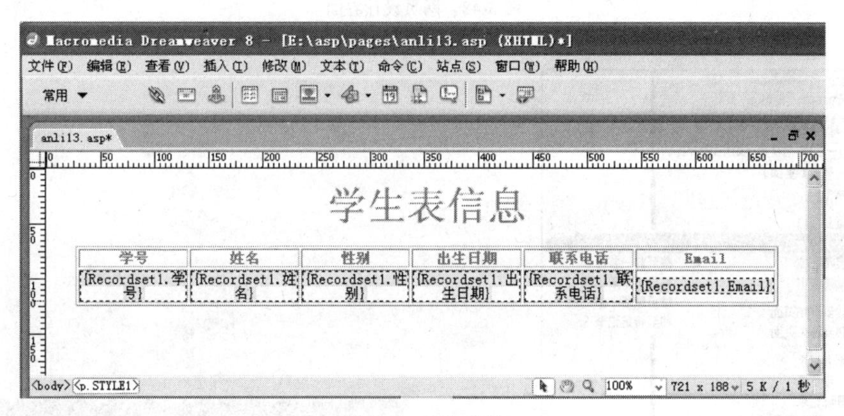

图 3-46　插入表格

（8）选中表格的第 2 行，在“服务器行为”标签中，选择“重复区域”命令，选择相应的记录集，并设置显示记录的数量，如图 3-47 所示。

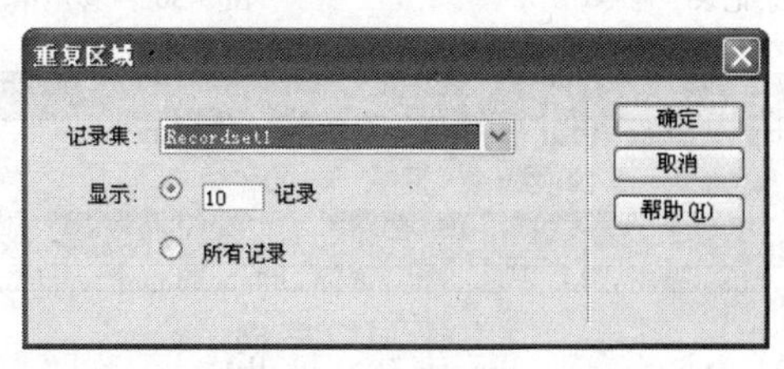

图 3-47　“重复区域”对话框

（9）网页设计界面如图 3-48 所示。

（10）在“服务器行为”标签中，选择“记录集分页”→“移至第一条记录”命令，如图 3-49 所示。

（11）在“移至第一条记录”对话框中，设置“链接”位置和对应的记录集，如图 3-50 所示。

（12）单击“确定”按钮后，设计视图如图 3-51 所示。

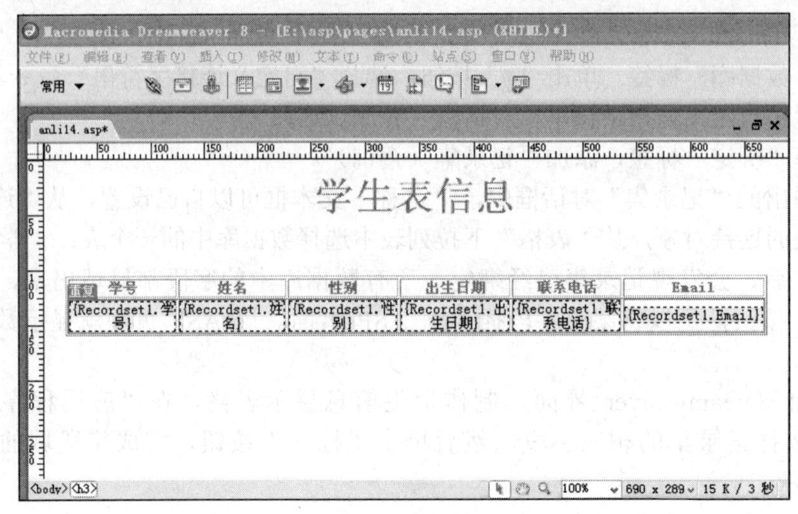

图 3-48　网页设计界面

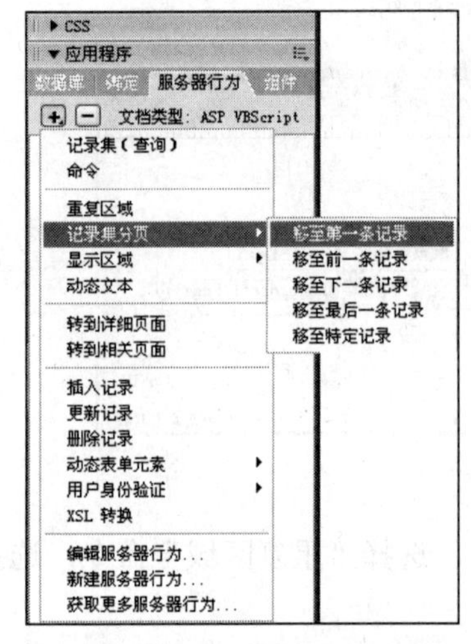

图 3-49　选择“移至第一条记录”命令

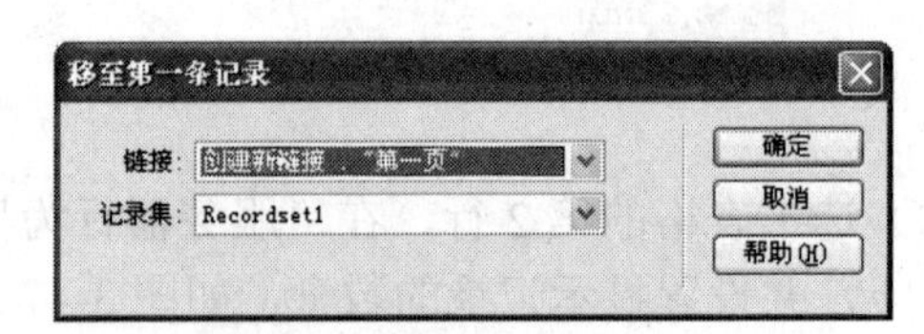

图 3-50　“移至第一条记录”对话框

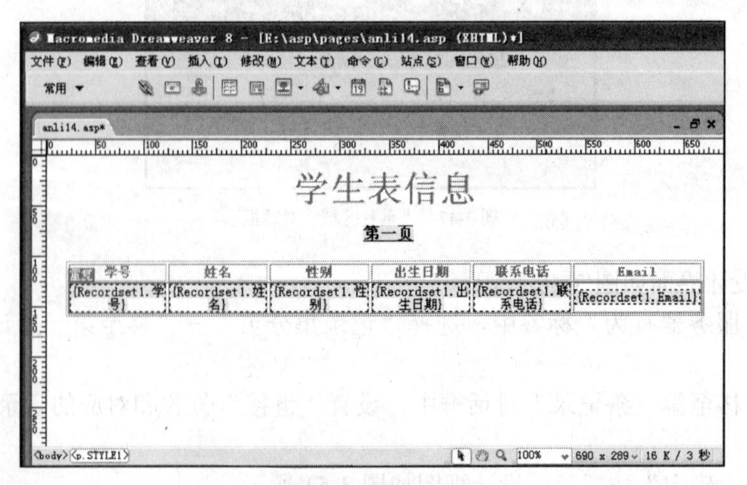

图 3-51　网页设计界面

（13）依次选择“移至前一条记录”、“移至后一条记录”、“移至最后一条记录”命令，完成记录集的分页功能，如图 3-52 所示。

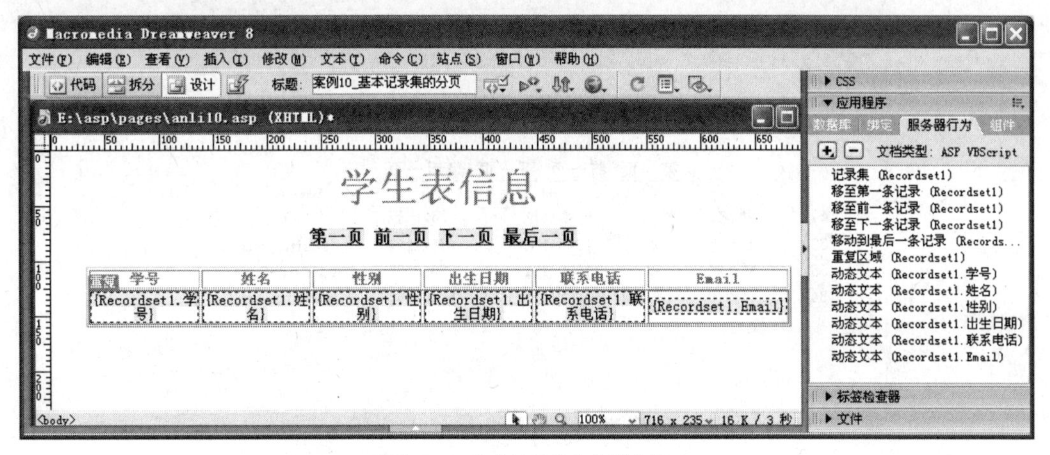

图 3-52　完成记录集的分页功能

（14）用浏览器进行预览，效果如图 3-53 所示。

案例10_基本记录集的分页 ...

http://localhost/anli10.asp

学生表信息

第一页　前一页　下一页　最后一页

学号	姓名	性别	出生日期	联系电话	Email
1	陈个鸣	男	1993-5-5	81626264	zz@sohu.com
2	在学民	男	1993-5-5	6770124	MMS@qq.com
3	高有	男	1993-5-5	81976264	MMS@qq.com
4	高亚人	女	1992-1-1	123456987	MMS@qq.com
6	要思阳	女	1992-1-1	13673311587	zz@sohu.com
7	果在杰	男	1993-5-5	123456987	MMS@qq.com
8	王贺云	男	1993-9-7	675665566	zz@sina.com
9	王岩	男	1992-12-8	123456987	zz@sina.com
10	枯家俊	男	1993-5-5	819265264	zz@sina.com
11	李有轩	男	1993-9-7	67560124	zz@sina.com

图 3-53　“第一页”网页预览效果

（15）单击“第一页”、“前一页”、“下一页”、“最后一页”可以实现记录集的分页显示，单击“最后一页”，效果如图 3-54 所示。

【上机实战】

练习　制作留言簿中显示留言页面，要求分页显示多条留言。

（1）利用 Access 数据库 cases.mdb 中的表 case11，如图 3-55 所示。

（2）在 Dreamweaver 中建立网页 example10.asp。

（3）在 Dreamweaver 中，在“应用程序”面板中选择“数据库”标签。单击“+”按

钮，选择“自定义连接字符串”命令，建立数据库的连接。

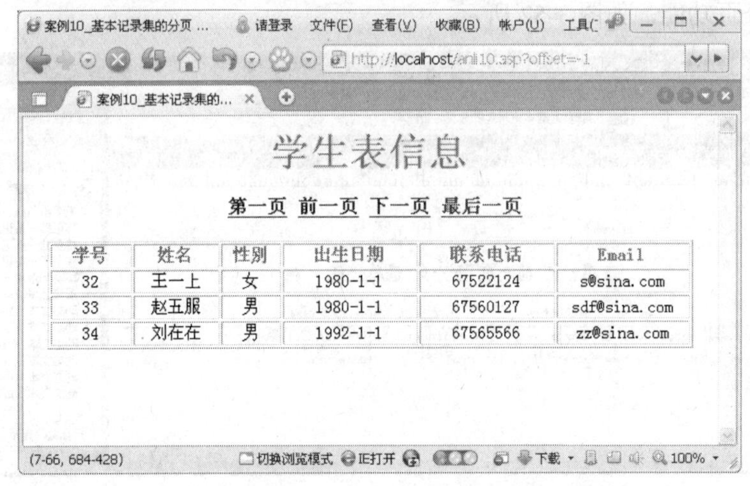

图 3-54 “最后一页”网页预览效果

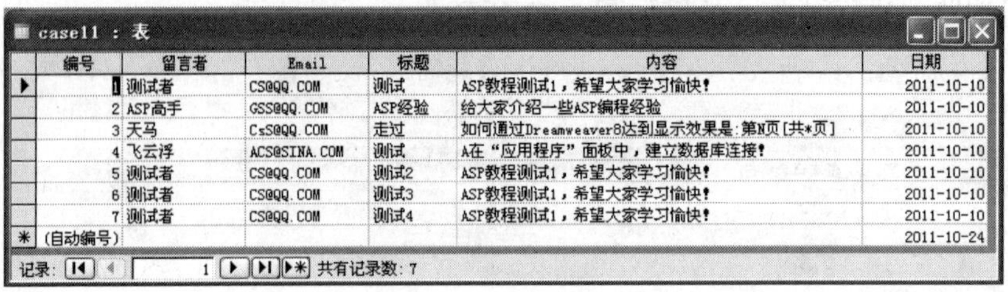

case11 : 表

编号	留言者	Email	标题	内容	日期
1	测试者	CS@QQ.COM	测试	ASP教程测试1，希望大家学习愉快!	2011-10-10
2	ASP高手	GSS@QQ.COM	ASP经验	给大家介绍一些ASP编程经验	2011-10-10
3	天马	CsS@QQ.COM	走过	如何通过Dreamweaver8达到显示效果是:第N页[共*页]	2011-10-10
4	飞云浮	ACS@SINA.COM	测试	A在“应用程序”面板中，建立数据库连接!	2011-10-10
5	测试者	CS@QQ.COM	测试2	ASP教程测试1，希望大家学习愉快!	2011-10-10
6	测试者	CS@QQ.COM	测试3	ASP教程测试1，希望大家学习愉快!	2011-10-10
7	测试者	CS@QQ.COM	测试4	ASP教程测试1，希望大家学习愉快!	2011-10-10
(自动编号)					2011-10-24

记录: 1 共有记录数: 7

图 3-55 “留言簿”

（4）在“应用程序”面板，选择“绑定”标签，添加“记录集（查询）”，和表 case11 建立联系。

（5）利用表格建立“过往留言”界面。

（6）选中记录重复显示区域，在“服务器行为”标签中选择“重复区域”命令，进行设置，如图 3-56 所示。

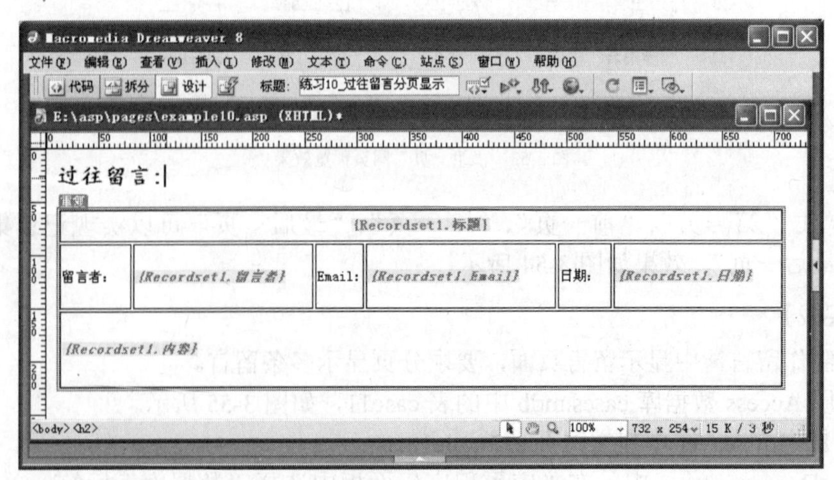

图 3-56 网页设计界面

（7）在“服务器行为”标签中，选择“记录集分页”的“移至第一条记录”、“移至前一条记录”、“移至后一条记录”、“移至最后一条记录”命令，如图 3-57 所示。

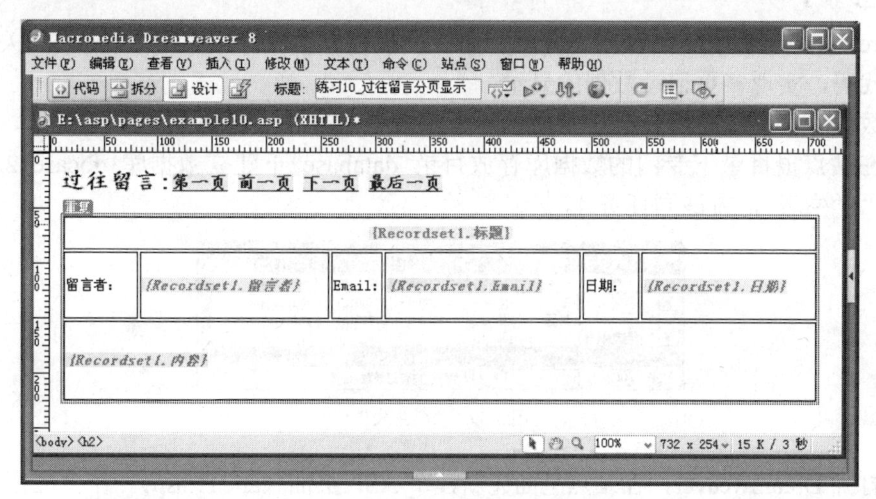

图 3-57　Dreamveaver 设计界面

（8）用浏览器预览，效果如图 3-58 所示。

图 3-58　网页预览效果

任务 5　记录集高级分页技术

【任务分析】

在任务 4 中，已经通过“服务器行为”中的“记录集分页”功能实现数据库中多页记录数据的显示，可只能实现移至“第一页”、“前一页”、“后一页”、“最后一页”，无法直接跳转到某一页。在本任务中，将介绍如何通过 Dreamweaver 达到显示“第 N 页[共*页] <<1 2 3

4 5 6 7 8 9 10 >>”的效果。

【实现步骤】

在 Dreamweaver 中，可以在“应用程序”面板建立数据库连接，“绑定”相关记录集，然后添加代码，实现多页记录数据的显示。

连接数据库并利用高级分页技术显示“学生表”内容的步骤如下。

（1）在站点根目录下专门的数据库存放目录 database 下建立数据库 dbcase12.mdb,并建立数据表“学生表”，方法同任务 4。

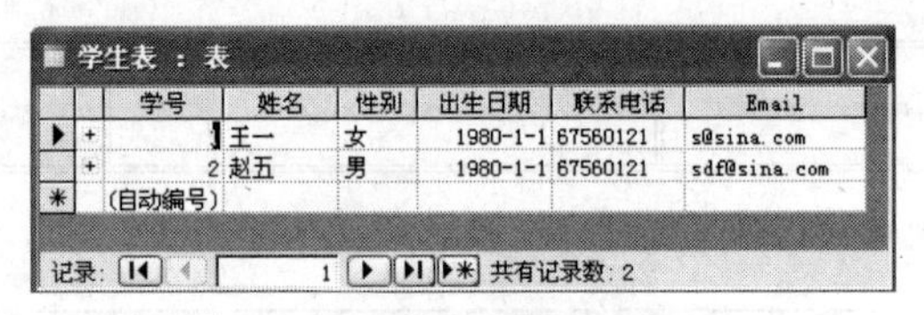

	学号	姓名	性别	出生日期	联系电话	Email
+	1	王一	女	1980-1-1	67560121	s@sina.com
+	2	赵五	男	1980-1-1	67560121	sdf@sina.com
*	(自动编号)					

图 3-59 “学生表”

（2）打开 Dreamweaver，在站点里面先新建个 ASP 页面（anli11.asp）。在“应用程序”面板中选中“数据库”标签。单击“+”按钮，选择“自定义连接字符串”命令。

（3）设置“自定义连接字符串”对话框，并测试连接。

（4）选择“绑定”标签，添加“记录集（查询）”。

（5）在弹出的“记录集”对话框中，“名称”文本框可以自己设置，从“连接”下拉列表中选择定义的连接对象，从“表格”下拉列表中选择数据库中的一个表：“学生表”。

（6）确定后，会发现记录集已经绑定，所有数据库中的字段都显现出来，并且下方有一个“插入”按钮，可以将某个字段插入 ASP 页面。该 ASP 页面就显示数据库里面内容了。

（7）设计网页界面，制作学生信息显示表格，在“应用程序”面板“绑定”标签中选择记录集的相应字段，然后单击“插入”按钮，完成字段域的插入，如图 3-60 所示。

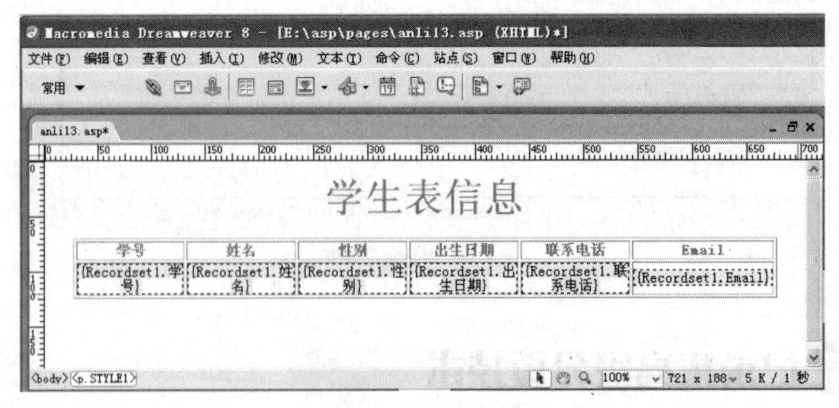

图 3-60 网页设计界面

（8）切换到“代码”页面，在<html>之前找到如下代码段。

```
<%
Dim Recordset1
Dim Recordset1_numRows
```

```
Set Recordset1 = Server.CreateObject ("ADODB.Recordset")
Recordset1.ActiveConnection = MM_conn12_STRING
Recordset1.Source = "SELECT * FROM 学生表"
Recordset1.CursorType = 0
Recordset1.CursorLocation = 2
Recordset1.LockType = 1
Recordset1.Open ()
Recordset1_numRows = 0
%>
```

（9）将 Recordset1.CursorType = 0 改为 Recordset1.CursorType = 1。

（10）在<%之后、Dim Recordset1 之前插入如下代码段。

```
Dim I
Dim RPP       '每页显示记录个数
Dim PageNo
I=1
RPP=10
PageNo=CInt (Request ("PageNo"))
```

（11）在 Recordset1_numRows = 0 之后插入如下代码段。

```
Recordset1.PageSize=RPP
If PageNo<=0 Then PageNo=1
If PageNo>Recordset1.PageCount Then PageNo=Recordset1.PageCount
Recordset1.AbsolutePage=PageNo
Sub ShowPageInfo (tPageCount,cPageNo)
    Response.Write "第"&cPageNo&"页[共"&tPageCount&"页]"
End Sub
Sub ShowPageNavi (tPageCount,cPageNo)
    If cPageNo<1 Then cPageNo=1
    If tPageCount<1 Then tPageCount=1
    If cPageNo>tPageCount Then cPageNo=tPageCount
    Dim NaviLength      '显示的数字链接个数
    NaviLength=10
    Dim I,StartPage,EndPage
    StartPage= (cPageNo\NaviLength) *NaviLength+1
    If (cPageNo Mod NaviLength) =0 Then StartPage=StartPage-NaviLength
    EndPage=StartPage+NaviLength-1
    If EndPage>tPageCount Then EndPage=tPageCount
    If StartPage>1 Then
       Response.Write "<a class=""pageNavi"" href=""?PageNo=" & (cPageNo-
       NaviLength) & """><<</a> "
    Else
```

```
        Response.Write "<font color=""#CCCCCC"">&lt;&lt;</font> "
    End If
    For I=StartPage To EndPage
        If I=cPageNo Then
            Response.Write "<b>"&I&"</b>"
        Else
            Response.Write "<a class=""pageNavi"" href=""?PageNo=" &
            I & """>" & I & "</a>"
        End If
        If I<>tPageCount Then Response.Write " "
    Next
    If EndPage<tPageCount Then
        Response.Write " <a class=""pageNavi"" href=""?PageNo=" &
        (cPageNo\NaviLength) & """>&gt;&gt;</a>"
    Else
        Response.Write " <font color=""#CCCCCC"">&gt;&gt;</font> "
    End If
End Sub
```

（12）在表格的第二行标记<tr></tr>之前，加入如下代码段。

```
<%
If Recordset1.EOF OR Recordset1.BOF Then
Else
For I=1 To RPP
%>
```

（13）在表格的第二行标记<tr></tr>之后，加入如下代码段。

```
<%
Recordset1.MoveNext
If Recordset1.EOF OR Recordset1.BOF Then Exit For
Next
End If
%>
```

（14）在表格的标记<table></table>之前，加入如下代码段，完成分页的显示。

```
<p align=right><% showPageInfo Recordset1.PageCount,PageNo
showPageNavi Recordset1.PageCount,PageNo %> </p>
```

（15）用浏览器预览，效果如图 3-61 所示。

【上机实战】

练习　制作留言簿中显示留言页面，要求显示多页留言。

（1）利用 Access 数据库 cases.mdb 中的表 case11，其内容如图 3-62 所示。

（2）在 Dreamweaver 中建立网页 example15.asp。

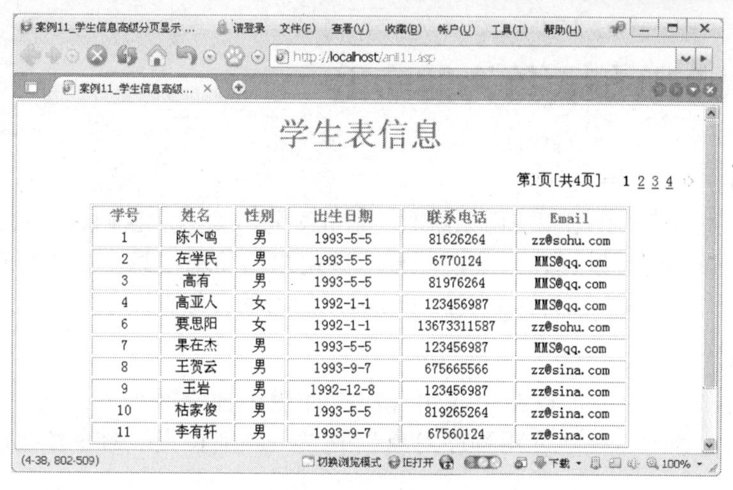

学号	姓名	性别	出生日期	联系电话	Email
1	陈个鸣	男	1993-5-5	81626264	zz@sohu.com
2	在学民	男	1993-5-5	6770124	MMS@qq.com
3	高有	男	1993-5-5	81976264	MMS@qq.com
4	高亚人	女	1992-1-1	123456987	MMS@qq.com
6	要思阳	女	1992-1-1	13673311587	zz@sohu.com
7	果在杰	男	1993-5-5	123456987	MMS@qq.com
8	王贺云	男	1993-9-7	675665566	zz@sina.com
9	王岩	男	1992-12-8	123456987	zz@sina.com
10	枯家俊	男	1993-5-5	819265264	zz@sina.com
11	李有轩	男	1993-9-7	67560124	zz@sina.com

图 3-61　网页预览效果

case11 : 表

编号	留言者	Email	标题	内容	日期
1	测试者	CS@QQ.COM	测试	ASP教程测试1，希望大家学习愉快！	2011-10-10
2	ASP高手	GSS@QQ.COM	ASP经验	给大家介绍一些ASP编程经验	2011-10-10
3	天马	CsS@QQ.COM	走过	如何通过Dreamweaver8达到显示效果是:第N页[共*页]	2011-10-10
4	飞云浮	ACS@SINA.COM	测试	A在“应用程序”面板中，建立数据库连接！	2011-10-10
5	测试者	CS@QQ.COM	测试2	ASP教程测试1，希望大家学习愉快！	2011-10-10
6	测试者	CS@QQ.COM	测试3	ASP教程测试1，希望大家学习愉快！	2011-10-10
7	测试者	CS@QQ.COM	测试4	ASP教程测试1，希望大家学习愉快！	2011-10-10
(自动编号)					2011-10-24

记录: 1　共有记录数: 7

图 3-62　“留言簿”表

（3）在 Dreamweaver 中，在“应用程序”面板中选中“数据库”标签。单击“+”按钮，选择“自定义连接字符串”命令，建立数据库的连接。

（4）在“应用程序”面板，选择“绑定”标签，添加“记录集（查询）”，和表 case11 建立联系。

（5）利用表格建立“过往留言”界面。

（6）参考案例实现步骤，修改代码，完成多页的显示。

（7）用浏览器预览，效果如图 3-63 所示。

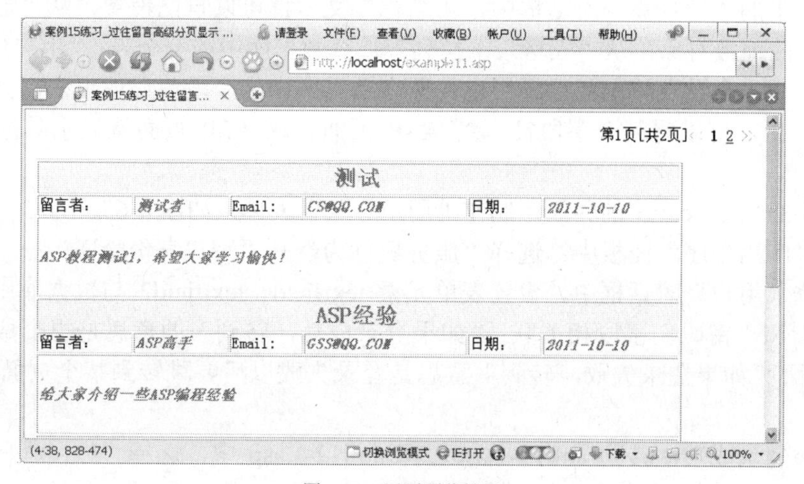

图 3-63　网页预览效果

任务 6 转到详细页行为的应用

【任务分析】

当注册用户进入某个数据库应用系统时，首先要输入账号和密码进行身份验证。如果用户名和密码都正确，则可以进入系统，并显示该用户的简单信息。如果想查看用户详细信息，则要设计另一个页面，称为详细页，用以显示用户的详细页面。

【实现步骤】

在 Dreamweaver 中，可以在“应用程序”面板中建立数据库连接，“绑定”相关记录集，然后利用“插入”→“应用程序对象”→“主详细页集”命令实现用户详细信息的查看。

实现数据库的连接并验证用户登录信息合法性的步骤如下。

（1）在站点根目录下专门的数据库存放目录 database 下建立数据库 dbcase12.mdb,并建立数据表“用户信息表”，如图 3-64 所示。

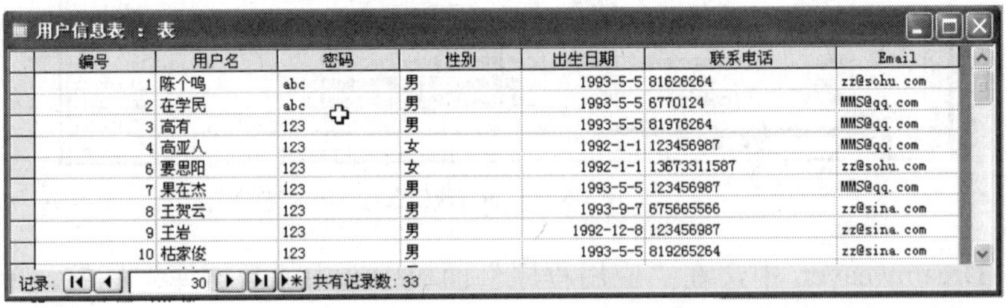

用户信息表 ： 表

编号	用户名	密码	性别	出生日期	联系电话	Email
1	陈个鸣	abc	男	1993-5-5	81626264	zz@sohu.com
2	在学民	abc	男	1993-5-5	6770124	MMS@qq.com
3	高有	123	男	1993-5-5	81976264	MMS@qq.com
4	高亚人	123	女	1992-1-1	123456987	MMS@qq.com
6	要思阳	123	女	1992-1-1	13673311587	zz@sohu.com
7	果在杰	123	男	1993-5-5	123456987	MMS@qq.com
8	王贺云	123	男	1993-9-7	675665566	zz@sina.com
9	王岩	123	男	1992-12-8	123456987	zz@sina.com
10	枯家俊	123	男	1993-5-5	819265264	zz@sina.com

记录: 30 共有记录数: 33

图 3-64 “用户信息表”

（2）打开 Dreamweaver，在站点里面先新建个 ASP 页面（anli12.asp）。在“应用程序”面板中选中“数据库”标签。单击“+”按钮，选择“自定义连接字符串”。

（3）设置“自定义连接字符串”对话框，并测试连接。

（4）选择“绑定”标签，添加“记录集（查询）”。

（5）在弹出的“记录集”对话框中，“名称”文本框可以自己设置，从“连接”下拉列表中选择定义的连接对象，从“表格”下拉列表选择数据库中的一个表：“用户信息表”。

（6）确定后，会发现记录集已经绑定，所有数据库中的字段都显现出来，并且下方有一个“插入”按钮，可以将某个字段插入到 ASP 页面。该 ASP 页面就显示数据库里面的内容了。

（7）设计 Dreamweaver 的界面，制作“用户登录”表单，如图 3-65 所示。

（8）在“应用程序”面板中，选择“服务器行为”→“用户身份验证”→“登录用户”命令，在“登录用户”对话框中，设置表单元素 textfield、textfield2 与数据库中“用户表”的“用户名”和“密码”字段相关联；“如果登录成功，转到”的意思是提交成功以后要跳转到某个页面；“如果登录失败，转到”意思是登录失败以后要跳转到某个页面，如图 3-66 所示。

（9）如果登录成功，转到 anli12-1.asp。在 anli12-1.asp 中，选择“应用程序”面板中的“绑定”标签，再选择“阶段变量”命令，如图 3-67 所示。

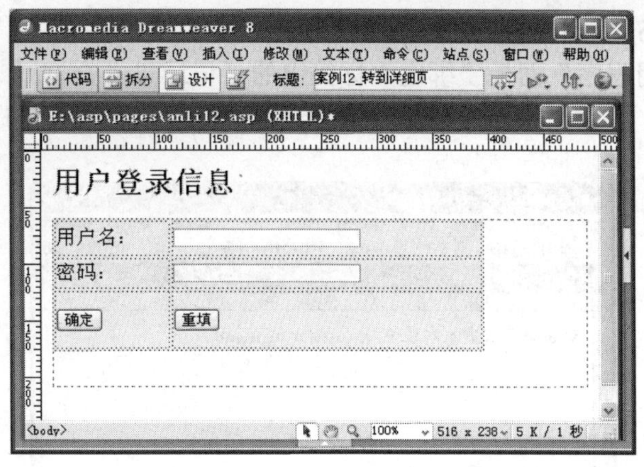

图 3-65　“用户登录”表单

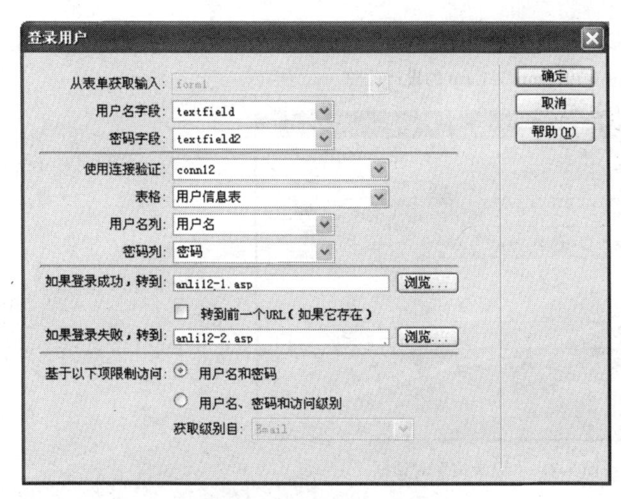

图 3-66　“登录用户”对话框

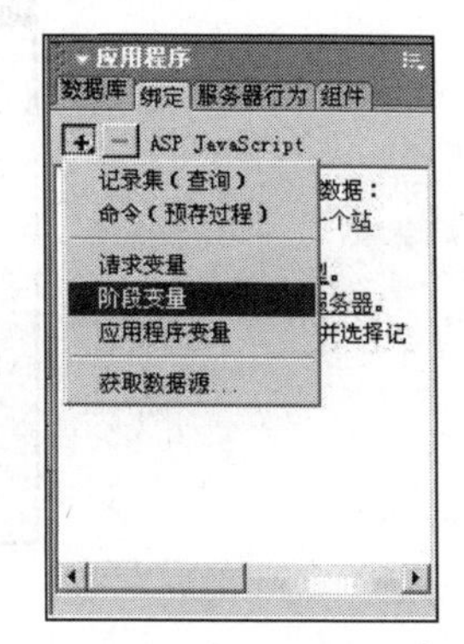

图 3-67　选择“阶段变量”命令

（10）在“阶段变量”对话框中，设置变量名称为“MM_Username”，此变量是在绑定记录集“用户信息表”时产生的，对应字段为“用户名”，如图 3-68 所示。

（11）选中“MM_Username”，单击“插入”按钮，完成阶段变量的插入，如图 3-69 所示。

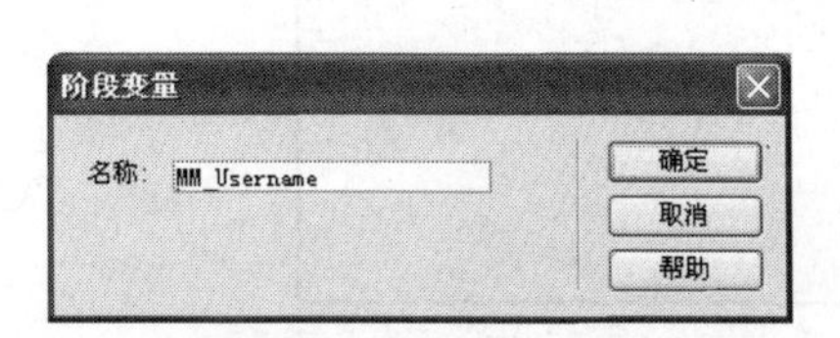

图 3-68　“阶段变量”对话框

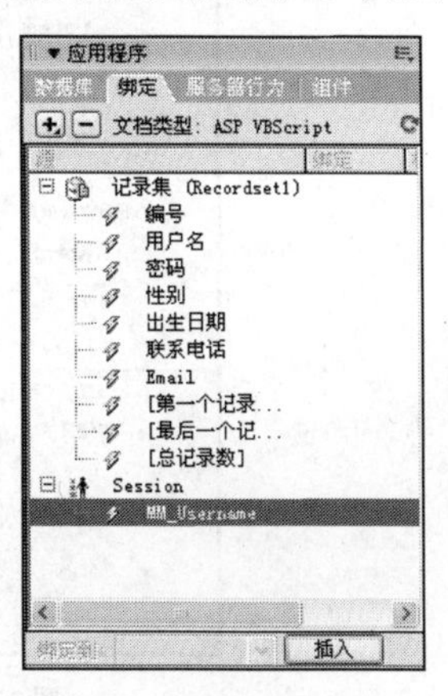

图 3-69　“插入”阶段变量

（12）anli12-1.asp 的设计视图如图 3-70 所示。

（13）选择“应用程序”面板“绑定”标签中的“记录集（查询）”命令，在“记录集”对话框中进行设置，注意“筛选”选择“用户名”,值为阶段变量的“MM_Username”，如图 3-71 所示。

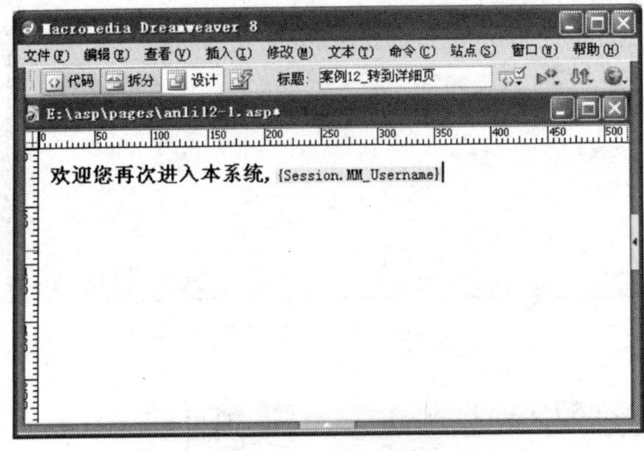

图 3-70　anli12-1.asp 的设计视图

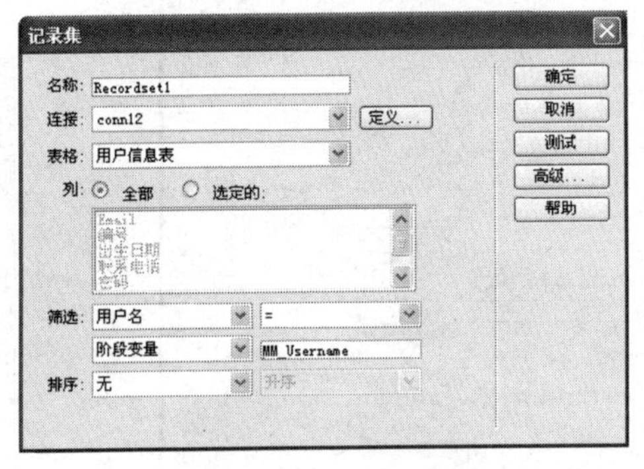

图 3-71　“记录集”对话框

（14）选择“插入”→“应用程序对象”→“主详细页集”命令，主页字段只保留“用户名”，并以“用户名”链接到详细信息页面 anli12-3.asp，如图 3-72 所示。

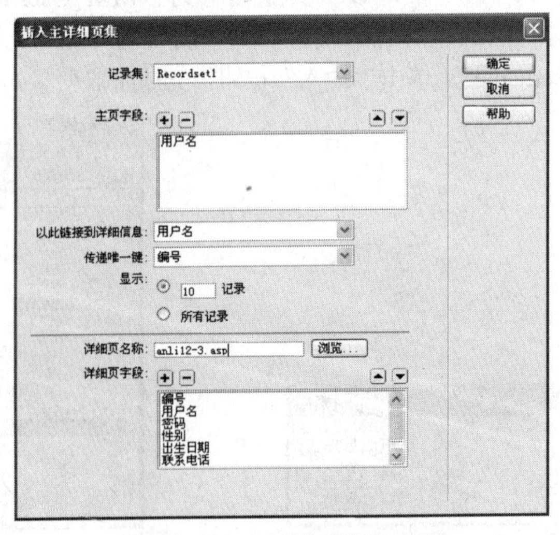

图 3-72　插入“主详细页集”对话框

（15）单击“确定”按钮后，anli12-1.asp 界面中添加了许多和详细页 anli12-3.asp 进行链接的信息，如图 3-73 所示。可以将在此案例中不使用的信息删除，如图 3-74 所示。

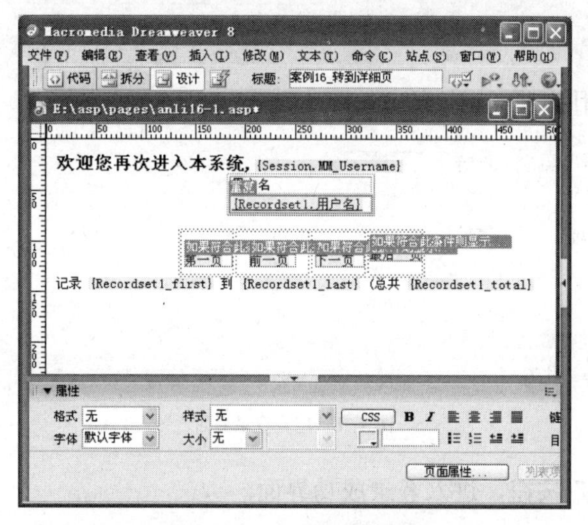

图 3-73　anli12-1.asp 设计视图

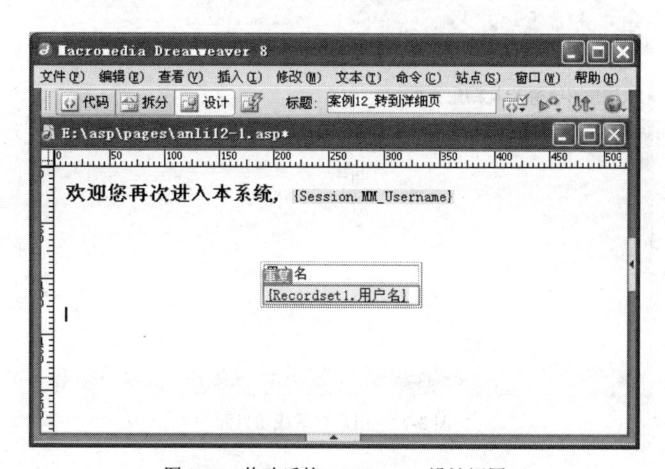

图 3-74　修改后的 anli12-1.asp 设计视图

（16）由插入“主详细页集”自动生成的 anli12-3.asp，如图 3-75 所示。

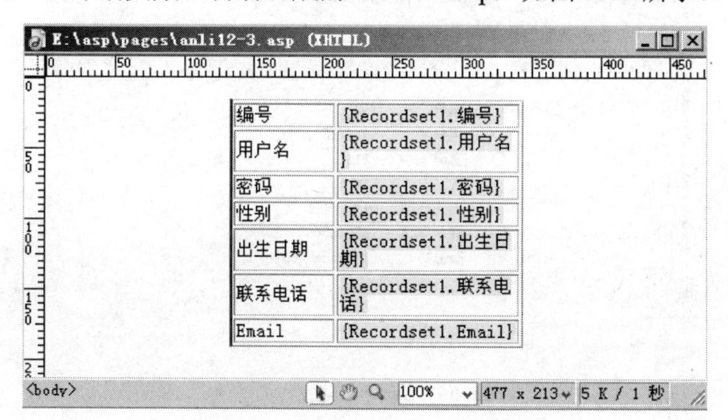

图 3-75　anli12-3.asp 设计视图

（17）来测试本案例，在 anli12.asp 中输入一组正确的用户名和密码，如图 3-76 所示。

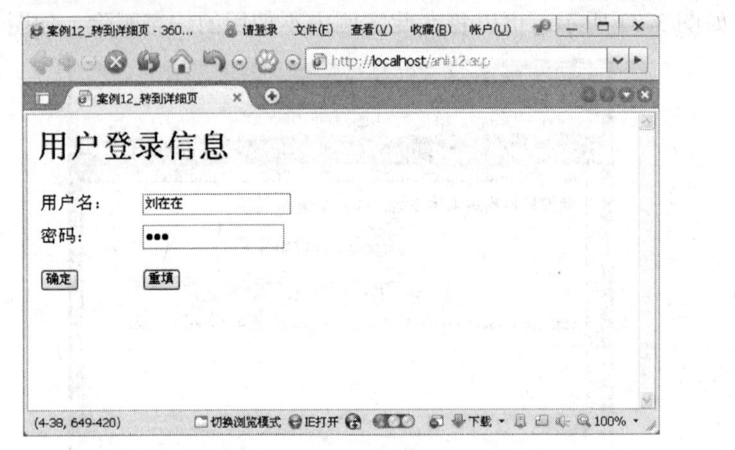

图 3-76　用户登录界面

（18）单击“确定”按钮，进入登录成功界面。

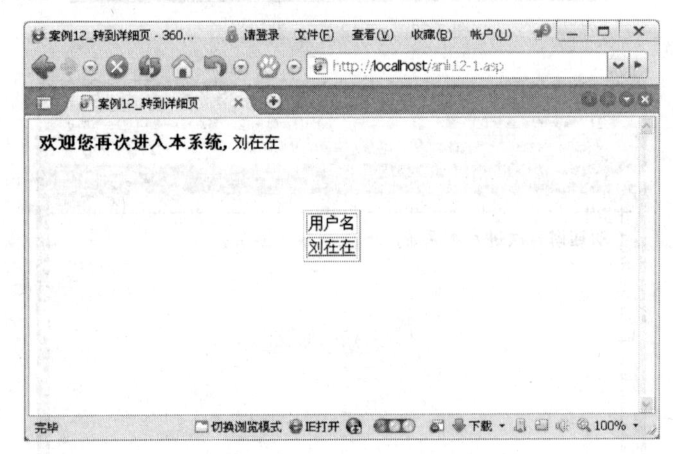

图 3-77　用户登录成功界面

（19）单击用户名链接，进入用户详细信息页面，如图 3-78 所示。

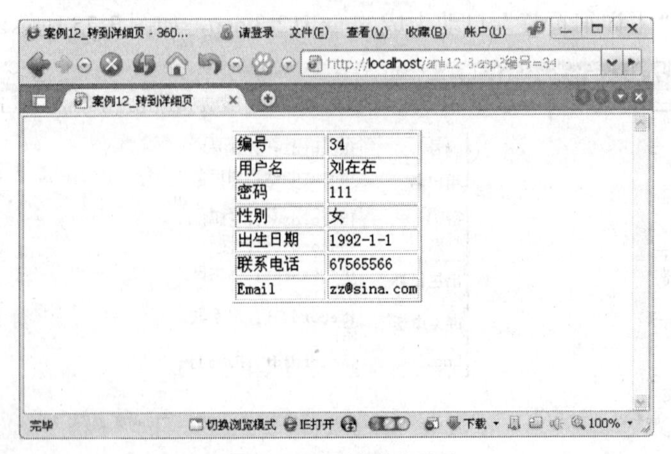

图 3-78　用户详细信息界面

【上机实战】

（1）利用 Access 建立数据库 cases.mdb，并建立表 case11，其内容如图 3-79 所示。

编号	留言者	Email	标题	内容	日期
1	测试者	CS@QQ.COM	测试	ASP教程测试1，希望大家学习愉快!	2011-10-10
2	ASP高手	GSS@QQ.COM	ASP经验	给大家介绍一些ASP编程经验	2011-10-10
3	天马	CxS@QQ.COM	走过	如何通过Dreamweaver8达到显示效果是:第N页[共*页]	2011-10-10
4	飞云浮	ACS@SINA.COM	测试	A在"应用程序"面板中，建立数据库连接!	2011-10-10
5	测试者	CS@QQ.COM	测试2	ASP教程测试1，希望大家学习愉快!	2011-10-10
6	测试者	CS@QQ.COM	测试3	ASP教程测试1，希望大家学习愉快!	2011-10-10
7	测试者	CS@QQ.COM	测试4	ASP教程测试1，希望大家学习愉快!	2011-10-10
(自动编号)					2011-10-24

记录：1 共有记录数：7

图 3-79　“留言簿”表

（2）在 Dreamweaver 中建立 example12.asp、example12_1.asp 两个网页。

（3）在 example12.asp 网页中，在“应用程序”面板中选择“数据库”标签。单击“+”按钮，选择“自定义连接字符串”命令，建立数据库的连接；然后选择“绑定”标签，添加“记录集（查询）”，和表 case11 建立联系。

（4）建立“留言簿”主界面，只显示留言的编号和名称。

（5）插入“主详细页集”，通过编号可以查询到详细信息。

（6）对网页进行测试，如图 3-80 所示。

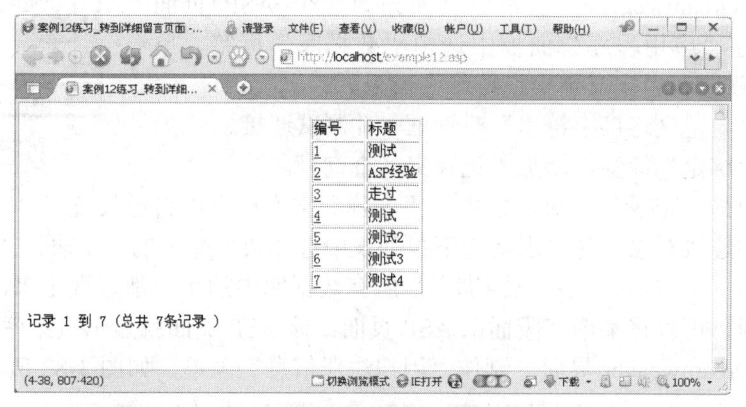

图 3-80　留言簿主页面

（7）单击编号，可以转到详细信息，如图 3-81 所示。

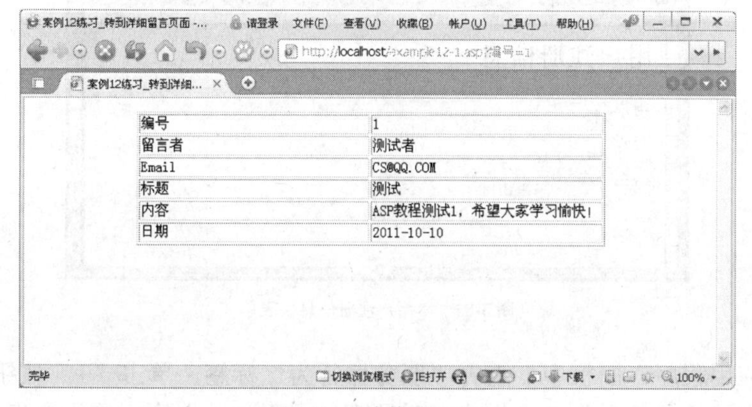

图 3-81　留言簿详细页面

任务 7 注册用户信息的合法性验证

【任务分析】

在任务 6 中，通过“服务器行为”标签中的“插入记录”命令实现了数据库记录的简单添加，但在实际数据库系统中，还需要对用户输入的信息进行一些验证，只有验证通过才能真正添加到数据库中，以确保用户信息的合法性。在本任务中，将对用户注册信息进行“用户名”是否重名的验证。

【实现步骤】

在 Dreamweaver 中，可以在“应用程序”面板中建立数据库连接，“绑定”相关记录集，然后利用“服务器行为”标签中的“用户身份验证”→“检查新用户名”命令实现注册用户信息的合法性验证。

实现数据库的连接并验证注册用户信息合法性的步骤如下。

（1）在站点根目录下专门的数据库存放目录 database 下建立数据库 dbcase12.mdb,并建立数据表“用户表”，其内容如图 3-82 所示。

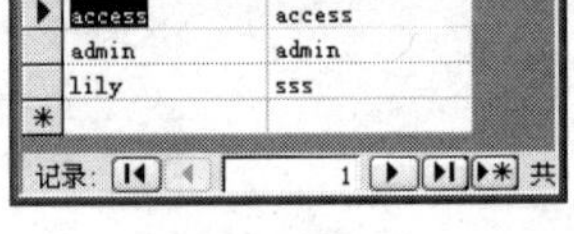

用户名	密码
access	access
admin	admin
lily	sss

图 3-82 “用户表”

（2）打开 Dreamweaver，在站点里面先新建个 ASP 页面（anli13.asp）。在“应用程序”面板中选中“数据库”标签。单击“+”按钮，选择“自定义连接字符串”命令。

（3）设置“自定义连接字符串”对话框，并测试连接。

（4）选择“绑定”标签，添加“记录集（查询）”。

（5）在弹出的“记录集”对话框中，“名称”文本框可以自己设置，从“连接”下拉列表中选择定义的连接对象，从“表格”下拉列表中选择数据库中的一个表：“学生表”。

（6）确定后，会发现记录集已经绑定，所有数据库中的字段都显现出来，并且下方有一个“插入”按钮，可以将某个字段插入 ASP 页面。该 ASP 页面就显示数据库里面内容了。

（7）设计 Dreamweaver 界面，制作“用户注册信息”表单，如图 3-83 所示。

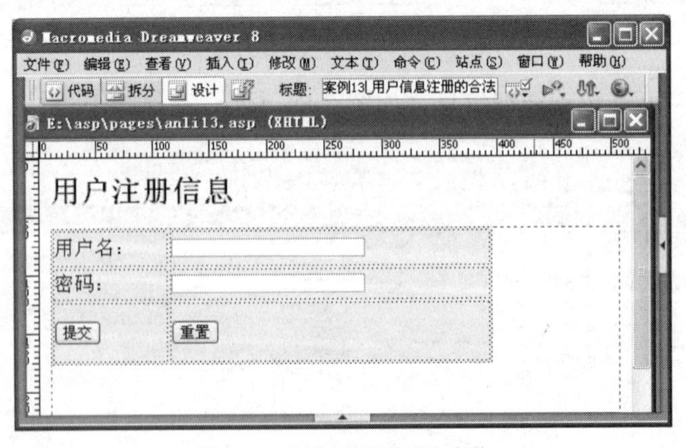

图 3-83 “用户注册信息”表单

（8）在“应用程序”面板中，选择“服务器行为”标签，单击“+”按钮，选择“插入记录”命令，在“插入记录”对话框中，设置表单元素与数据库中“用户表”字段的关联，

"连接"指定前面所建立的 conn12 对象；"插入到表格"指定记录集；"插入后，转到"的意思是提交成功以后要跳转到某页；"表单元素"为"name 插入到列中用户名"，意思是表单中 name 输入框中的内容插入数据库"用户表"的"用户名"字段中，如图 3-84 所示。

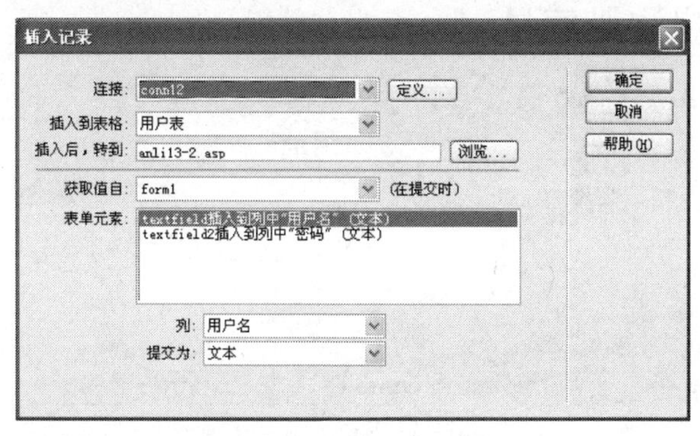

图 3-84 "插入记录"对话框

（9）单击"确定"按钮后，在"应用程序"面板中，选择"服务器行为"标签的"用户身份验证"→"检查新用户名"命令，如图 3-85 所示。

（10）在"检查新用户名"对话框中，"用户名字段"选择网页表单中"用户名"对应文本框 textfield，表示用户名不能重复；"如果已存在，则转到"选择一个 ASP 网页，表示如果用户名出现重复，应该跳转到的出错提示页面，如图 3-86 所示。

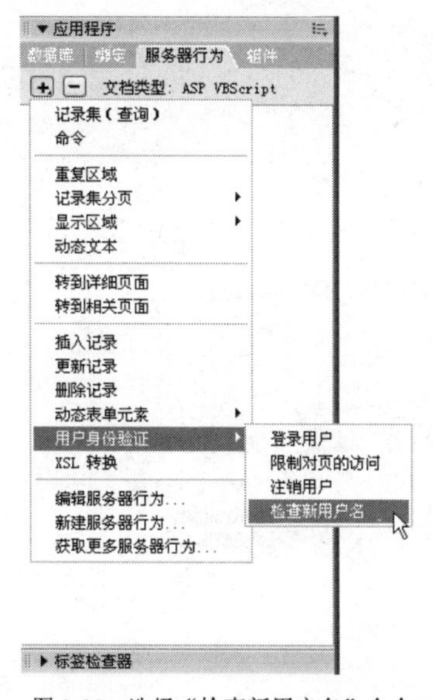

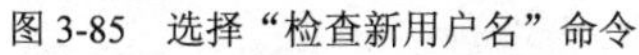

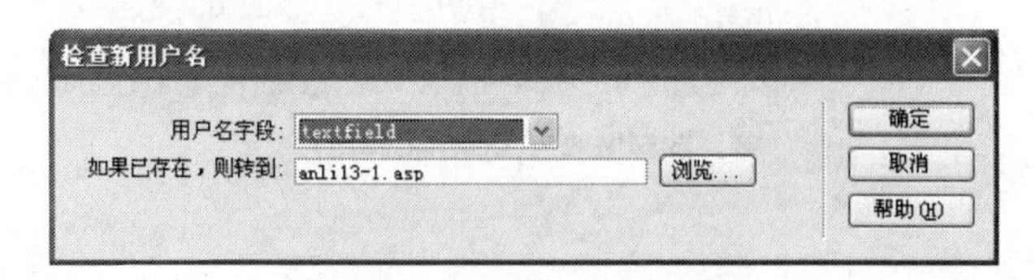

图 3-85 选择"检查新用户名"命令

图 3-86 "检查新用户名"对话框

（11）分别制作注册信息成功跳转网页 anli13-2.asp 和信息错误提示网页 anli13_1.asp，然后进行测试，如图 3-87 所示。

（12）如果注册用户信息中出现用户名重复的现象，单击"提交"按钮后，将跳转到出错提示页面 anli13-1.asp，如图 3-88 所示。

（13）如果用户名合法，没有出现重名现象，单击"提交"按钮后，则进入下一个指定跳转页面，如图 3-89 所示。

图 3-87　用户注册页面

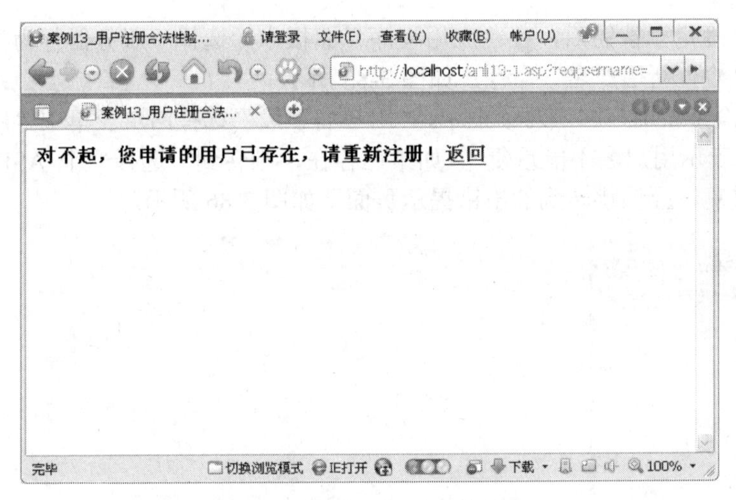

图 3-88　错误提示信息的跳转页面

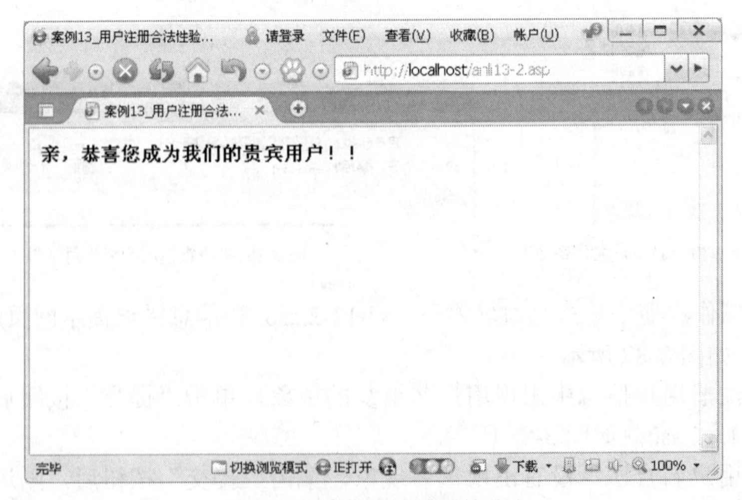

图 3-89　用户信息合法的跳转页面

【上机实战】

练习一　建立数据库连接。

（1）利用 Access 建立数据库 cases.mdb，并建立表 case11，其内容如图 3-90 所示。

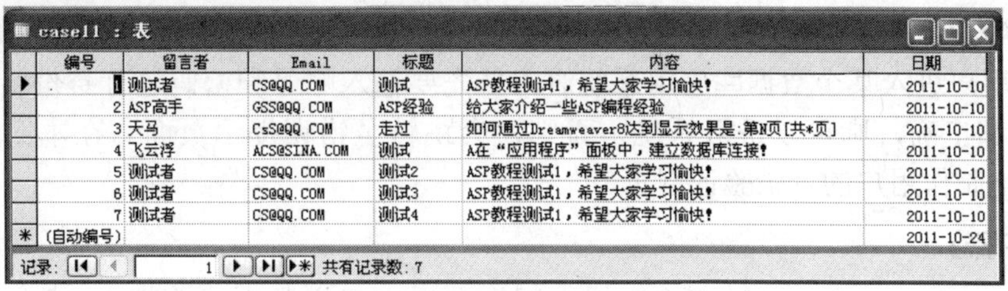

case11 : 表

编号	留言者	Email	标题	内容	日期
1	测试者	CS@QQ.COM	测试	ASP教程测试1，希望大家学习愉快!	2011-10-10
2	ASP高手	GSS@QQ.COM	ASP经验	给大家介绍一些ASP编程经验	2011-10-10
3	天马	CsS@QQ.COM	走过	如何通过Dreamweaver8达到显示效果是:第N页[共*页]	2011-10-10
4	飞云浮	ACS@SINA.COM	测试	A在“应用程序”面板中，建立数据库连接!	2011-10-10
5	测试者	CS@QQ.COM	测试2	ASP教程测试1，希望大家学习愉快!	2011-10-10
6	测试者	CS@QQ.COM	测试3	ASP教程测试1，希望大家学习愉快!	2011-10-10
7	测试者	CS@QQ.COM	测试4	ASP教程测试1，希望大家学习愉快!	2011-10-10
(自动编号)					2011-10-24

记录: 1 共有记录数: 7

图 3-90　“留言簿”表

（2）在 Dreamweaver 中建立 example13.asp、example13_1.asp 和 example13_2.asp 这 3 个网页。

（3）在网页设计视图中，在“应用程序”面板中选择“数据库”标签，单击“+”按钮，选择“自定义连接字符串”命令，建立数据库的连接。

练习二　在“留言簿”中进行“标题”信息的合法性验证。

（1）在练习一中的 example13.asp 网页中，在“应用程序”面板，选择“绑定”标签，添加“记录集（查询）”，和表 case11 建立联系。

（2）利用表单建立“留言簿”界面，如图 3-91 所示。

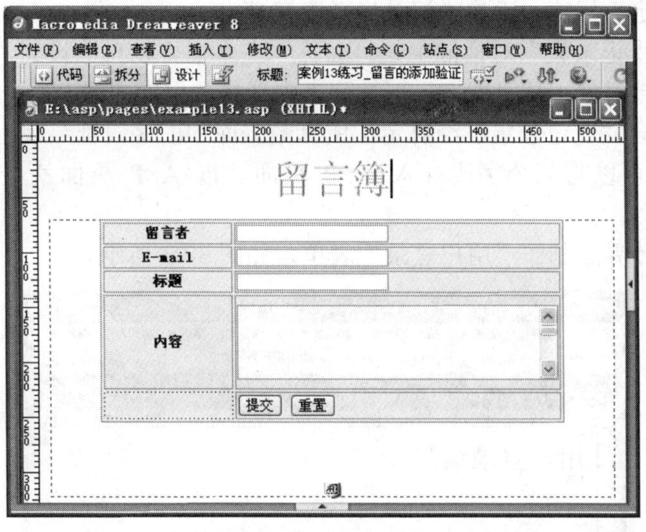

图 3-91　“留言簿”界面

（3）在“应用程序”面板中，选择“服务器行为”标签，单击“+”按钮，选择“插入记录”命令，将表单元素和数据库表 case11 中的字段进行关联。

（4）在“应用程序”面板中，选择“服务器行为”标签，单击“+”按钮，选择“用户身份验证”→“检查新用户名”命令，设置验证“标题”信息是否重复。

（5）单击“提交”按钮，如果验证合法，则完成记录的插入，进入 example13_2.asp；如果出现“标题”信息重复，则跳转到错误提示页面 example13_1.asp。

任务 8 用户的登录验证

【任务分析】

当注册用户进入某个数据库应用系统时，首先要输入账号和密码进行身份验证。如果用户名和密码都正确，则可以进入系统，否则，会跳转至错误提示页面。在本案例中，使用 Dreamweaver 制作用户的登录验证网页。

【实现步骤】

在 Dreamweaver 中，可以在“应用程序”面板中建立数据库连接，“绑定”相关记录集，然后利用“服务器行为”标签的“用户身份验证”→“登录用户”命令，实现用户登录信息的验证。

实现数据库的连接并验证用户登录信息合法性的步骤如下。

（1）在站点根目录下专门的数据库存放目录 database 下建立数据库 dbcase12.mdb,并建立数据表“用户表”，其内容如图 3-92 所示。

用户名	密码
access	access
admin	admin
lily	sss

图 3-92 “用户表”

（2）打开 Dreamweaver，在站点里面先新建个 ASP 页面（anli14.asp）。在“应用程序”面板中选择“数据库”标签。单击“+”按钮，选择“自定义连接字符串”命令。

（3）设置“自定义连接字符串”对话框，并测试连接。

（4）选择“绑定”标签，添加“记录集（查询）”。

（5）在弹出的“记录集”对话框中，“名称”文本框可以自己设置，从“连接”下拉列表中选择定义的连接对象，从“表格”下拉列表中选择数据库中的一个表：“学生表”。

（6）确定后，会发现记录集已经绑定，所有数据库中的字段都显现出来，并且下方有一个“插入”按钮，可以将某个字段插入 ASP 页面。该 ASP 页面就显示数据库里面的内容了。

（7）在网页设计界面制作“用户登录”表单，如图 3-93 所示。

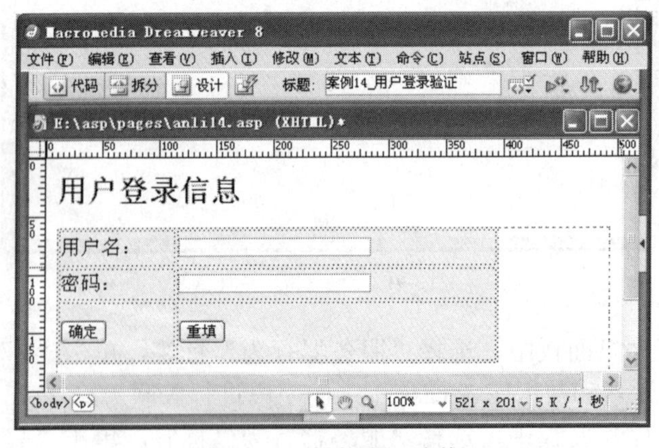

图 3-93 “用户登录”表单

（8）在“应用程序”面板中，选择“服务器行为”标签中的“用户身份验证”→“登录用户”命令，如图 3-94 所示。

（9）在“登录用户”对话框中，设置表单元素 textfield、textfield2 与数据库中“用户表”的“用户名”和“密码”字段的关联；“如果登录成功，转到”意思是提交成功以后要跳转到某个页面；“如果登录失败，转到”意思是提交失败以后要跳转到某个页面，如图 3-95 所示。

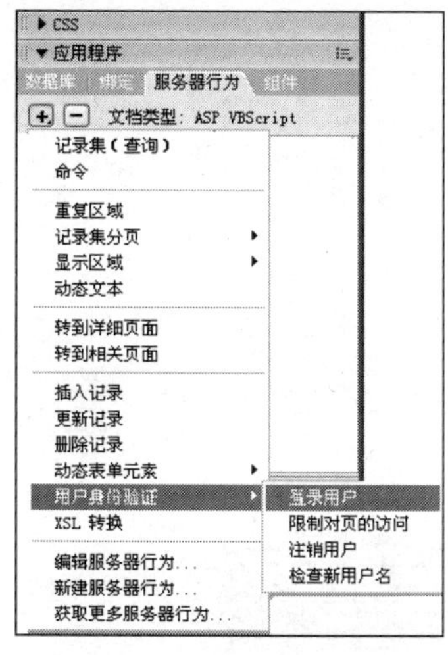

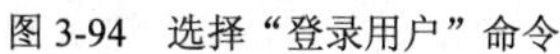
图 3-94　选择“登录用户”命令

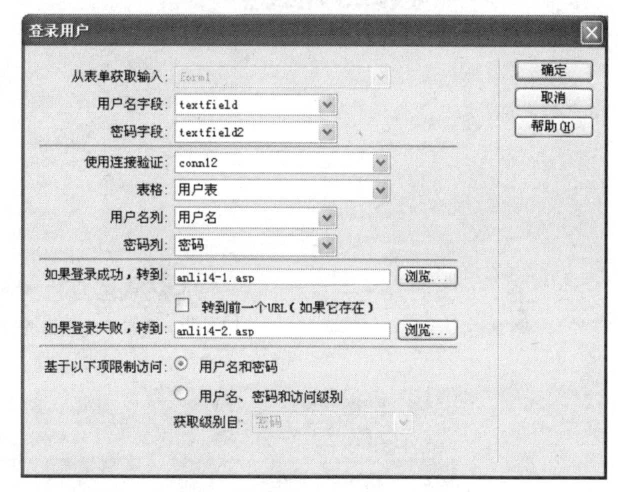

图 3-95　“登录用户”对话框

（10）单击“确定”按钮后，预览网页，如图 3-96 所示。

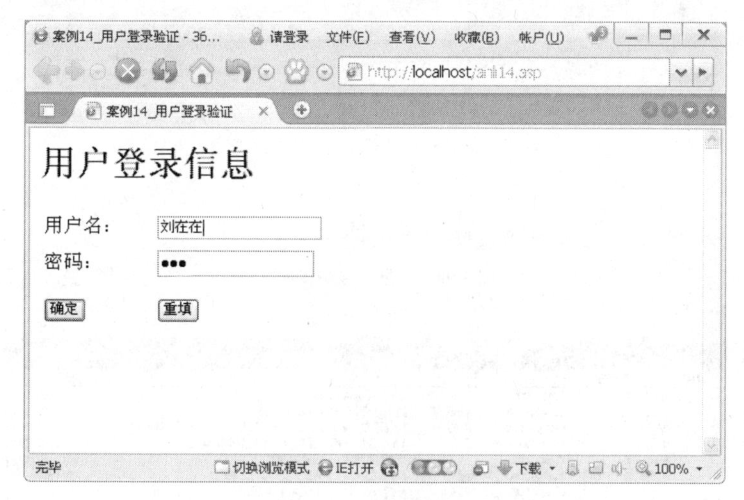

图 3-96　网页预览效果

（11）如果输入信息正确，跳转至一个欢迎界面，如图 3-97 所示。

（12）如果输入信息错误，跳转至错误提示界面，如图 3-98 所示。

【上机实战】

（1）利用 Access 建立数据库 cases.mdb，并建立表 case11，其内容如图 3-99 所示。

（2）在 Dreamweaver 中建立 example14.asp、example14_1.asp 和 example14_2.asp 这 3 个网页。

（3）利用表单建立“留言簿”登录界面、登录成功页面 example14_1.asp 及登录错误提

示信息页面 example14_2.asp。

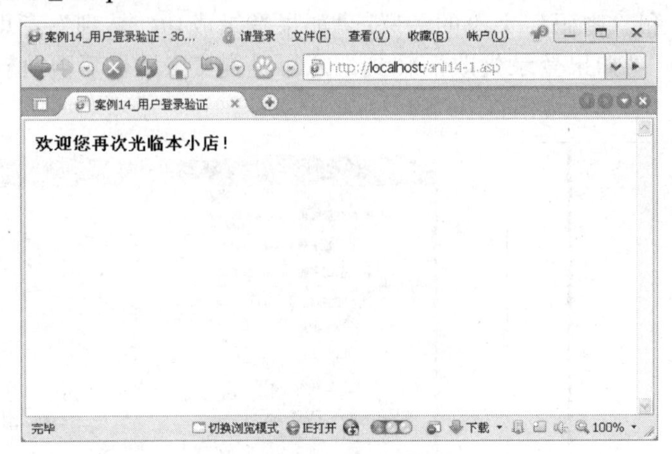

图 3-97　信息正确跳转页面

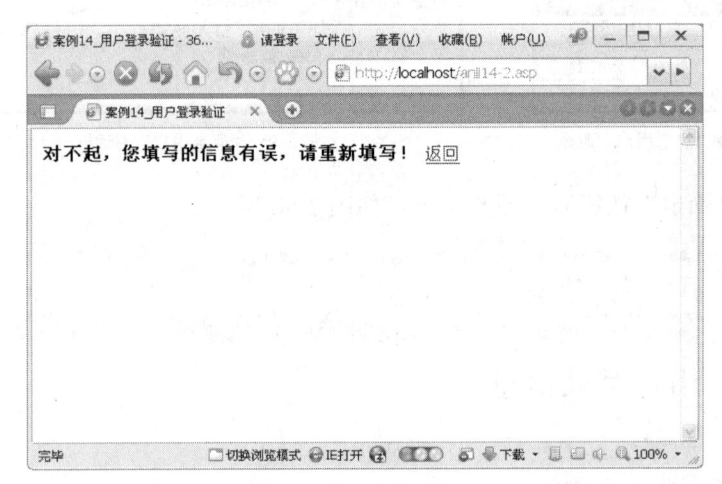

图 3-98　信息错误跳转页面

case11 : 表

编号	留言者	Email	标题	内容	日期
1	测试者	CS@QQ.COM	测试	ASP教程测试1，希望大家学习愉快！	2011-10-10
2	ASP高手	GSS@QQ.COM	ASP经验	给大家介绍一些ASP编程经验	2011-10-10
3	天马	CsS@QQ.COM	走过	如何通过Dreamweaver8达到显示效果是：第N页[共*页]	2011-10-10
4	飞云浮	ACS@SINA.COM	测试	A在“应用程序”面板中，建立数据库连接！	2011-10-10
5	测试者	CS@QQ.COM	测试2	ASP教程测试1，希望大家学习愉快！	2011-10-10
6	测试者	CS@QQ.COM	测试3	ASP教程测试1，希望大家学习愉快！	2011-10-10
7	测试者	CS@QQ.COM	测试4	ASP教程测试1，希望大家学习愉快！	2011-10-10
(自动编号)					2011-10-24

记录: 1 共有记录数: 7

图 3-99　“留言簿”表

（4）example14.asp 页面中，在“应用程序”面板中选择“数据库”标签，单击“+”按钮，选择“自定义连接字符串”命令，建立数据库的连接；选择“绑定”标签，添加“记录集（查询）”，和表 case11 建立联系。

（5）在 example14.asp 页面中，在“应用程序”面板中，选择“服务器行为”标签中的“用户身份验证”→“登录用户”命令，设置表单元素和 case11 表中字段的关联及登录成功与否转向的页面。

服务器行为的高级应用

本项目在第 3 章的基础上介绍服务器行为的高级应用，介绍一些较为复杂的网页技术，如图片验证码、MD5、在线编辑器等。

学习目标

- ◆ 掌握使用限制对网页的访问行为的功能，实现不同用户访问不同网页。
- ◆ 掌握记录网站的访问人数——站点计数器的设计方法。
- ◆ 掌握简单易用的站内搜索引擎的设计方法。
- ◆ 掌握二级联动下拉列表/菜单的设计方法。
- ◆ 掌握 MD5 数据的加密和解密方法。
- ◆ 掌握在线 Web 编辑器的应用。
- ◆ 掌握网站图片验证码的使用。

任务 1 在线会员资料的更新

【任务分析】

如果做了一个网站，网站里有会员注册了信息，那么，这些信息就写到了服务器的数据库里。有时候会员要对自己的信息进行相应的修改，本章就简单地介绍一下实现该功能的原理。

对数据的更新，是指对数据库里的某一行记录进行修改。记录更新页面一般作为二级页面出现。例如，程序设计习惯是首先创建一个显示记录的页面，并添加“编辑”按钮或超级链接。这样，只有单击该按钮或超级链接后，才最终导向记录更新页面。

这里用到了 SQL 语言里的 UPDATE 语句，下面对语句进行解释。

```
UPDATE gengxin SET username = "小花" WHERE id =1
```

（1）先定义一个“记录集”名为 gengxin。

（2）然后用 UPDATE 语句将这个记录集里的 id 字段设为 where id=1（这是一个条件，意思是定位好要更新数据库里的字段 id 的值等于 1 的那行记录），并将这行记录字段 username 里的值修改为“小花”。

这个功能主要是通过 Dreamweaver 里的“绑定”记录集、“绑定”动态文本域、“服务器行为”更新记录。并且用到了表单（form 标签）、文本域、提交按钮等知识。

【实现步骤】

本案例的效果如下。

首先，运行站点根目录下面的动态网页文件 update.asp，并根据需要修改会员的相关信息，如果 4-1 所示。

最后，单击“点击更新”按钮，则页面将导向信息更新成功页面 update_success.html，如图 4-2 所示。

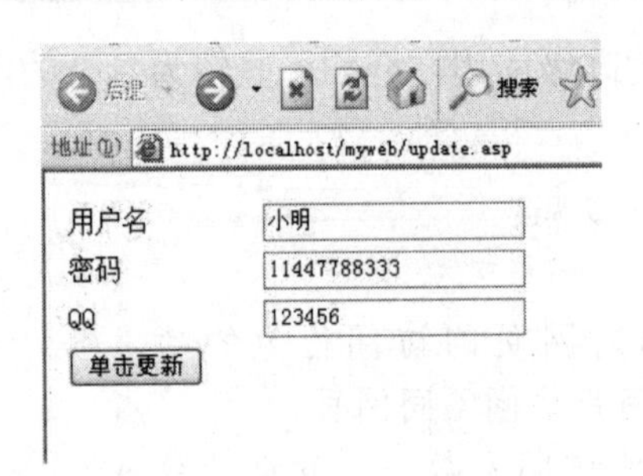

图 4-1　编辑个人信息

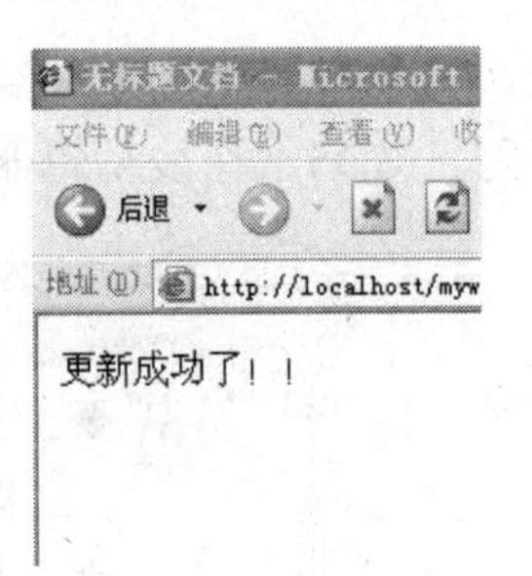

图 4-2　提示更新成功

操作步骤如下。

（1）先在数据库文件里建一张表 u_user（用户信息），并填入相应的数据，如图 4-3 和图 4-4 所示。

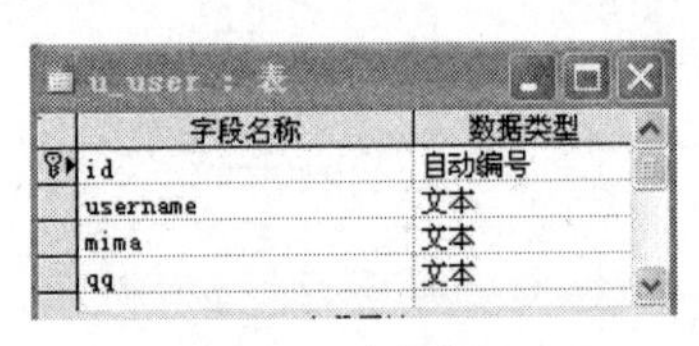

u_user : 表

字段名称	数据类型
id	自动编号
username	文本
mima	文本
qq	文本

图 4-3　用户信息表

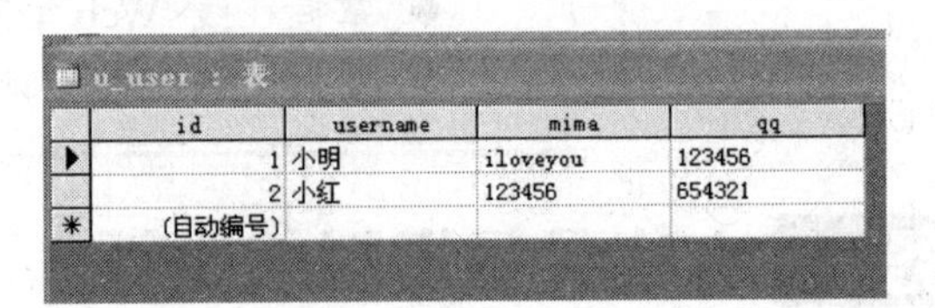

u_user : 表

id	username	mima	qq
1	小明	iloveyou	123456
2	小红	123456	654321
(自动编号)			

图 4-4　用户信息表的信息

（2）页面设计。

① 新建一个 ASP VBScript 类型的动态页文件，并保存文件名为 update.asp。

② 在【设计】页面下，插入一个表单，如图 4-5 所示。

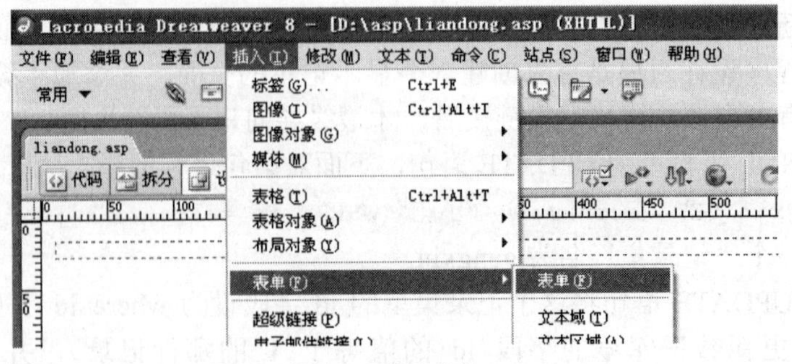

图 4-5　插入表单

然后在表单里插入表格、文本域和“提交”按钮，如图4-6所示。

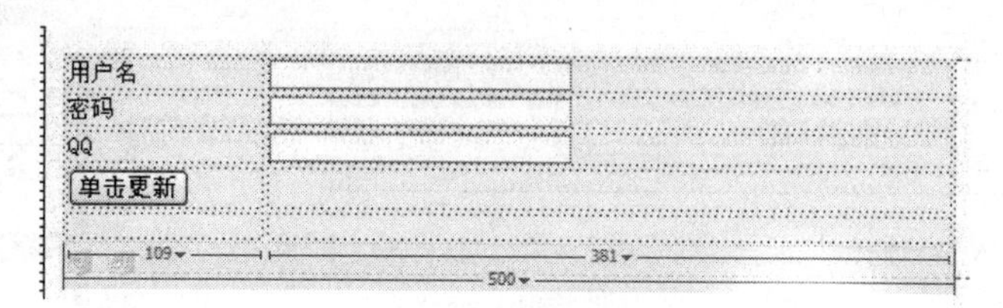

图4-6　编辑会员资料基本页面设计

注意：改一下3个文本域的名称，默认的名称为textfield、textfield1、textfield2，分别把它们改成username、mima、qq。要养成这个习惯，用到各种表单元素时，把它们的名字改成方便易记的，最好是和它的作用相关的名字，这样方便查看。

③ 再次新建一个静态页面文件，并保存文件名为update_success.html。这个页面是用来提示更新成功的。这个页面就简单做一下，如果有兴趣，可以自己做得漂亮些，如图4-7所示。

图4-7　更新成功提示页面

（3）【绑定】定义记录集。在【绑定】控制面板中，打开【记录集】对话框，并进行如下参数设置。

首先，设置【名称】为gengxin。接下来，在【连接】下拉列表中选择conn，然后在激活的【表格】下拉列表中选择u_user。

在筛选设置里，按照图4-8进行设置。把id设置成等于1，意思之前也解释过了，定位好要更新数据库里的字段id的值等于1的那行记录。

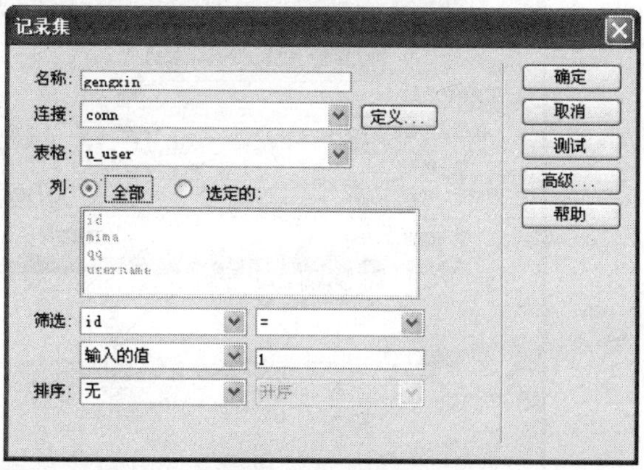

图4-8　记录集设置

（4）【动态文本域】将记录集里各个字段里的数据绑定到相应的文本框中，如图4-9所示。

操作方法：先选中上面的某一个文本域，然后单击右边应用程序里的绑定，展开记录集，如图4-10所示。

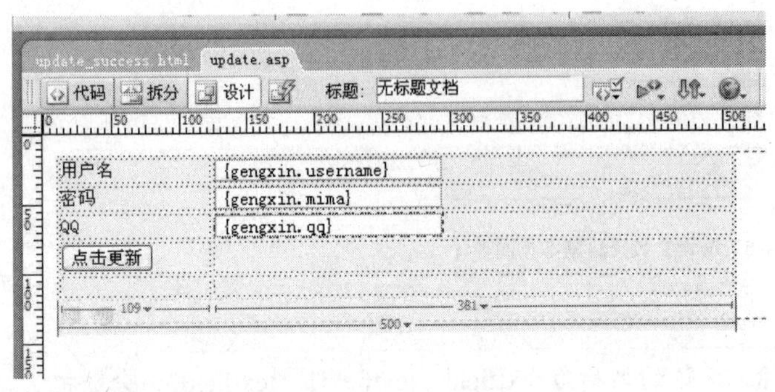

图 4-9　绑定记录集里字段数据的文本框

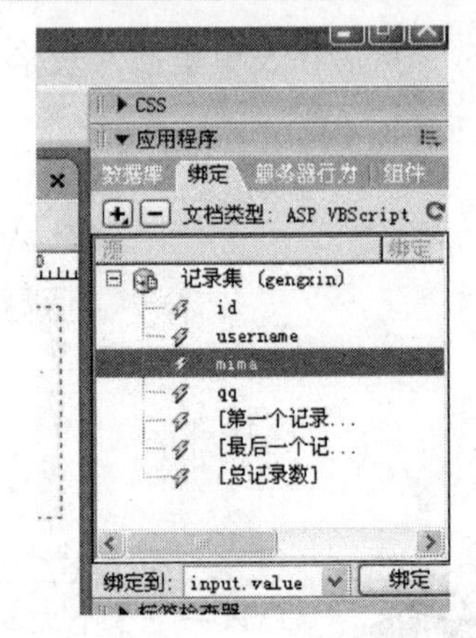

图 4-10　绑定记录集

如果选中的是用户名后面的文本域，就在展开的记录集里选中 username，然后单击“绑定”按钮，如图 4-11 所示。

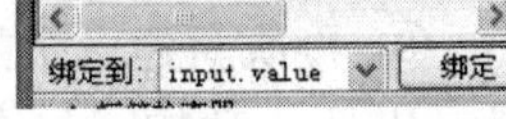

图 4-11　绑定

这个操作，就是把数据库里的记录绑定到对应的文本域里。比如，把数据库里的 username 绑定到名称为 username 的文本域，把 mima 绑定到名称为 mima 的文本域，把 qq 绑定到名称为 qq 的文本域。

（5）“服务器行为”更新记录。

① 选择“服务器行为”标签里的“更新记录”命令，如图 4-12 所示。

② 进行如图 4-13 所示的设置。

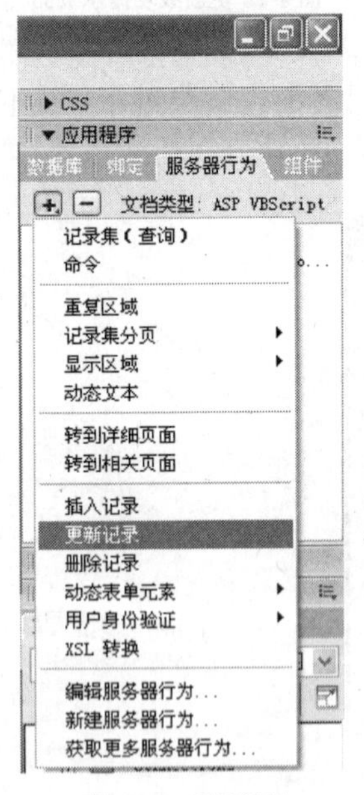

图 4-12　更新记录

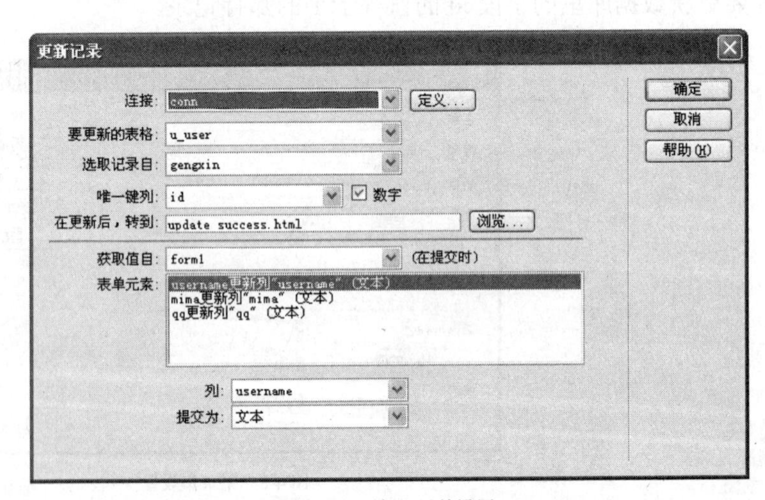

图 4-13　更新记录的设置

这里要注意的是，表单元素里如 username 更新到 username（文本），要一一对应地选，如图 4-1 所示。

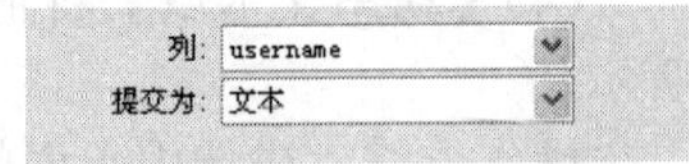

图 4-14　表单元素

完成后，运行一下，看看实现了没有。

【上机实战】

（1）建一个表 u_student，字段为 id、banji（班级）、xuehao（学号）、zhuzhi（住址）。

（2）填入对应的数据，再按照上面的例子对数据进行更新。

任务 2　使用限制对页的访问行为实现不同用户访问不同网页

【任务分析】

有时候我们在浏览网站的时候，会发现有些网站有普通会员、VIP 会员等不同的角色，当我们注册登录进去后，不同的角色，可能会看到不同的操作界面，可能 VIP 会员的功能会比普通会员的功能多。这是如何实现的呢？这节课将要简单的讲到实现的原理，及简单的实现代码。

【实现步骤】

本例效果如图 4-15～图 4-17 所示。

图 4-15　管理员登录页面

图 4-16　管理员登录成功页面

（a）一般会员登录页面

（b）一般会员登录成功页面

图 4-17　一般会员登录

首先要定义记录集。

要想实现此功能，必须要用到 ASP 里的 if 判断语句，用来判断登录进去的用户名是属于哪个角色，如管理员或是一般会员。

下面简单介绍一下 if 语句的用法。

```
If  username="管理员" then        '判断登录的用户名是否是管理员

Response.write("我是管理员")      '如果是则在页面上显示"我是管理员"的字样

Else                             '否则

Response.write("我是一般会员")    '显示"我是一般会员"

End if                            '判断语句结束
```

用到 ASP 内置的 Session 对象，这个对象的作用是把用户登录后的一些信息暂时存在服务器中，直到用户关闭浏览器后自动释放。用户登录后，用 Session 对象保存登录名，这个保存了登录名的 Session 对象可以在网站的页面里共用，用它来判断刚刚登录时的登录名是管理员还是一般会员。Session 对象常用来存储用户的身份标记，实现用户的身份认证和用户权限管理。

下面再简单介绍一下图 4-18 所示的代码。

在 Check_user.asp 文件中，打开代码，看第 38 行。

```
Session("MM_Username") =MM_valUsername
```

该代码的意思是可以简单地理解为，定义了一个名为 MM_Username 的 Session 对象（这个名字可以自己取，一会用到的时候，不要弄错就行，以上是系统自动生成的），将后面变量 MM_valUsername 的值保存给它（其实这个变量的值就是输入的用户名）。

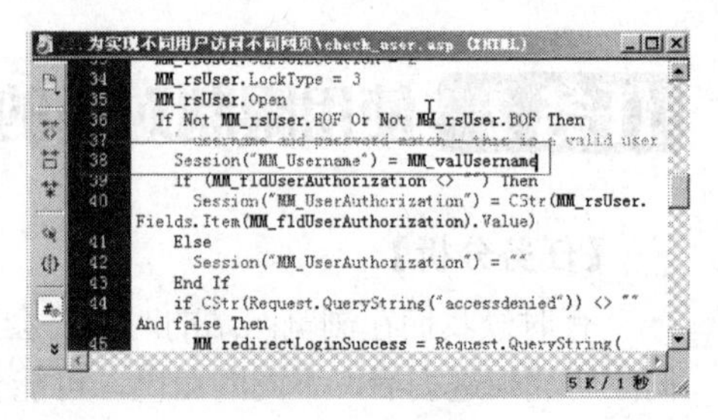

图 4-18　代码截图

具体步骤如下。

（1）先在数据库文件里建一张表 u_user（用户信息），并填入相应的数据，如图 4-19 和图 4-20 所示。

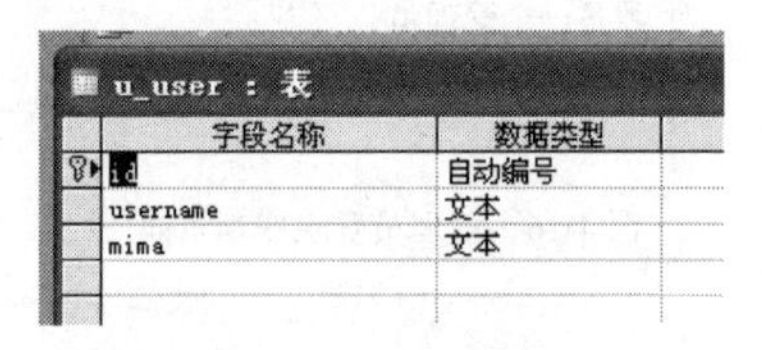

u_user : 表

字段名称	数据类型
id	自动编号
username	文本
mima	文本

图 4-19　用户信息表

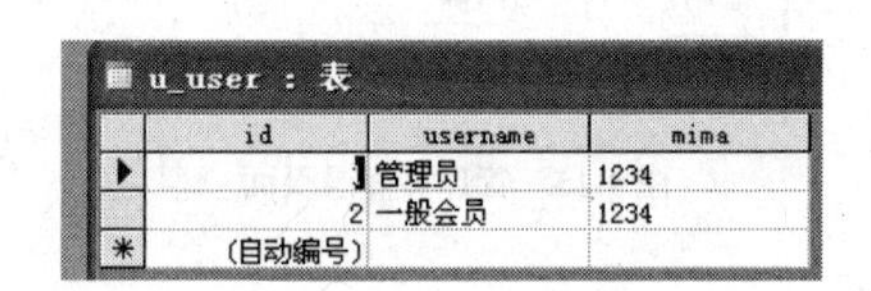

u_user : 表

id	username	mima
1	管理员	1234
2	一般会员	1234
(自动编号)		

图 4-20　用户信息

（2）页面设计。

① 新建一个 ASP VBScript 类型的动态页文件，并保存文件名为 check_user.asp，这个页面是登录的界面，先插入一个表单，再在表单中插入表格，如图 4-21 所示。

② 接着新建一个 ASP VBScript 类型的动态页文件，并保存文件名为 check_re.asp，这个用来显示登录成功后看到的界面。这个页面是用来验证管理登录的，如图 4-22 所示。

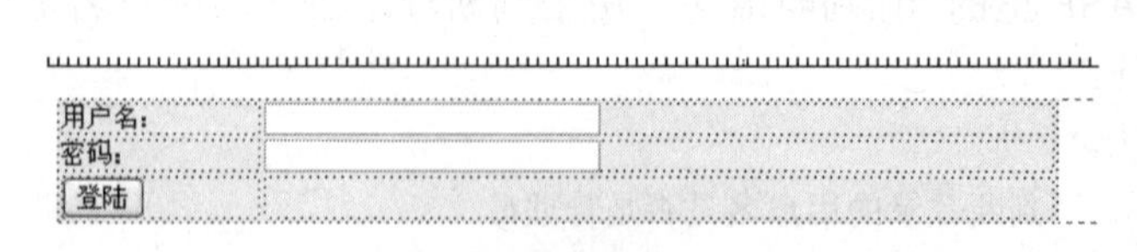

图 4-21　登录界面设计

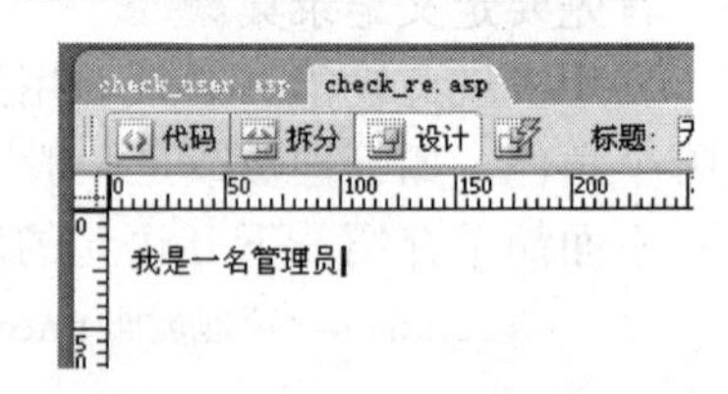

图 4-22　管理员登录成功界面

③ 再新建一个 HTML 类型的静态页文件，并保存文件名为 check_re_1.html，这个是用来验证一般会员登录的，当用一般用户登录后，进入 check_re.asp，判断用户不是管理员后，自动跳到这个页面，如图 4-23 所示。

④ 再新建一个 HTML 类型的静态页文件，并保存文件名为 cuowu.html，这个用来显示登录失败后看到的界面，这个页面就简单输入几个字就行了，如图 4-24 所示。

（3）定义记录集。

在 check_user.asp 中定义记录集，如图 4-25 所示。

（4）在 check_user.asp 里设置【登录用户】（在服务器行为里），如图 4-26 所示。

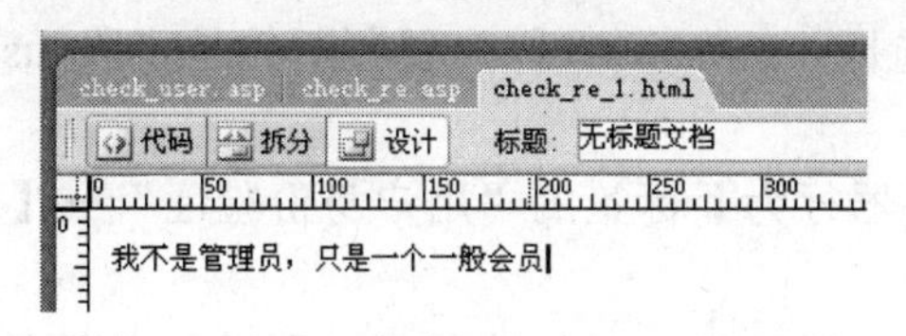

图 4-23　一般会员登录成功页面

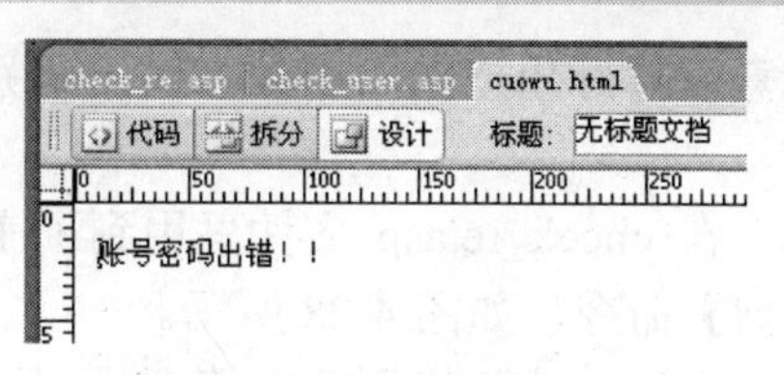

图 4-24　登录失败页面

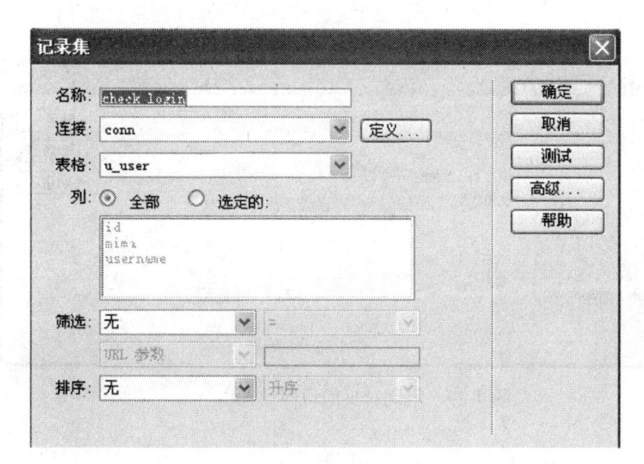

图 4-25　定义记录集

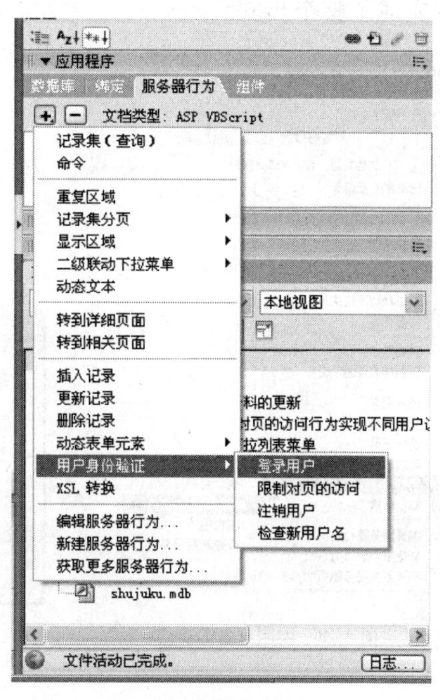

图 4-26　设置登录用户

并进行如图 4-27 所示的设置。

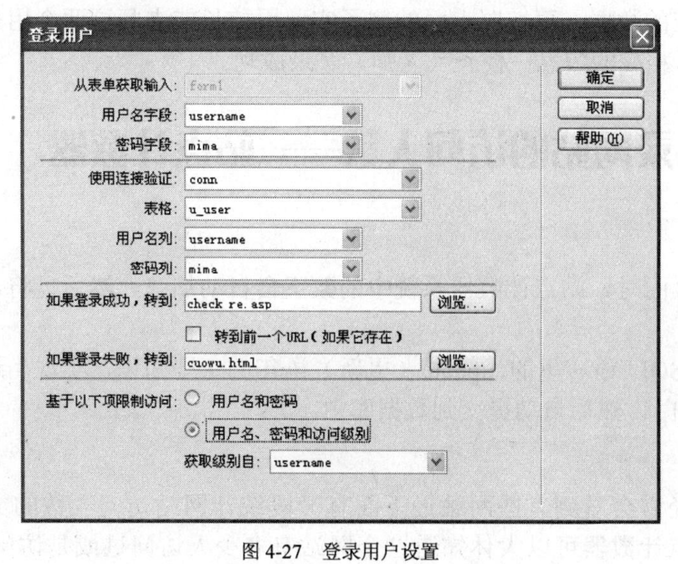

图 4-27　登录用户设置

注意设置好用户名、密码和访问级别，选择 username，因为要判断的是字段 username 里的值。

（5）在 check_re.asp 文件里用到了【服务器行为】标签的“用户身份验证”→【限制对页的访问】命令，如图 4-28 所示。

这个设置，访问级别要选管理员，设置的意思是登录后是管理员，则进入本页面，如果是一般会员，则访问被拒绝，转到 check_re_1.html 的一般会员页面，如图 4-29 所示。这样就完成了整个步骤。

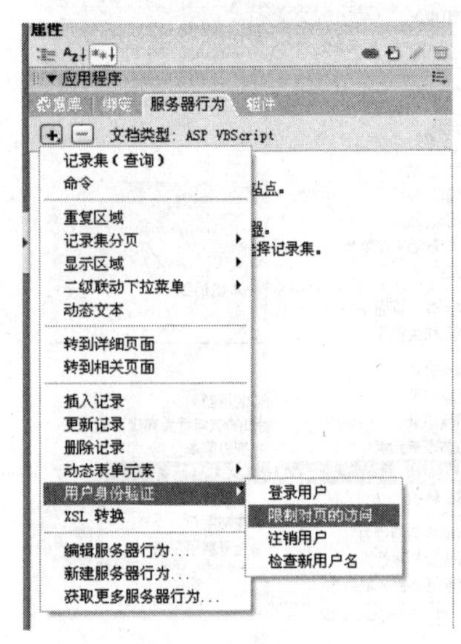

图 4-28　限制对页的访问

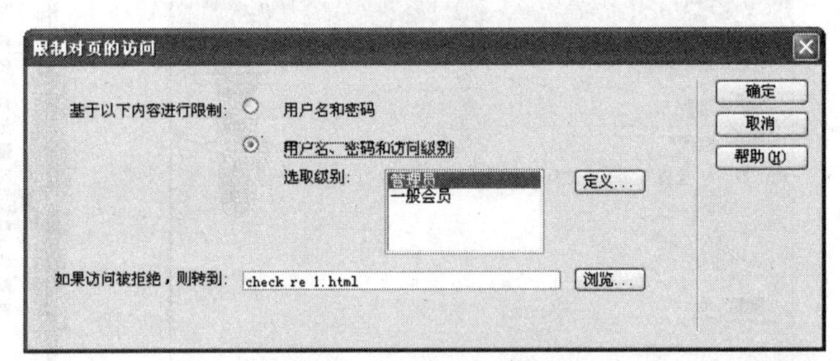

图 4-29　限制对页的访问设置

【上机实战】

（1）建一个表 u_user，字段为 id、username、mima。

（2）username 中的值为校长、老师。

（3）填入对应的数据，再按照上面的例子实现用校长或老师这两个用户名登录时，在登录成功页面中提示相应的信息：校长（老师）登录成功。

任务 3　记录网站的访问人数——站点计数器

【任务分析】

当有人访问页面时，站点计数器系统中的数字会自动加 1，然后再将最后的数字写入数据库并保存。

下面将用到 SQL 语言里的 update（更新）语句的一些知识，实现当进入某页面时，计算器的次数自动加 1，然后自动提交到数据库中。

【实现步骤】

在上网时，经常会看到有些网站最下面有一段统计网站访问人数的文字，这就是站点计数器。通过站点计数器可以大体知道这个网站有多少人访问过或是访问次数，如图 4-30

所示。

具体操作步骤如下。

（1）在数据库里建一个表，名为“u_num”，如图4-31所示。

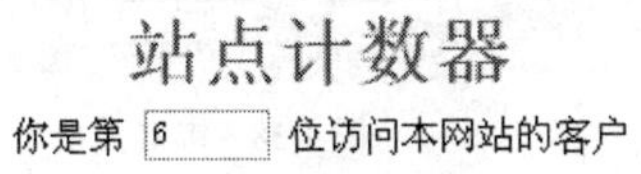

站点计数器

你是第 6 位访问本网站的客户

图4-30　站点计数器

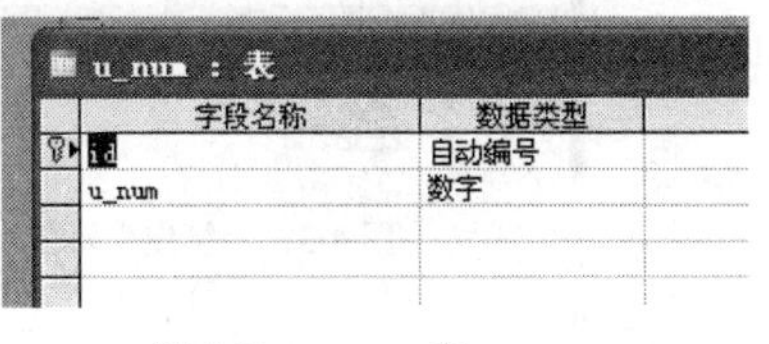

图4-31　u_num表

将字段u_num初始值设为0，如图4-32所示。

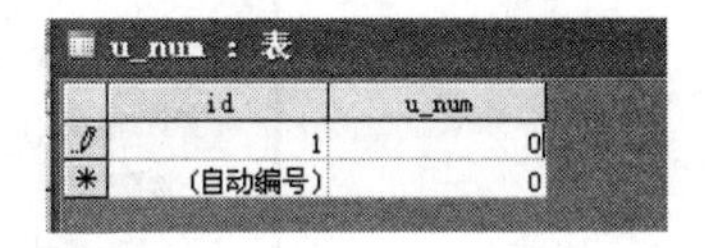

图4-32　n_num表的信息

（2）新建一个ASP VBScript类型的动态页文件，并保存文件名为u_num.asp。先插入一个表单，再在表单中插入表格，如图4-33所示；之后将文本域名称和字符宽度修改一下，如图4-34所示。

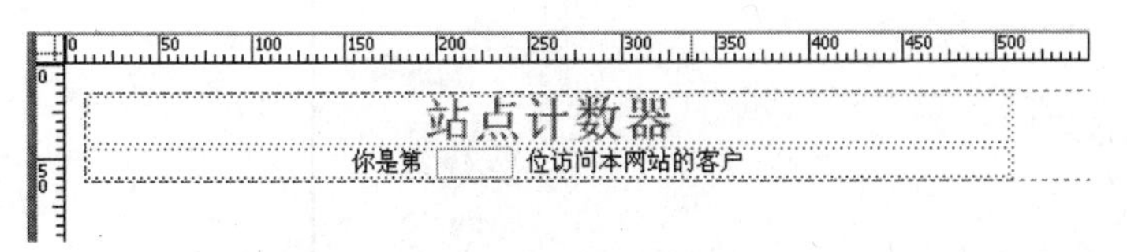

图4-33　站点计数器页面设计

图4-34　设置文本域和字符属性

（3）定义记录集，如图4-35所示。

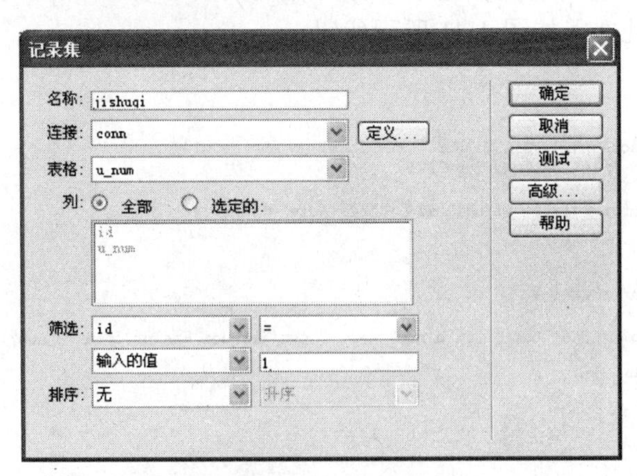

图4-35　定义记录集

（4）“服务器行为”动态文本域，将数据库里表u_user中的字段u_user的值赋给这个文本域，先选中这个文本域，如图4-36所示。接着单击“应用程序”面板里的“绑定”标签，将值绑定给这个文本域，如图4-37所示。选择u_num选项，再单击“绑定”按钮，如图4-38所示。

你是第　　位访问本网站的客户

图4-36　选中文本域

（5）在“服务器行为”标签中选择“更新记录”命令，出现的对话框如图4-39所示。

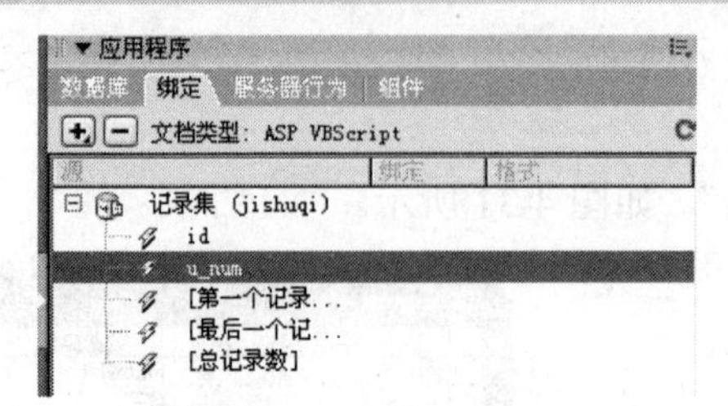

图 4-37 “绑定”标签

图 4-38 绑定

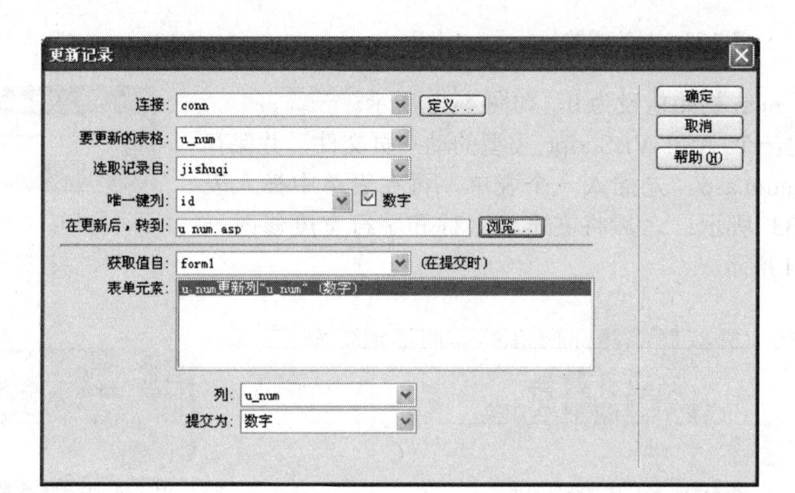

图 4-39 “更新记录”对话框

（6）修改代码，实现自动更新记录。打开代码页面 u_num.asp，找到如图 4-40 所示代码，在其中光标所在处插入如图 4-41 所示代码。

```
<body>
<form ACTION="<%=MM_editAction%>" METHOD="POST" id="form1" name="form1">
  <table width="500" border="0" cellpadding="0">
    <tr>
      <td><div align="center" class="STYLE1">站点计数器</div></td>
    </tr>
    <tr>

      <td><div align="center">你是第
        <label>
        <input name="u_num" type="text" id="u_num" value="<%=(jishuqi.Fields.Item("u_num").Value)%>" size="6" />
        </label>
        位访问本网站的客户</div></td>
    </tr>
  </table>
```

图 4-40 代码截图

```
<%
MM_editQuery="update u_num set u_num=u_num+1 where id=1"
Set MM_editCmd = Server.CreateObject("ADODB.Command")
MM_editCmd.ActiveConnection = MM_conn_STRING
MM_editCmd.CommandText = MM_editQuery
MM_editCmd.Execute
MM_editCmd.ActiveConnection.Close
%>
```

图 4-41 插入的代码

代码解释如下。

（1）定义要执行的 SQL 语句。

（2）建立一个 adodb.command 对象。

（3）连接数据库变量。

（4）将第（1）点定义的 SQL 语句再次赋值。

（5）执行 SQL 语句。

（6）更新完毕，断开服务器与数据库的连接（这样可以减少服务器的负担）。

经过以上的操作，站点计数器就做好了。

【上机实战】

（1）仿上面的例子，自己做一个漂亮的站点计数器。

（2）在数据库中建立一个新表，表名为 jisuqi，字段为 id、jishu。

（3）字段 jishu 是用来保存访问次数的。

任务 4　简单易用的站内搜索引擎

【任务分析】

本任务中讲到的站内搜索引擎用到的就是查询记录（select）功能。

像新浪、网易等大型的网站，有海量的信息，但通常用户访问时，不是每条新闻都会去看，他们只看自己关注的新闻，如果系统没有筛选功能，找起来就特别头疼。在这些网站里，是如何实现对这些信息的筛选呢？这就用到了站内搜索，通常网站都会有站内搜索功能，用户只要输入关注的信息标题的一些关键字，如“足球”、“英超”等简单的关键字，就能在这茫茫的信息海洋中搜索出包含关键字的信息。

光做动态网页，然后网页通过 SQL 语句对数据库进行操作，也就下面几个内容。

（1）“插入记录（insert）”，也就是给网站先录入信息。

（2）“更新记录（update）”，就是录入信息后，发现需要修改时使用。

（3）“查询记录（select）”，就是录入信息后，想查找某条信息，或是查找符合某个条件的信息时使用。

（4）“删除记录（delete）”，就是删除不想要的信息。

【实现步骤】

本例效果为：搜索到结果，其显示如图 4-42、图 4-43 所示；搜索不到结果，其显示如图 4-44、图 4-45 所示。

简易站内搜索引擎

曼联　点击搜索

图 4-42　站内搜索界面

你的搜索结果	
文章标题：	曼联队大胜切尔西
文章内容：	昨晚一战，曼联 3：0 大胜切尔西
文章发表人：	小明

图 4-43　搜索到结果

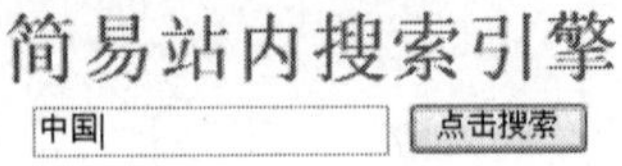

简易站内搜索引擎

中国 点击搜索

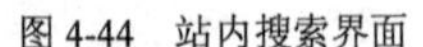

图 4-44　站内搜索界面

图 4-45　搜索不到结果

具体操作步骤如下。

（1）先在数据库文件里建一张表 u_wenzhang（文章信息），字段如图 4-46、图 4-47 所示。

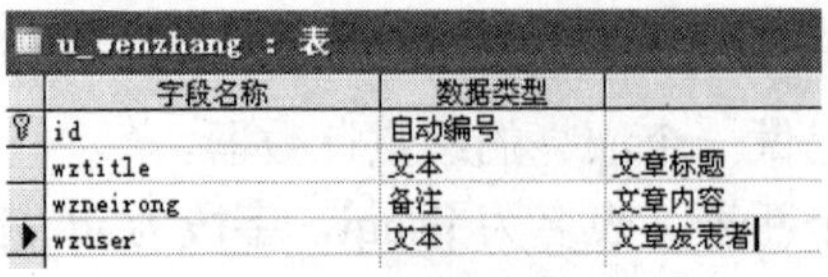

u_wenzhang : 表

字段名称	数据类型	
id	自动编号	
wztitle	文本	文章标题
wzneirong	备注	文章内容
wzuser	文本	文章发表者

图 4-46　文章信息表

u_wenzhang : 表

id	wztitle	wzneirong	wzuser
1	曼联队大胜切尔西	昨晚一战，曼联 3：0 大胜切尔西	小明
(自动编号)			

图 4-47　文章信息表内的信息

（2）页面设计。

① 新建一个 ASP VBScript 类型的动态页文件，并保存文件名为 w_search.asp。

② 在"设计"页面下，插入一个表单，如图 4-48 所示。

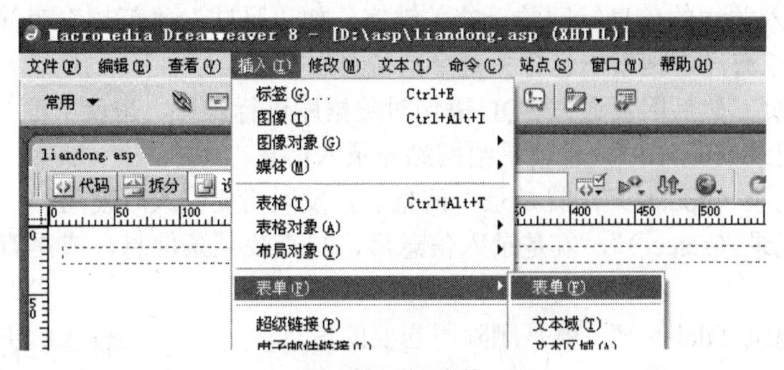

图 4-48　插入表单

然后在表单里插入一个表格，如图 4-49 所示。

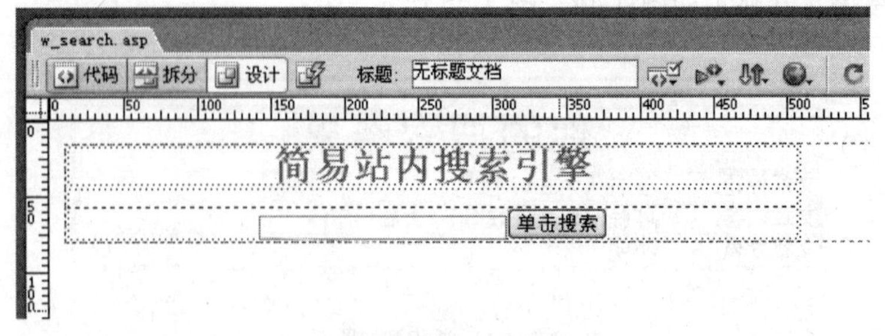

图 4-49　搜索引擎界面设计

记得改下文本域的名称，默认的名称为 textfield，这里改成 wztitle，以方便记忆。

③ 新建一个 ASP VBScript 类型的动态页文件，并保存文件名为 jieguo.asp，用来显示搜索结果。

这张页面不用插入表单了，因为不提交数据，只需插入一个表格即可，如图 4-50 所示。

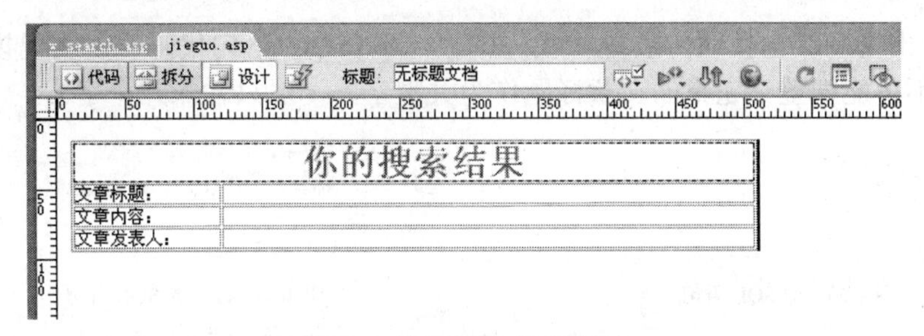

图 4-50　搜索到结果的页面设计

这个表格用来输出找到的文章的标题、内容等。

接下来，再到第一个页面文件 w_search.asp 里改一下表单的属性，因为一会要将提交的值传到显示搜索结果的页面去处理，其设置如图 4-51 所示。

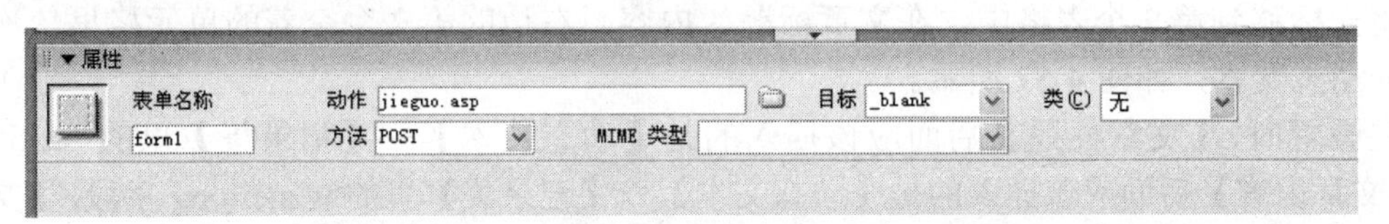

图 4-51　表单属性

具体设置如下。

动作：选择 jieguo.asp（一会要把提交文本域里的值交给 jieguo.asp，结合第二个页面的记录集进行处理。）

目标：选择_blank（表示重新打开一个新窗口来显示搜索结果）。

（3）在 jieguo.asp 里【绑定】定义记录集，如图 4-52 所示。

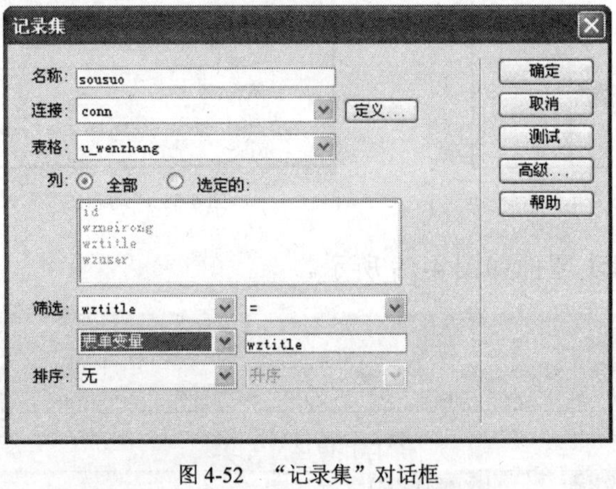

图 4-52　“记录集”对话框

因为本任务的筛选条件是文章标题中的关键字，所以如图 4-53 所示进行设置。

因为这个关键字的值是引用表单变量里名称为 wztitle 的文本域的值，所以选择“表单

变量”选项，如图 4-54 所示。

图 4-53　设置筛选条件

图 4-54　选择“表单变量”

接着再单击【高级】按钮，要进入代码中改一下 SQL 语句代码，以实现模糊查询功能（因为搜索时不可能把整个完整的文章标题作为关键字，一般只输入几个字）。

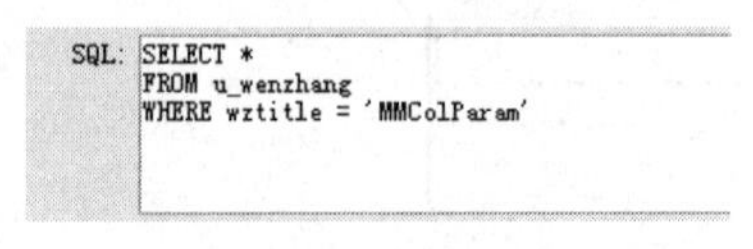

图 4-55　原 SQL 语句

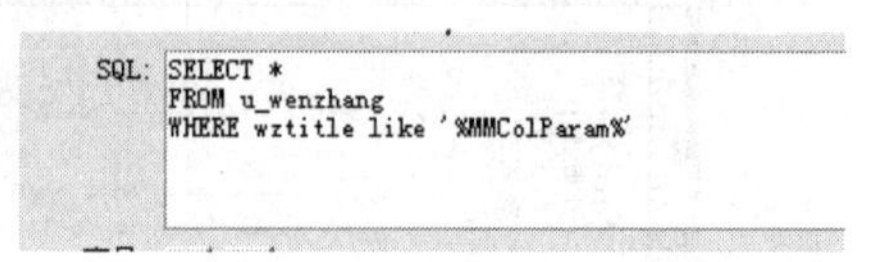

图 4-56　改后的 SQL 语句

解释一下，“like”与“=”不一样，like 可以实现模糊查询，例如：

```
where wztitle like '%曼联%'
```

这样写条件语句，可以把所有文章标题里含有“曼联”两个字的文章都搜索出来。

（4）在【服务器行为】标签中设置动态文本。

将光标移到第 2 个表格中，在文章标题、内容、右边的第 2 个空着的单元格里依次插入相应的动态文本，如图 4-57 所示。

在设置时，【文章标题】后面应该插入的是【动态文本】→【记录集】里的 wztitle 字段，【文章内容】后面应该插入的是【动态文本】→【记录集】里的 wzneirong 字段，【文章发表者】后面应该插入的是【动态文本】→【记录集】里的 wzuser 字段，界面如图 4-58 所示。

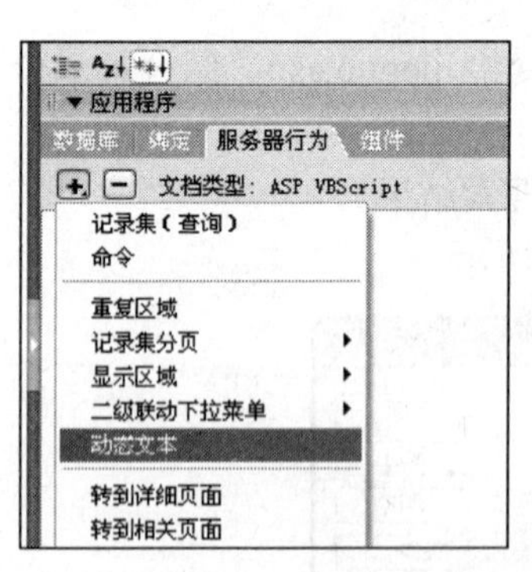

图 4-57　选择“动态文本”命令

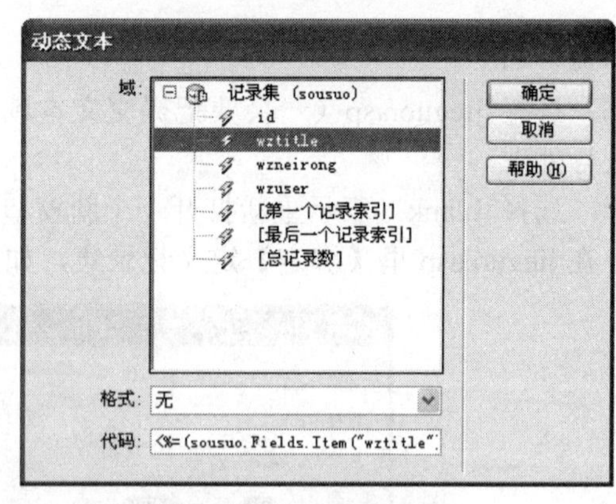

图 4-58　“动态文本”对话框

操作完成后，【设计】界面如图 4-59 所示。

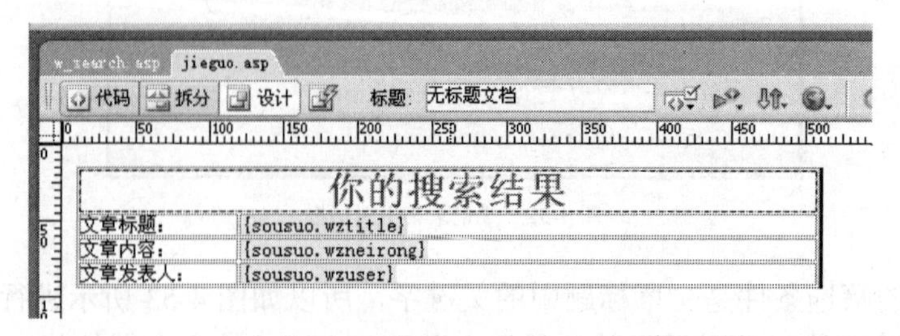

图 4-59　插入动态文本后的单元格

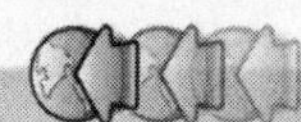

这样动态文本就插到相应的右边单元格里了。

（5）修改部分代码。

程序做到第（4）步后，运行时，如果符合关键字条件的记录在记录集里没有找到，会在 jieguo.asp 这个新打开的页面中发现出错，其提示如图 4-60 所示。

```
• 错误类型：
ADODB.Field (0x800A0BCD)
BOF 或 EOF 中有一个是“真”，或者当前的记录已被删除，所需的
操作要求一个当前的记录。
/asp/w_search.asp, 第 61 行
```

图 4-60　错误提示

这是因为记录集里符合关键字条件的记录没有找到。

现在加上一段代码，加以判断，当没找到符合关键字的信息时提示“没有相关信息”。

在代码的 39 行处加入几行代码，如图 4-61、图 4-62 所示。

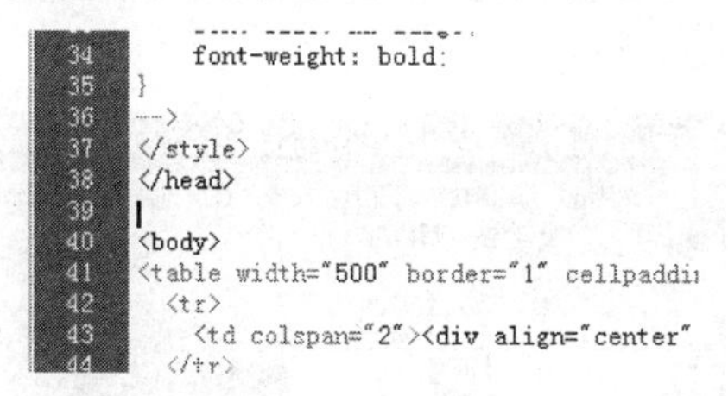

```
34      font-weight: bold;
35  }
36  -->
37  </style>
38  </head>
39  
40  <body>
41  <table width="500" border="1" cellpaddi
42    <tr>
43      <td colspan="2"><div align="center"
44    </tr>
```

图 4-61　代码界面

```
37  </style>
38  </head>
39  <%
40  if sousuo.bof or sousuo.eof then
41  response.Write("没有找到相关记录！")
42  response.end
43  end if
44  %>
45  <body>
```

图 4-62　新加入代码

所加代码含义如下。

（1）如果记录集为空，没有符合记录存在。

（2）显示“没有找到相关记录”。

（3）代码运行结束。

【上机实战】

（1）模仿上面做一个搜索日志的程序。

（2）数据库名称为 my_rizhi。

（3）字段名（id）为 rizhi_biaoti、rizhi_neirong、rizhi_user。

（4）实现搜索功能。

任务 5　二级联动下拉列表/菜单

【任务分析】

在一些网站上经常会看到一些联动菜单，如在注册信息时，选中第一个下拉菜单中的省份，然后第二个下拉菜单就会自动出现对应该该省份的一些市县，这样就方便了对项目的选择。

【实现步骤】

下面来看看实现的页面，如图 4-63 所示。

当选中某一个省份时，“市县”菜单中将出现对应选中省份的市县。

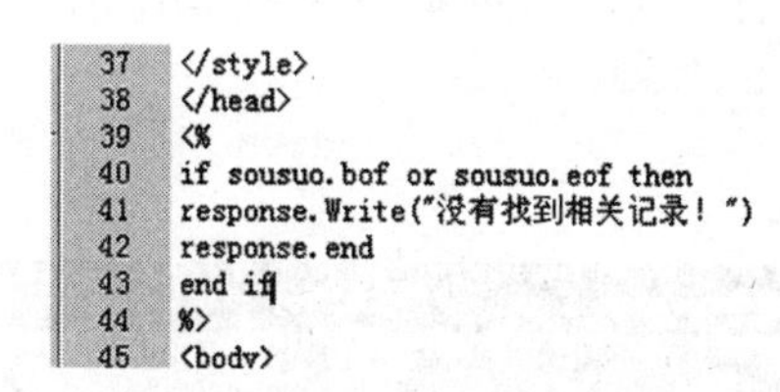

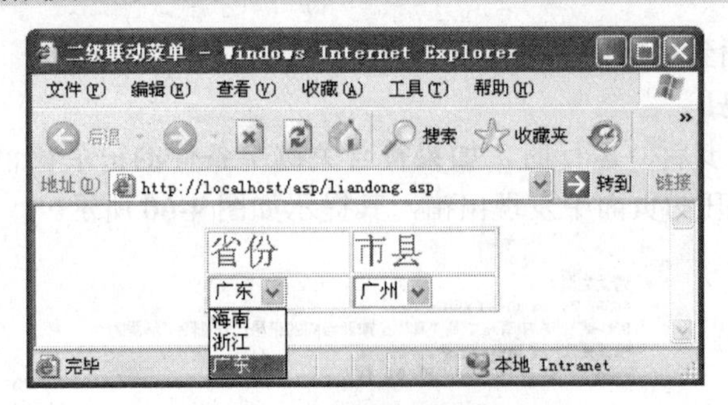

图 4-63　二级联动页面

这个功能主要是通过 Dreamweaver 里的记录集（绑定）、动态列表/菜单（服务器行为）、二级联动列表/菜单插件（服务器行为）来实现，并且用到了表单（form 标签）、列表/菜单域（select 标签）等知识。

（1）先在数据库文件里建两张表：u_shengfen（省份信息）、u_shixian（市县信息），并填入相应的数据，如图 4-64～图 4-67 所示。

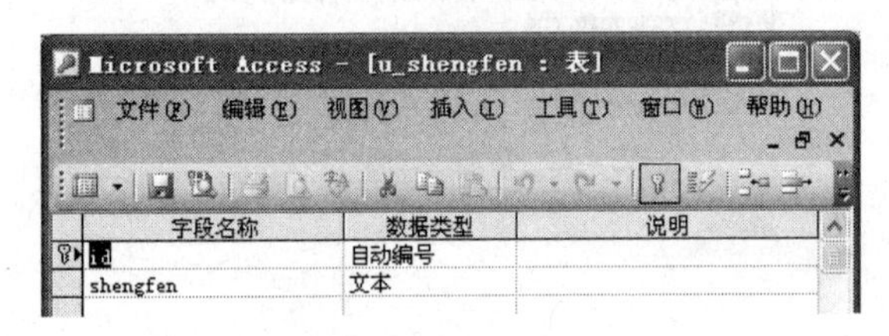

图 4-64　省份信息表

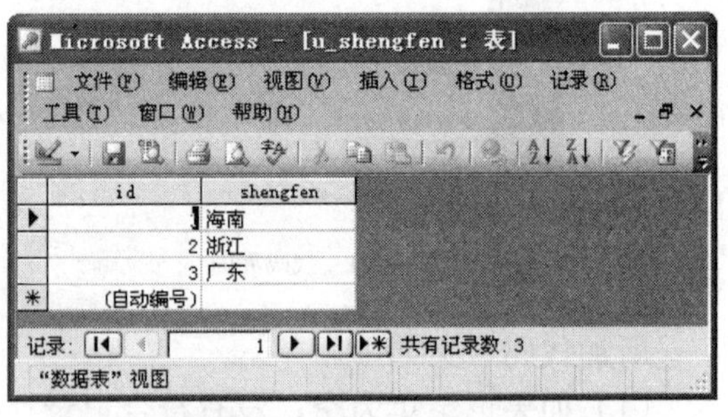

图 4-65　省份信息表录入

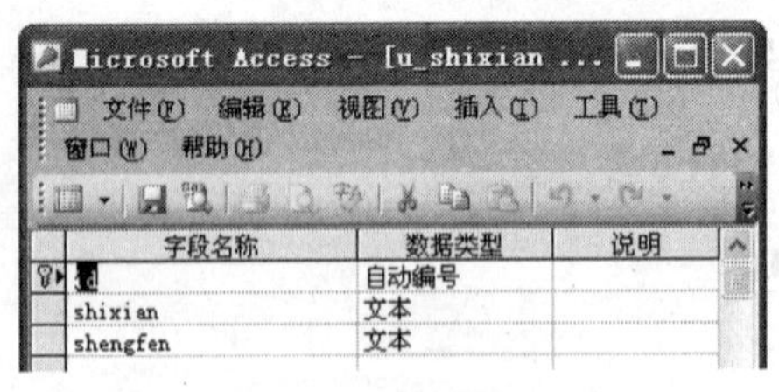

图 4-66　市县信息表

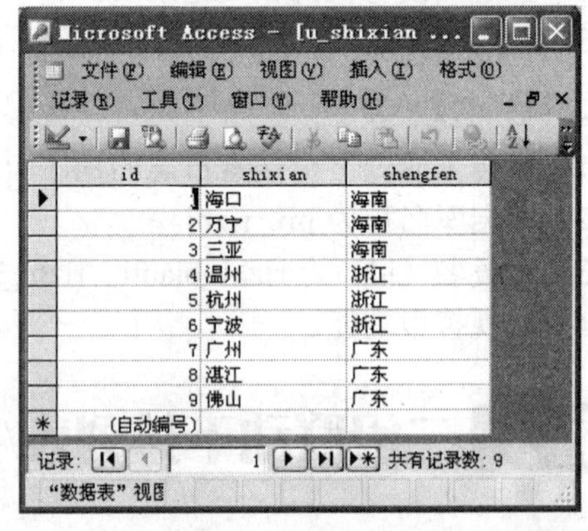

图 4-67　市县信息表录入

说明

在市县信息表中，多了个 shengfen 的字段，只为了在做二级联动菜单时与表 u_shengfen 中的 shengfen 字段关联起来，也就是指明了该市县所属的省份。

（2）页面设计。

① 新建一个 ASP VBScript 类型的动态页文件，并保存文件名为 liandong.asp。

② 在【设计】页面下，插入一个表单，如图 4-68 所示。

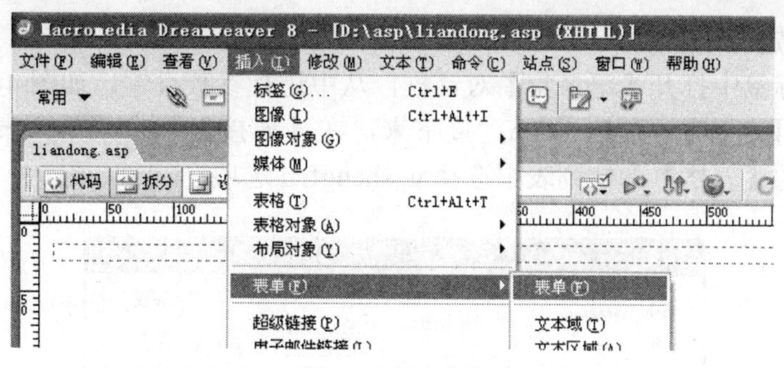

图 4-68　插入表单

③ 在表单域内里插入一个两行两列的表格，如图 4-69 所示。

④ 进行简单的排版后，接着在“省份”与“市县”下面分别插入两个下拉【列表/菜单】，如图 4-70 所示。

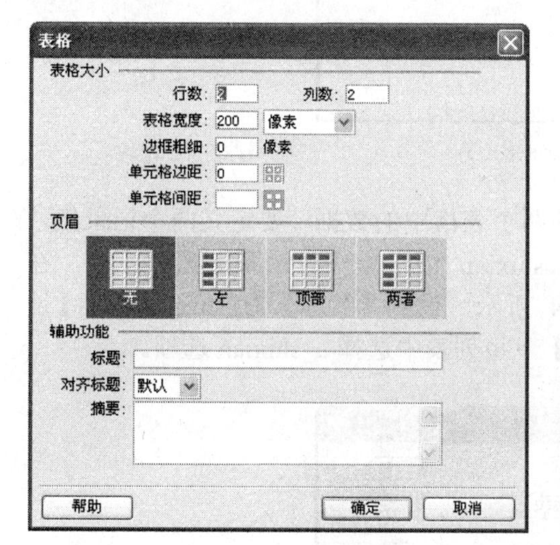

图 4-69　设置表格

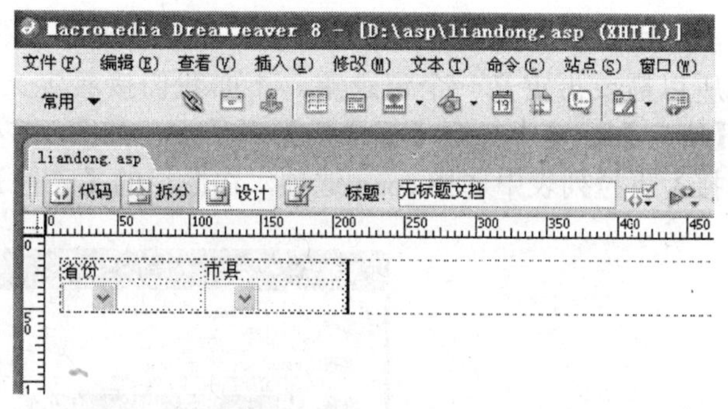

图 4-70　二级联动页面设计

为了方便查看，可以单击【列表/菜单】，在相应的属性页下，对列表/菜单进行重新命名，下面把省份下的列表/菜单的 select 改名为 shengfen。市县下面的列表/菜单改名为 shixian，这样可以方便记忆和查看，如图 4-71 和图 4-72 所示。

图 4-71　省份【列表/菜单】属性

图 4-72　市县【列表/菜单】属性

（3）【绑定】定义记录集。

在【绑定】标签中打开【记录集】对话框，从中进行参数设置，如图 4-73 所示。

首先，设置【名称】为 shengfen；接下来，在【连接】下拉菜单列表中选择 conn 选项，然后在激活的【表格】下拉列表中选择 u_shengfen 选项。

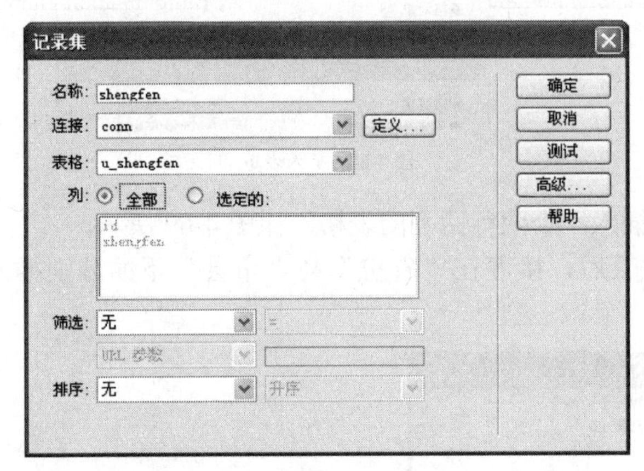

图 4-73 “记录集”对话框（一）

因为本任务有两个下拉菜单，用到数据库里的两个表格中的数据，要定义两个记录集，所以需要再定义一个记录集。下面我们接着定义 shixian 记录集，方法和上面差不多，在【绑定】标签中打开【记录集】对话框，如图 4-74 所示，设置【名称】为 shixian，在【连接】下拉列表中选择 conn 选项，在激活的【表格】下拉列表中选择 u_shixian 选项。

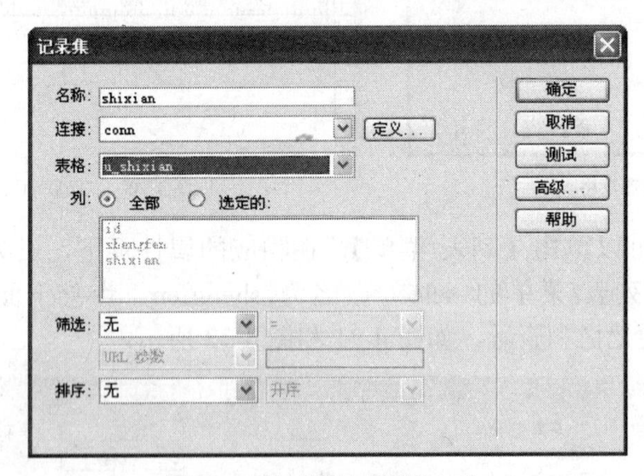

图 4-74 “记录集”对话框（二）

（4）动态列表/菜单。

将两个下拉列表/菜单与上面定义的记录集中的数据进行连接。简单地说，也就是把数据库中两个表格 u_shengfen、u_shixian 里的省份数据、市县数据与两个下拉列表/菜单进行动态绑定。这里用到了【服务器行为】标签里的【动态列表/菜单】功能。

先绑定刚命名为 shengfen 的“列表/菜单”下拉列表的数据，选中设计视图里的“列表/菜单”下拉列表，在其属性页里单击【动态】按钮。该功能也可以在【服务器行为】标签里选【动态表单元素】命令实现，如图 4-75 所示。

图 4-75　设置【列表/菜单】属性

在弹出的【动态列表/菜单】对话框中进行设置，如图 4-76 所示。

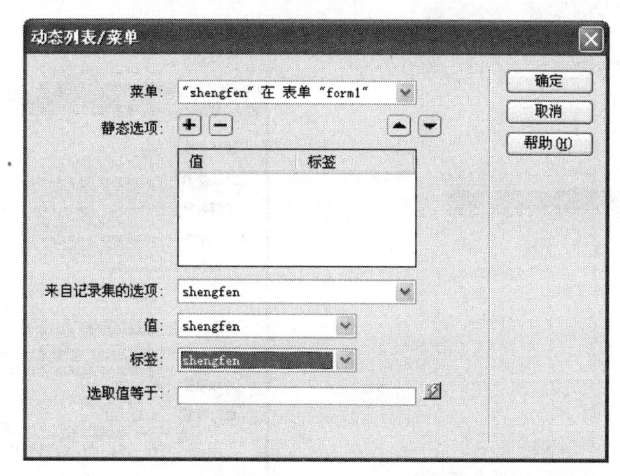

图 4-76　“动态列表/菜单”对话框

再绑定刚命名为 shixian 的“列表/菜单”下拉列表的数据，方法如上，在其属性页里单击【动态】按钮，如图 4-77 所示。

图 4-77　设置【列表/菜单】属性

在弹出的【动态列表/菜单】对话框中进行设置，如图 4-78 所示。

图 4-78　“动态列表/菜单”对话框

（5）用二级联动下拉菜单实现省份、市县两个下拉列表/菜单的联动功能。在【服务器行为】标签中先选择省份下面的父级下拉菜单，然后选择【服务器行为】标签中的【二级联动下拉菜单】→【二级联动下拉菜单】命令，如图 4-79 所示。之后会出现如图 4-80 所示的对话框，从中进行设置。

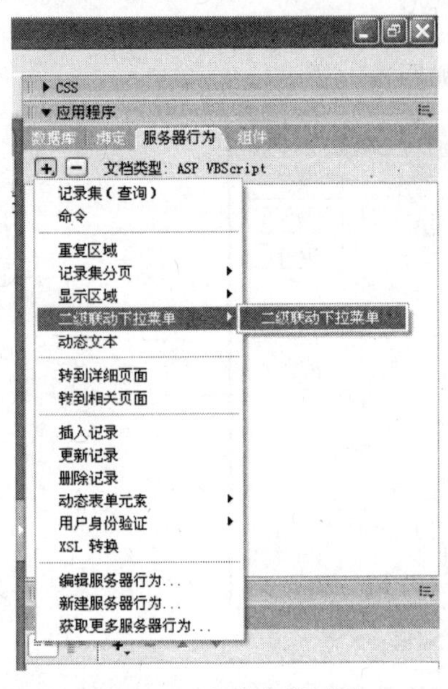

图 4-79　二级联动下拉菜单

图 4-80　设置二级联动下拉菜单

表单是默认的；“父级菜单”选择“shengfen” in forml；“子级菜单”选择“shixian” in forml；“子级记录集”选的是之前定义的名为 shixian 的记录集；“关联字段”是两个表里同名的一个字段，也就是 u_shixian 表里多出的 shengfen 字段，就是通过这两个表中共有的字段进行关联的；“子级标签”选 shixian（这个指的是表 u_shixian 里的 shixian 字段）；“子级提交值”选 shixian（这个指的是表 u_shixian 里的 shixian 字段）；“父级菜单”和上面一样，选“shengfen”在表单。运行一下，看看成功了没有。

【上机实战】

下面模仿上面的案例自己做一个练习，要求如下。

（1）在数据库里建两张表：u_dalei，u_xiaolei。

（2）在表 u_dalei 里填入大类的数据：理科、文科。

（3）在表 u_xiaolei 里填入小类的数据：数学、物理、化学（属于理科）；语文、历史、政治（属于文科）。

（4）模仿上面的案例，自己做一个二级联动下拉菜单，实现理科、文科数据的联动。

任务 6　MD5 数据的加密和解密

【任务分析】

在网站中，用户注册信息时，写到数据库里的都是明文，在用户注册账号并输入密码时，如果密码在数据库文件中是明文的话，一旦数据库文件被别人下载，或通过其他方式获

取，这样就存在很大的安全隐患。本案例将讲述的 MD5 加密算法就是将注册时填入的密码以加密后的方式写入数据库，然后在登录时，又通过解密方式解出来。

MD5 是一种加密算法，它在 ASP 里通过一个写好的加密函数来实现，在学习时可以不需要看懂 MD5 文件中函数的代码，只需要将这个文件包括在自己的网页文件中，之后引用就可以实现加密功能了。

通过这个功能，用户在注册时，写进数据库里的密码信息，不是明文密码，而是一段很长的经过加密的类似于密文的数据。这样就在一定程度上保证了数据库的安全、用户账号的安全。

【实现步骤】

本案例的效果如图 4-81 所示，其用户表信息如图 4-82 所示。

（1）先在数据库文件里建一张表 u_user（用户信息），如图 4-83 所示。

图 4-81　用户注册页面

图 4-82　用户表信息

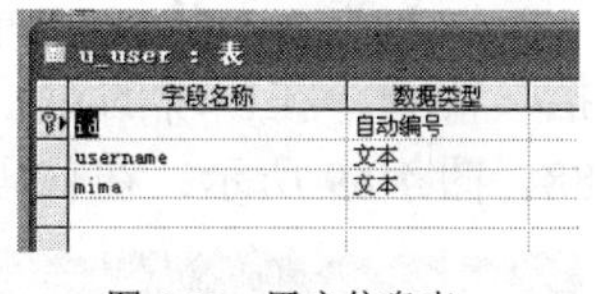

图 4-83　用户信息表

（2）将别人已经写好的 md5.asp 文件，放在网站目录里。

（3）页面设计。

① 新建一个 ASP VBScript 类型的动态页文件，并保存文件名为 s_md5_reg.asp，这个页面是登录的界面，先插入一个表单，再在表单中插入表格，如图 4-84 所示。

图 4-84　用户注册页面设计

要记得把这两个文本域的名称分别改成 username 和 mima。

② 新建一个 HTML 类型的静态页文件，并保存文件名为 reg_success.html，用来显示注册成功的界面，如图 4-85 所示。

③ 新建一个 ASP VBScript 类型的动态页文件，并保存文件名为 s_md5_login.asp，这个页面是登录的界面，先插入一个表单，再在表单中插入表格，如图 4-86 所示。

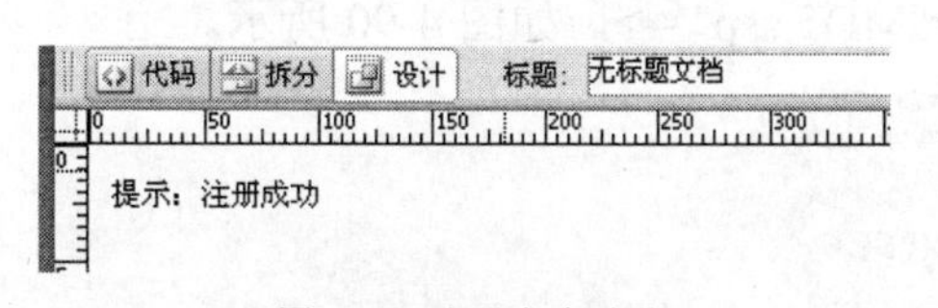

图 4-85　注册成功页面

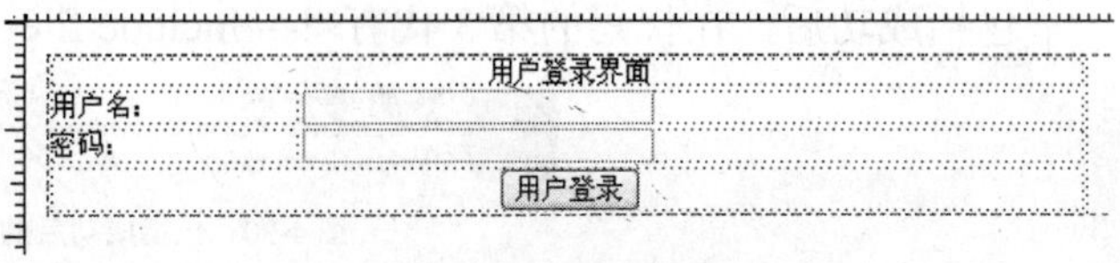

图 4-86　登录界面设计

④ 新建一个 HTML 类型的静态页文件，并保存文件名为 login_success.html，用来显示登录成功的界面，如图 4-87 所示。

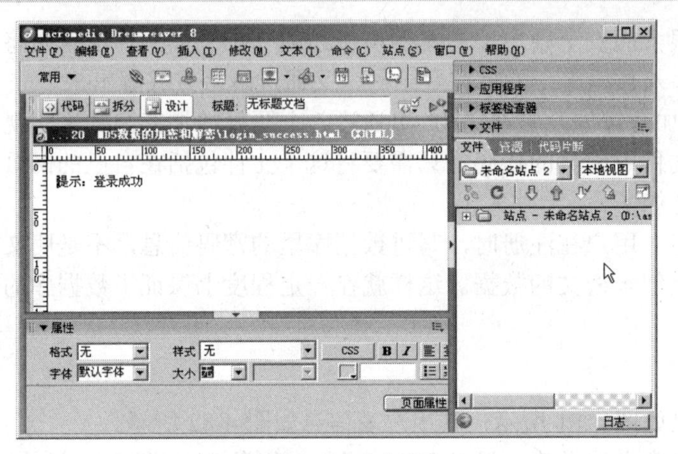

图 4-87　登录成功页面

（4）在 s_md5_reg.asp 和 s_md5_login.asp 这两个页面里，选择“插入”→“服务器端包括”命令，在出现的对话框中设置包括 md5.asp，这样才能够引用文件里的函数，如图 4-88、图 4-89 所示；在代码的的第 3 行包括 MD5.asp，如图 4-90 所示。

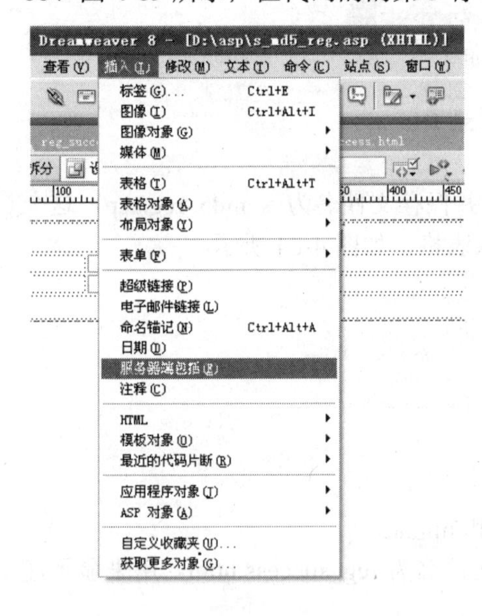

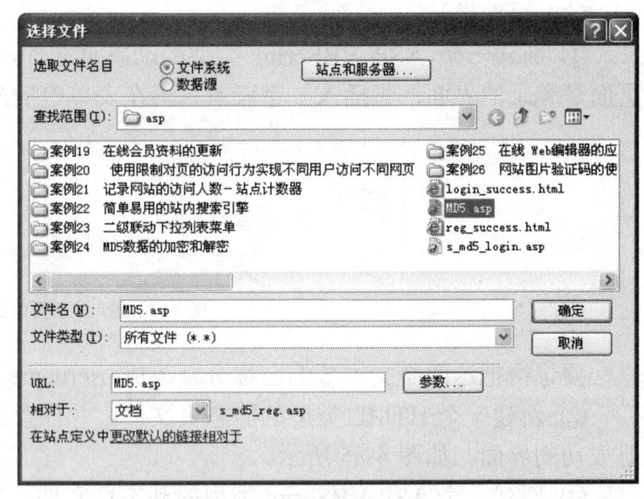

图 4-88　选择“插入”→“服务器端包括”命令　　　　图 4-89　“选择文件”对话框

包括成功后，在代码的第 3 代有<!--#include file="MD5.asp" -->，如图 4-90 所示。

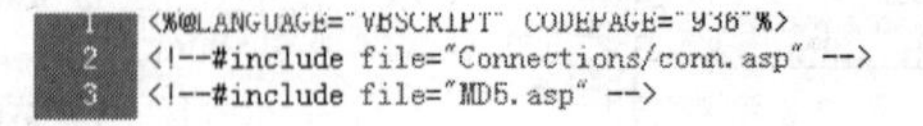

```
1 <%@LANGUAGE="VBSCRIPT" CODEPAGE="936"%>
2 <!--#include file="Connections/conn.asp" -->
3 <!--#include file="MD5.asp" -->
```

图 4-90　包括成功后的代码

（5）在 s_md5_login.asp 页面里定义记录集，如图 4-91 所示。

（6）在 s_md5_reg.asp 页面插入记录。因为注册信息进数据库里，用到的是 SQL 语句里的 insert 语句，也就是在数据库里插入一行新的记录，如图 4-92、图 4-93 所示。

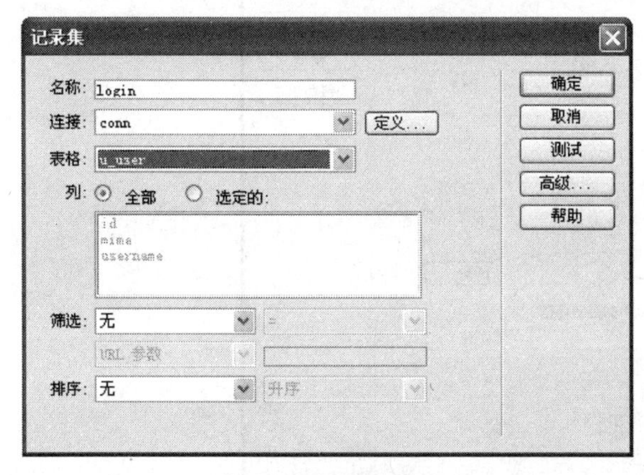

图 4-91　定义记录集

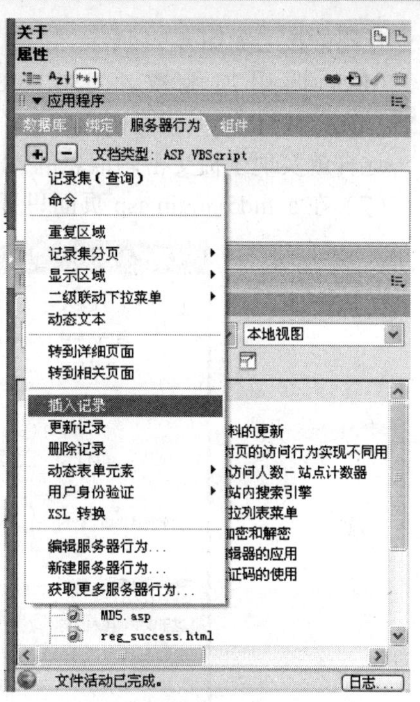

图 4-92　选择“插入记录”命令

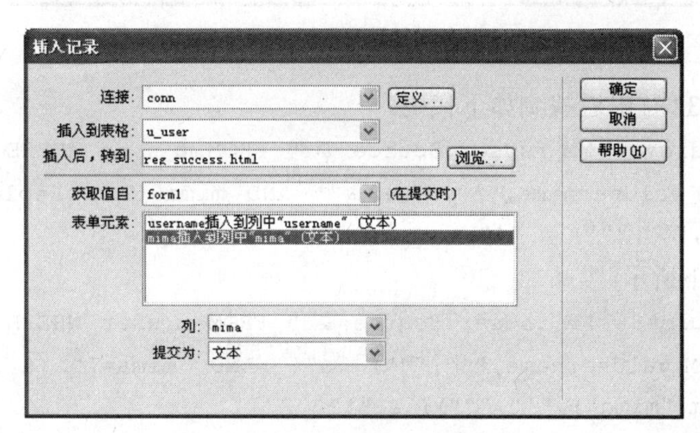

图 4-93　“插入记录”对话框

然后在代码的 55 行附近找到以下代码。

```
For MM_i = LBound(MM_fields) To UBound(MM_fields) Step 2
   MM_fields(MM_i+1) = CStr(Request.Form(MM_fields(MM_i)))
Next
```

将其进行修改，如下所示。

```
For MM_i = LBound(MM_fields) To UBound(MM_fields) Step 2
   MM_fields(MM_i+1) = CStr(Request.Form(MM_fields(MM_i)))
 If MM_i=2 then
  MM_fields(MM_i+1)= md5(CStr(Request.Form(MM_fields(MM_i))))
End if
Next
```

代码的核心如图 4-94 所示。

```
if MM_i=2 then
  MM_fields(MM_i+1)= md5(CStr(Request.Form(MM_fields(MM_i))))
```

图 4-94 核心代码截图

Md5() 调用加函数，CStr（Request.Form MM_ fields（MM_i）就是密码的值。

这样就实现了提交密码信息的 MD5 加密。

（7）在 s_md5_login.asp 页面里登录用户【服务器行为】，如图 4-95 所示。

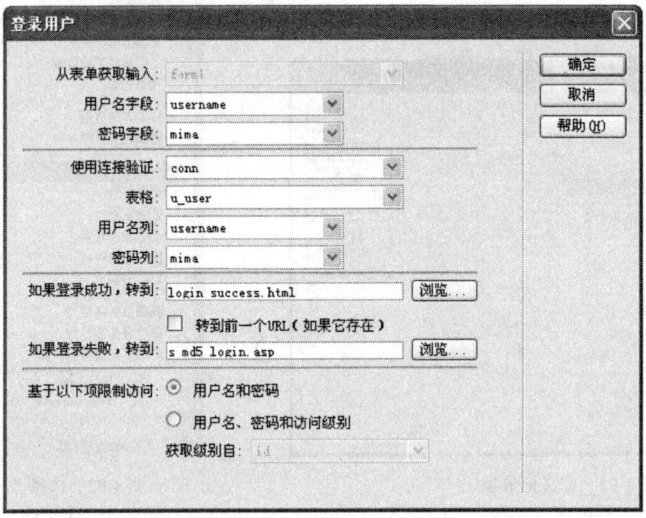

图 4-95 “登录用户”对话框

然后在代码的 32 行附近找到如下代码。

```
MM_rsUser.Source = MM_rsUser.Source & " FROM u_user WHERE username='"
& Replace(MM_valUsername,"'","''") &"' AND mima='" & Replace(Request.
Form("mima"),"'","''") & "'"
```

将其修改为如下所示。

```
MM_rsUser.Source = MM_rsUser.Source & " FROM u_user WHERE username='"
& Replace(MM_valUsername,"'","''") &"' AND mima='" & md5(Replace
(Request.Form("mima"),"'","''")) & "'"
```

上面是一句 SQL 语句，主要意思是判断登录时用户输入的用户名和密码是否与数据库中的记录对应。数据库里的密码在调用出来和输入的密码进行比较时，要再用 md5（）函数将数据库里的加密过的值进行解密，这样就实现了 MD5 的解密。

【上机实战】

模仿案例做一个一模一样的页面，如果有兴趣，还可以把数据库里的表 u_user 设计得复杂些，多一些字段。

任务 7 在线 Web 编辑器的应用

【任务分析】

用户在 QQ 空间里发日志的时候，可以发现空间里的内容文本编辑器功能很强大，能够

改字体的大小、插入图片、改字体颜色等。Dreamweaver 里自带的文本编辑器功能有限，不方便使用。所以本案例将讲述如何用别人写好的功能强大的在线编辑器组件，让自己做的网站也能拥有像 QQ 空间那样功能强大的在线编辑器。

只需要在网上下载一个 eWebEditor 在线编辑器，然后把这个组件的文件夹放到网站根目录下，然后结合 Dreamweaver 中表单元素里的文本区域，再加上调用代码，就能实现这个功能了。

【实现步骤】

案例效果如图 4-96 所示。

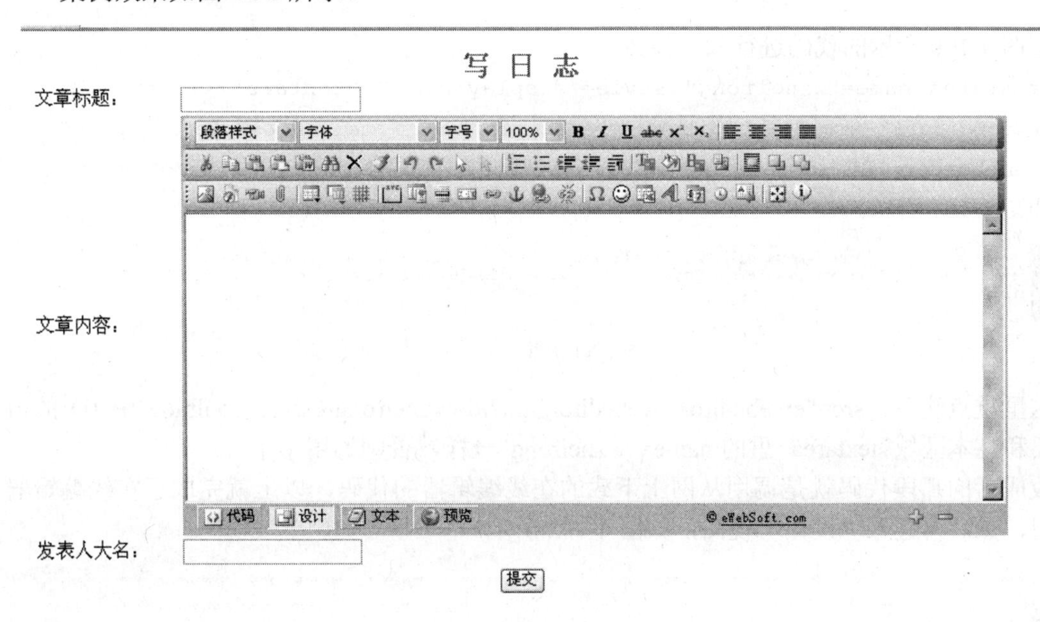

图 4-96　案例效果

（1）先在数据库文件里建一张新表 u_wenzhang（文章信息），如图 4-97 所示。

（2）页面设计。

① 新建一个 ASP VBScript 类型的动态页文件，并保存文件名为 onweb.asp，这个页面是录入文章的界面，先插入一个表单，再在表单中插入表格，如图 4-98 所示。

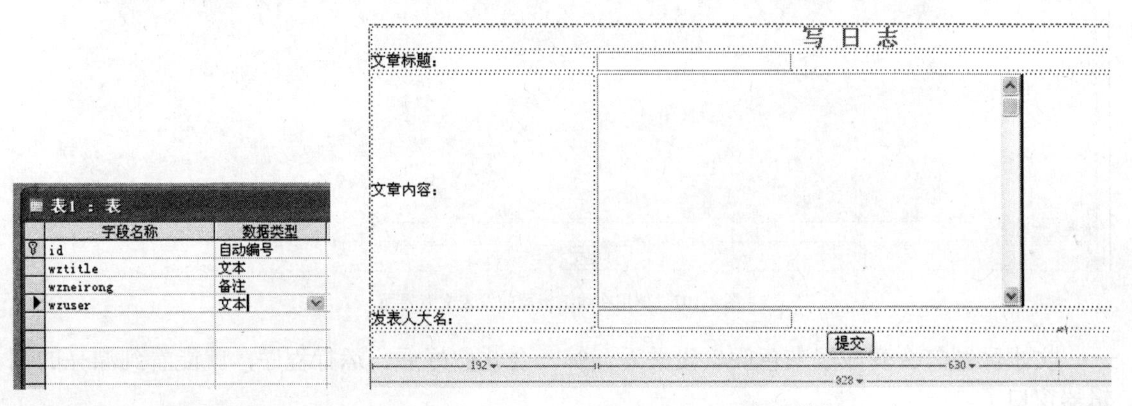

表1 : 表

字段名称	数据类型
id	自动编号
wztitle	文本
wzneirong	备注
wzuser	文本

图 4-97　文章信息表

图 4-98　录入文章界面设计

记得给文本域都改名称，分别为 wztitle、wzneirong、wzuser。

② 新建一个 HTML 类型的静态页文件，并保存文件名为 fb_success.html，页面设计如图 4-99 所示。

③ 然后打开代码页面，找到 31 行的代码，如图 4-100 所示。

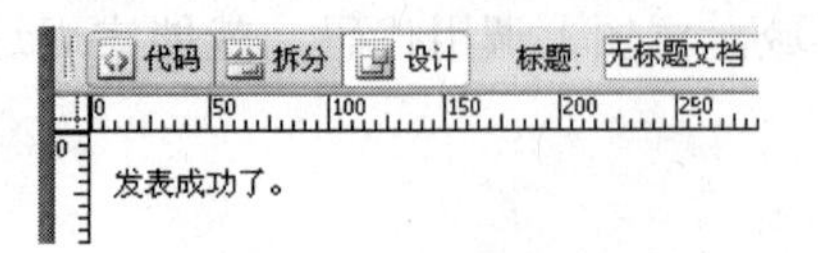

图 4-99 发表成功页面

```
<textarea name="wzneirong" cols="50" rows="15" id="wzneirong"></textarea>
```

图 4-100 代码截图

把图 4-100 所示的代码进行如下修改。

```
<textarea name="wzneirong" style="display:none"></textarea><iframe ID=
"eWebEditor1" src="ewebeditor/ewebeditor.htm?id=wzneirong&style=coolblue"
frameborder="0" scrolling="no" width="700" HEIGHT="350"></iframe>
```

如图 4-101 所示。

```
<td><textarea name="wzneirong" style="display:none"></textarea><iframe ID="eWebEditor1" src=
"ewebeditor/ewebeditor.htm?id=wzneirong&style=coolblue" frameborder="0" scrolling="no" width="700" HEIGHT="350"></
iframe>
</td>
```

图 4-101 代码截图

这里重点注意，src="ewebeditor/ewebeditor.htm?id=wzneirong&style=coolblue"中 ID 的值一定要和文本区域<textarea>里的 name="wzneirong"一样，否则调用不了。

改成后的那段代码就是调用从网上下载的在线编辑器的代码，以上就完成了在线编辑器的调用，然后再进入“设计”视图，如图 4-102 所示。

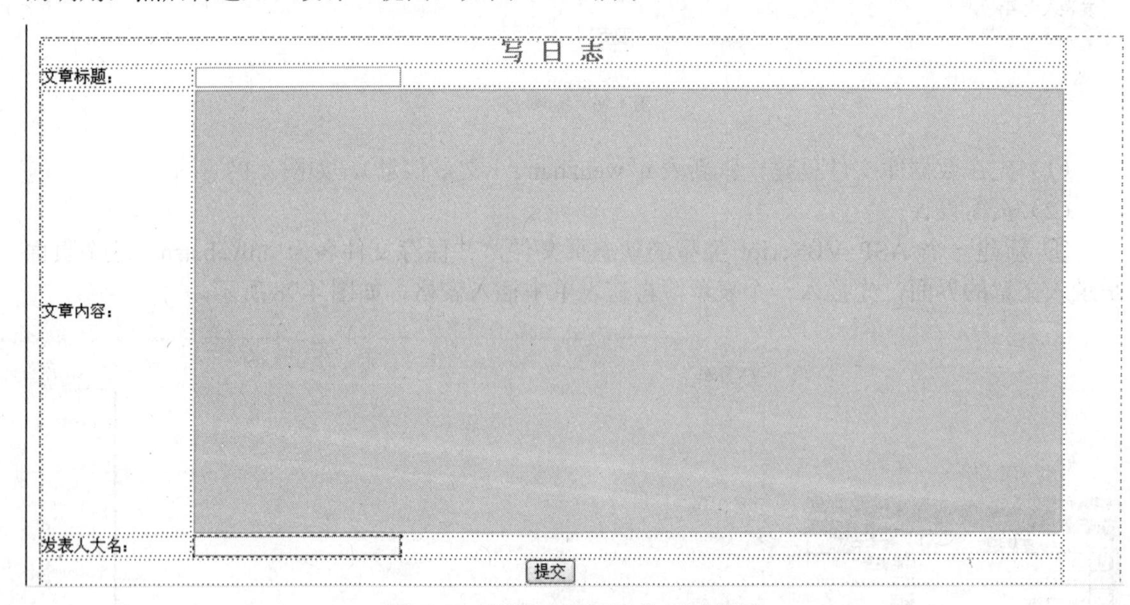

图 4-102 调用在线编辑器的发表文章界面

文本区域怎么变成了灰色呢？没关系，等一会儿做好后，运行程序，就能看到漂亮的编辑器窗口了。

（3）【服务器行为】插入记录。下面将实现将写的文章插入数据库的功能，其设置如图 4-103 所示。

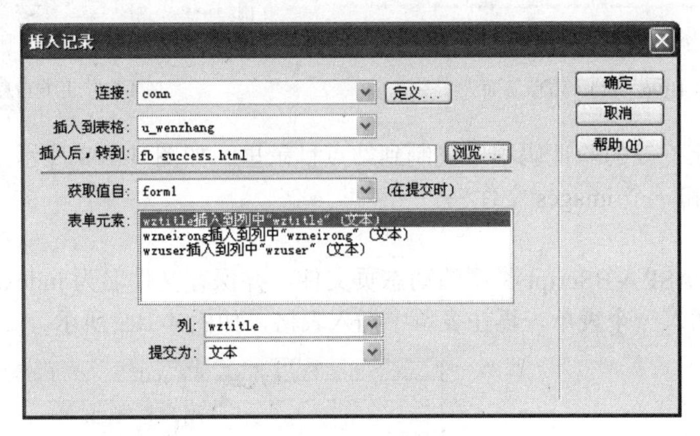

图 4-103　插入记录

这样设置好后，运行一下，看看是否成功。发表成功后会跳转到成功提示的界面。

【上机实战】

（1）像案例一样，在数据库建立一个表 u_xinwen。

（2）添加字段 id、xinwentimu、xinwenneirong、fabiaozhe。

（3）通过已经准备好的 eWebEditor 在线编辑器组件，结合上面的代码，调用这个组件。

任务 8　网站图片验证码的使用

【任务分析】

在网站中注册信息或发表信息时，网站经常会提示输入验证码，如图 4-104 所示，这有什么作用呢？简单地说，就是可以防止别人用外挂程序来恶意注册或发表信息，可以减轻服务器的负担。要实现这个功能，需要调用网上下载的图片验证码程序，要用到 Session 对象的知识。

【实现步骤】

本案例的效果如图 4-104～图 4-106 所示。

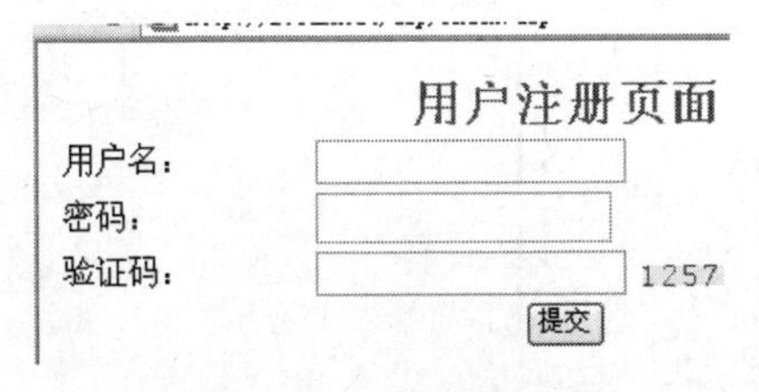

图 4-104　用户注册页面

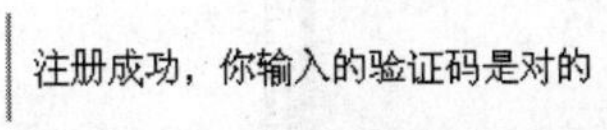

注册成功，你输入的验证码是对的

图 4-105　注册成功页面

（1）先在数据库文件里建一张表 u_user（用户信息），再输入一些记录，如图 4-107 所示。

注册成功，但是你输入的验证码是错的，这次就放过你吧

图 4-106　验证码错误页面

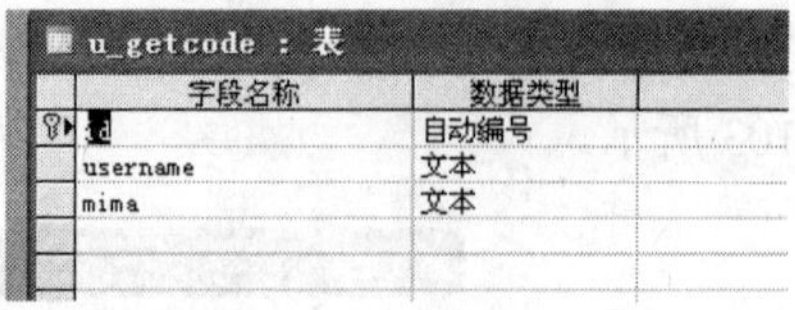

u_getcode : 表

字段名称	数据类型
id	自动编号
username	文本
mima	文本

图 4-107　用户信息表

（2）将从网上下载的验证码程序复制到站点目录里。如图 4-108 所示，这个程序有一个 GetCode.asp 文件和一个 images 文件夹。

（3）页面设计。

① 新建一个 ASP VBScript 类型的动态页文件，并保存文件名为 index.asp，这个页面是登录的界面，先插入一个表单，再在表单中插入表格，如图 4-109 所示。

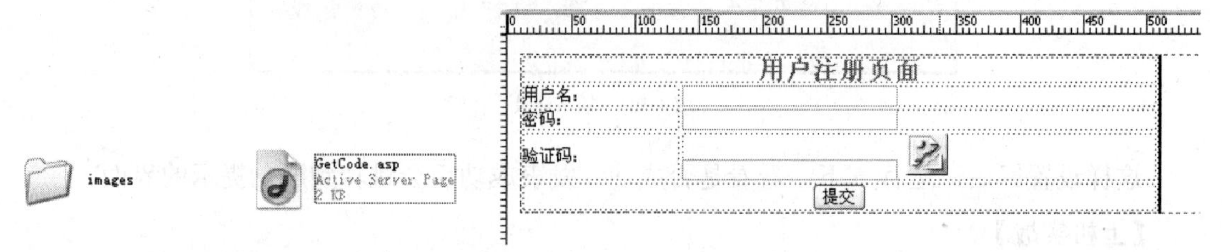

图 4-108　验证码程序文件　　　　图 4-109　用户注册页面设计

3 个文本域名称分别改成 username、mima、getcode。

再在验证码的【文本域】后面插入一个【图像】元素，如图 4-110 所示，但图像的源文件不是图片，而是先在文件类型里显示所有文件，然后选择下载的验证码程序中的 GetCode.asp 文件，如图 4-111 所示。

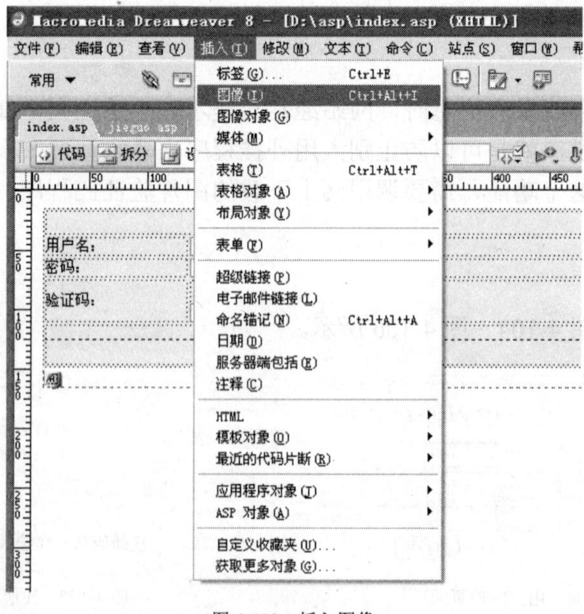

图 4-110　插入图像

在设计里看到的图像是一个灰色的小块，这个没关系，稍后运行程序的时候，它就会显示出验证码了。

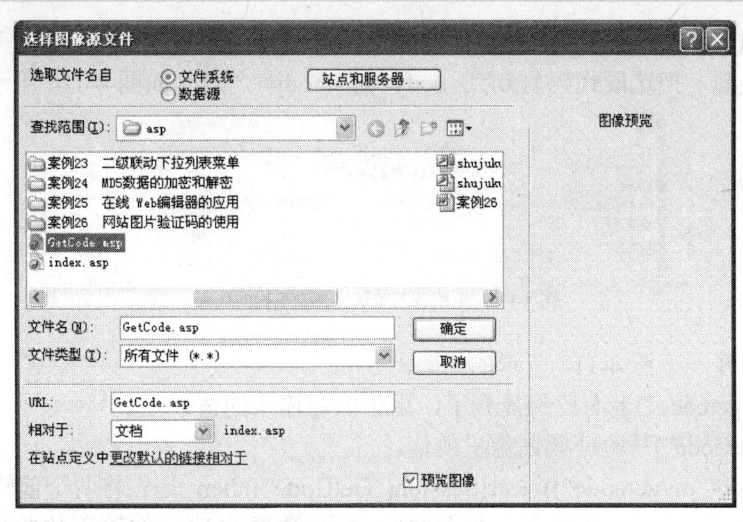

图 4-111　选择图像源文件

最后打开代码界面，在顶部 3 行处加入图 4-112 中的加底纹的代码。

图 4-112　代码截图

Session("myGetCode")是定义一个名为"myGetCode"的 Session 对象，request("getcode")是获取刚刚在验证码文本域（名称为 gecode 的文本域）里输入的数字。

Session("myGetCode")=request("getcode")是将刚刚在验证码文本域里输入的数字值赋给 Session("myGetCode")。

在 jieguo.asp 页面里需要用这个值和图片里的值进行比较，看是否一样。

② 再新建一个 ASP VBScript 类型的动态页文件，并保存文件名为 jieguo.asp，用来提示输入的验证码是否和看到的图片上的一样。

（4）在 index.asp 页面里【服务器行为】标签选择“插入记录”命令，出现的对话框如图 4-213 所示。

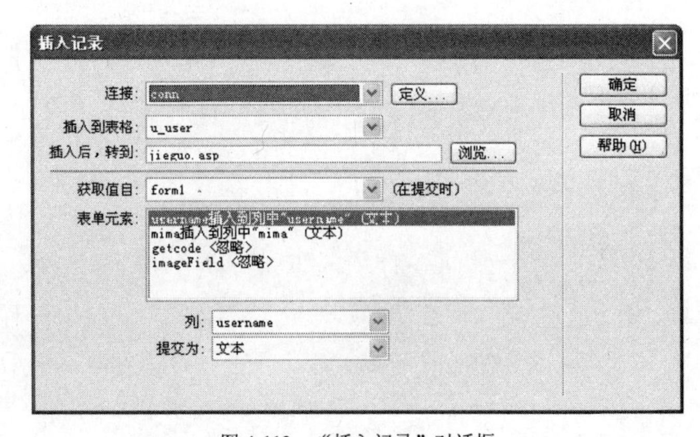

图 4-113　“插入记录”对话框

（5）在 jieguo.asp 页面里写入一些简单的代码，用以判断输入的验证码是否正确。

打开代码界面，把这段代码复制到<body>与</body>之间，如图 4-114 所示。

```
<%
if cstr(session("mygetcode"))=cstr(Session("GetCode")) then
response.Write("注册成功，你输入的验证码是对的")
else
response.Write("注册成功，但是你输入的验证码是错的，这次就放过你吧")
end if

%>
```

图 4-114　判断输入验证码是否正确的代码

下面简单解释一下图 4-114 所示的代码。

session("mygetcode")上面已经提到了，用于保存输入的值。

Session("GetCode")是验证码图像里的值。

if cstr(session("mygetcode"))=cstr(Session("GetCode"))then 是先将两个值转化为字符串，再将两个值进行比较，如果相等，在页面中输出"注册成功，你输入的验证码是对的"的内容；否则，在页面中输出"注册成功，但是你输入的验证码是错的，这次就放过你吧"的内容。

这样，就完成了图片验证码的功能。

【上机实战】

（1）在数据库里建一个表 u_wenzhang（文章信息）。

（2）添加字段 id、wzbiaoti、wzneirong。

（3）模仿上面的案例，做一个简单的发表日志的程序，用上图片验证码功能。

项目 5

网站应用模块开发——网站运行环境的设计与配置

本项目以 Access 数据库为基础，以招聘求职系统为例介绍了 ASP 网站运行环境的设计与配置技巧，希望读者了解网站建设的运行环境需求分析，掌握网站建设的数据库及功能设计的方法，掌握网站建设测试环境的配置方法。

学习目标

- 了解招聘求职系统的背景分析。
- 了解系统技术及运行环境的需求分析。
- 了解网站系统模块的设计方法。
- 了解网站系统数据库的设计方法。
- 掌握招聘求职系统本地站点的建立与编辑方法。
- 掌握招聘求职系统测试服务器的配置（IIS 配置）。
- 掌握招聘求职系统 ODBC 数据源的连接方法。
- 掌握招聘求职系统在 Dreamweaver 中连接数据库。

任务 1 动态网站系统模块和数据库设计

【任务分析】

作为计算机应用的一部分，使用计算机来开发信息发布系统，具有传统信息管理所无法比拟的优点，如检索迅速、查找方便、可靠性高、存储量大、保密性好、寿命长、成本低等。招聘求职系统属于信息发布类系统，是人才中介机构不可缺少的信息发布平台，网站的信息内容对于招聘单位和求职者来说都至关重要，所以招聘求职系统应该能够为用户提供充足的信息和快捷的查询手段。本案例将以招聘求职系统为例介绍动态网站系统模块和数据库的设计。

【实现步骤】

一、系统技术及运行环境的需求分析

1．招聘求职系统的系统需求

本案例中的招聘求职系统是以 Dreamweaver 可视化环境为开发平台，利用 Dreamweaver

的 ASP 网页设计环境，使用“Access 数据库+SQL 数据查询语言”来设计的，其系统功能在内部 IIS 服务器上测试运行。测试成功后，在 Internet 上发布运行。系统管理员、招聘单位、求职者只需通过简单的操作，都可以了解本系统的基本工作原理。用户只需进行输入一些简单的汉字、数字，或单击即可达到自己想要的目标。

2．系统运行环境的需求分析

为了保证招聘求职系统运行的高效和可靠，本案例中的服务器应具有较高的软硬件配置，客户端的要求不是很高，此应用程序可广泛运行于 Internet，也可应用于内部的局域网。其运行要求如下。

软件环境如下。

客户端：Windows 95/98/2000/XP/2003，Internet Explorer(IE)等。

服务器端：Windows NT/2000/2003/2008，Internet Information Server (IIS)4.0 及其以上版本，IE 等。

数据库：采用 Access，运行于服务器端。

硬件环境如下。

服务器：CPU 为 Pentium III 500 以上，内存 512MB 以上。

客户机：CPU 为 P200MMX 以上，内存 32MB 以上。

二、系统模块的设计

1．系统的功能分析

该招聘求职系统是用“Dreamweaver+ASP +Access 数据库+SQL 查询语言”来设计的，系统是基于网络在线的招聘求职系统，该系统中分为大的 3 个方面：一是系统管理员页面，二是招聘单位注册、登录、会员中心及查询页面，三是求职者注册、登录、会员中心及查询页面。

（1）在招聘求职系统中，系统管理员的主要功能是：网站信息设置、网站公告管理、法律申明管理、友情链接管理（修改、删除）、网站文章管理（查看、修改、删除）、站内短信管理、个人用户管理、企业用户管理、上传文件管理、账号密码设置等。

（2）招聘单位进入招聘求职系统的主要功能是：实现人才库的查询、企业用户的注册、登录、公司资料的修改、登录密码的更改、发送站内信息等基本功能。

（3）求职者进入招聘求职系统的主要功能是：注册会员、查询招聘单位的职位、个人资料的修改、登录密码的修改、发送站内信息等。

该招聘求职系统的具体功能如下。

（1）支持个人用户与企业用户注册。

（2）独立的个人简历页面、独立的公司与公司招聘信息页面。

（3）支持个人用户上传照片。

（4）强大的用户互动功能：支持个人职位库、企业人才库、站内短信（支持后台群发）、人才/职位高级搜索。

（5）可设置高级用户及其站内等级权限。

（6）根据网站需求可对网站进行地区、职位、专业、企业类型的动态设置（已内设常用项目）。

（7）具有委托招聘功能。

（8）内置文章管理、友情链接管理功能。

（9）采用图片验证码技术和 MD5 加密技术，使网站更加安全。

（10）整站全后台管理，无需修改任何文件，轻松管理。

（11）附加站长文件管理功能。

2．系统功能模块示意

“网站管理员”的功能模块如图 5-1 所示，“企业招聘单位”的功能模块如图 5-2 所示，“个人用户”的功能模块如图 5-3 所示。

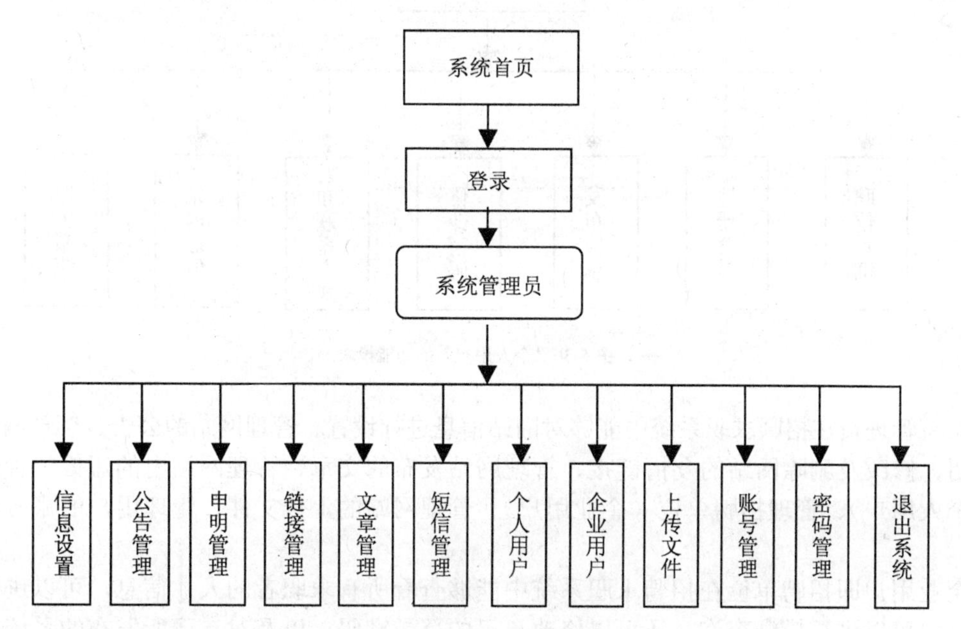

图 5-1 “网站管理员”的功能模块

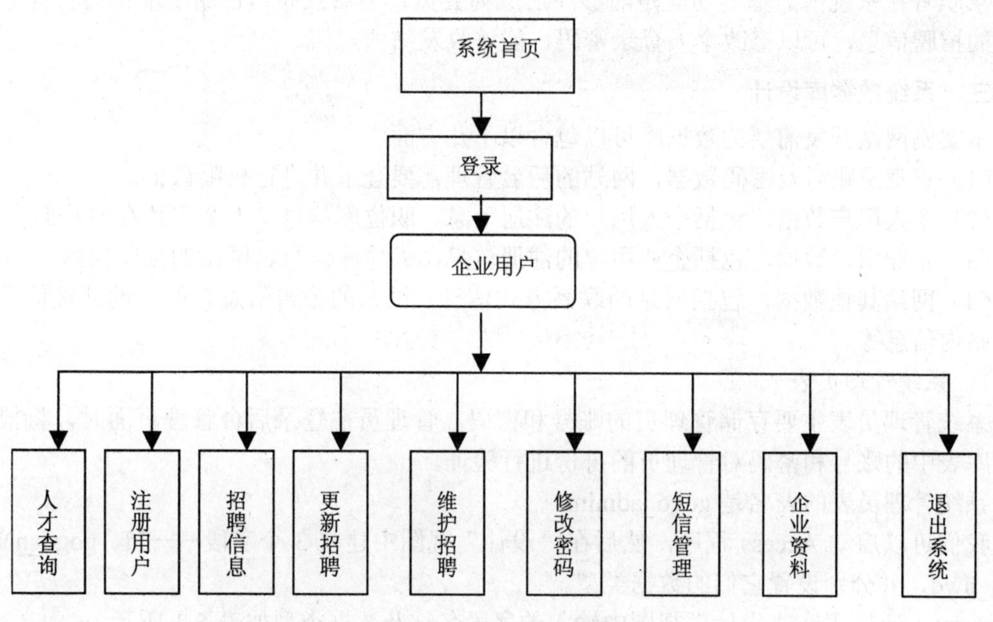

图 5-2 “企业用户”的功能模块

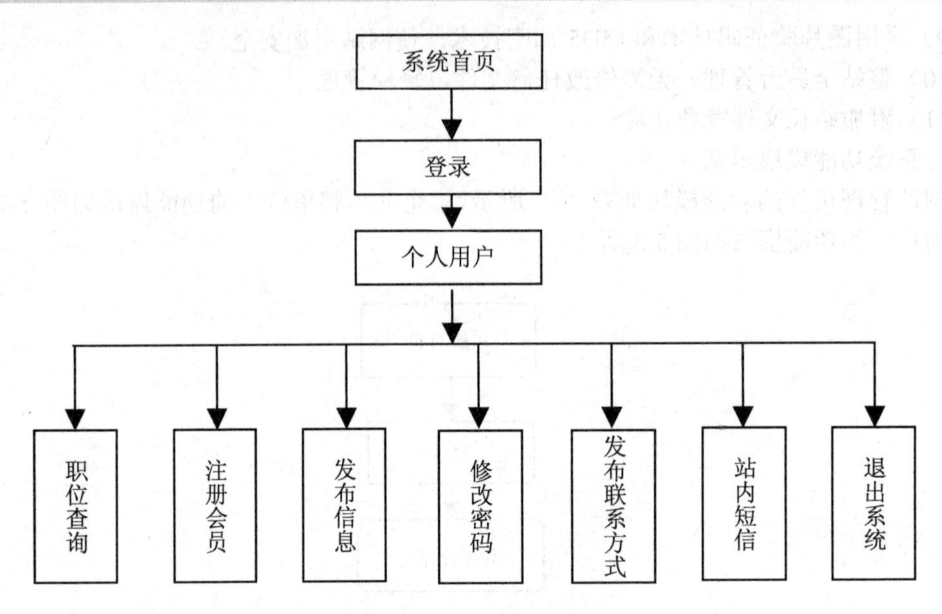

图 5-3 “个人用户”的功能模块

系统管理员在招聘求职系统中能够对网站信息进行设置、管理网站的公告、管理网站的法律申明、修改及删除网站的友情链接、管理网站发布的文章、管理网站内的短信、管理求职者（个人用户）、管理招聘单位（企业用户）、管理网站的上传文件、管理用户的账号密码等操作。

企业用户即招聘单位在招聘求职系统中能够查看所有求职者的人才信息，可以进行精确查询，也可以进行模糊查询，还可以修改自己的登录密码，以及对自己所发布的系统中的招聘信息进行维护、添加、删除、修改等。

求职者在系统中的基本功能是能够注册成为会员，然后发布自己的求职信息，能够查询网站的招聘信息，可以修改个人登录密码，能够收发站内短信。

三、系统数据库设计

本案例网站开发需要的数据库可以包含以下几方面。

（1）管理员账号及密码数据，网站的后台管理需要登录并进行权限认证。

（2）个人用户数据，包括个人用户的注册信息、职位库信息、人个照片存放数据。

（3）企业用户数据，包括企业用户的注册信息、人才库信息、网站的招聘信息。

（4）网站其他数据，包括网站的联系方式信息、网站的公告信息、网站的链接信息、网站的站内信息等。

1．系统管理员表

系统管理员表主要存储管理员的账号和密码，管理员在登录后台管理页面时，将根据此数据库表中的账号和密码对管理员的身份进行验证。

系统管理员表的表名是 gogo_admin。

我们可以启动 Access 程序，然后在“设计”视图中建立 3 个字段——id、gogo_name、gogo_pwd，并分别设置它们的数据类型。

gogo_admin 表在“设计”视图中输入的字段名称及数据类型如表 5-1 所示。

表 5-1　　gogo_admin 表

字段名	字段类型	字段说明
id	自动编号	主键
gogo_name	文本	系统管理用户名
gogo_pwd	文本	系统管理密码

2．新闻动态和求职技巧表

新闻动态和求职技巧表主要存储该网站的新闻动态信息和网站发布的求职技巧文章，将新闻动态信息和网站发布的求职技巧存放在一个数据库表中，通过不同的“类别”字段 class 来区分，为“2”的是求职技巧文章，为“1”的是新闻动态文章。

新闻动态和求职技巧表的表名是 article。

用户可以启动 Access 程序，然后在“设计”视图中建立 3 个字段——id、gogo_name、gogo_pwd，并分别设置其数据类型。

article 表在“设计”视图中输入的字段名称及数据类型如表 5-2 所示。

表 5-2　　article 表

字段名	字段类型	字段说明
id	自动编号	主键
title	文本	文章标题
content	备注	文章内容
addtime	日期/时间	文章发布的时间
click	数字	文章的浏览次数
comefrom	文本	文章的来源
writer	文本	
class	数字	数据库中的文章类型

3．个人用户数据表

网站的个人用户表包括用户注册信息表 in_user、用户的职位库表 indepot、用户上传的照片文件表 files。

用户可以启动 Access 程序建立以上 3 个数据库表，然后在“设计”视图中建立 3 个数据库表的字段名称及数据类型。

in_user 表在“设计”视图中输入的字段名称及数据类型如表 5-3 所示。

表 5-3　　in_user 表

字段名	字段类型	字段说明
id	自动编号	主键
ac	文本	个人用户账号
pwd	文本	个人用户登录密码
question	文本	密码提示问题
answer	文本	密码答案

续表

字段名	字段类型	字段说明
email	文本	电子邮件
rdate	日期/时间	用户入会时间
vip	是/否	是否是 VIP 会员
lock	是/否	是否锁定用户
ltime	文本	
ip	文本	个人注册用户计算机的 IP 地址
clicks	数字	浏览次数
name	文本	个人用户的真实姓名
code	文本	身份证号码
bdate	文本	生日
sex	文本	性别
guoji	文本	国籍
shengao	文本	身高
tizhong	文本	体重
minzu	文本	民族
marry	文本	婚姻状况
hka	文本	户口所在地
hkb	文本	居住地
edu	文本	教育程度
zye	文本	专业
zhuanyen1	文本	专业 1 名
zyes	文本	专业 2
zhuanyen2	文本	专业 2 名
school	文本	毕业学校
bydate	文本	毕业时间
zzmm	文本	政治面貌
zcheng	文本	技术职称
jyjl	备注	培训经历
rctype	文本	人才类型
language	文本	外语语种
lanlevel	文本	外语水平
languages	文本	外语语种 2
lanlevels	文本	外语水平 2
pthua	文本	普通话水平
computer	文本	计算机水平
kgzjl	备注	工作经历
gznum	文本	工作时间

续表

字段名	字段类型	字段说明
kothertc	备注	个人详细工作经历
kmubiao	备注	职业目标
jobtype	文本	求职类型
job	文本	职位类型
job1	文本	应聘具体职位 1
job2	文本	应聘具体职位 2
job3	文本	应聘具体职位 3
job4	文本	应聘具体职位 4
job5	文本	应聘具体职位 5
gzdd	文本	工作省份
gzcs	文本	工作城市
gzcs1	文本	工作城市 1
yuex	货币	月薪
grzz	备注	个人自传
address	文本	通信地址
posts	文本	邮政编码
phone	文本	联系电话
shouji	文本	手机号码
oicq	文本	QQ 号码
web	文本	个人主页
pic	文本	个人图片

个人用户职位库表 indepot 在“设计”视图中输入的字段名称及数据类型如表 5-4 所示。

表 5-4　　indepot 表

字段名	字段类型	字段说明
id	自动编号	主键
inid	数字	个人用户注册的 id 号
jobid	数字	招聘职位 id 号
addtime	日期/时间	添加时间

个人用户照片上传表 files 在“设计”视图中输入的字段名称及数据类型如表 5-5 所示。

表 5-5　　files 表

字段名	字段类型	字段说明
id	自动编号	主键
address	文本	照片保存地址
about	文本	说明
addtime	文本	加入时间

4．企业用户数据表

企业用户数据表包括企业用户注册表 en_user、企业用户职位库表 endepot、企业用户发布的招聘信息表 job。

企业用户注册表 en_user 设计字段和数据类型如表 5-6 所示。

表 5-6　　en_user 表

字段名	字段类型	字段说明
id	自动编号	主键
ac	文本	企业用户账号
pwd	文本	企业用户登录密码
question	文本	密码提示问题
answer	文本	密码答案
email	文本	电子邮件
rdate	日期/时间	用户入会时间
vip	是/否	是否是 VIP 会员
lock	是/否	是否锁定用户
ltime	文本	
ip	文本	注册用户计算机的 IP 地址
clicks	数字	浏览次数
name	文本	公司名称
trade	文本	所属行业
cxz	文本	公司性质
fund	文本	注册资金
yuangong	文本	员工人数
area	文本	所属区域
faren	文本	法人代表
fdate	文本	公司成立时间
jianj	备注	公司简介
address	文本	通信地址
zip	文本	邮政编码
pname	文本	联系人姓名
pnames	文本	联系人职位
phone	文本	联系电话
fax	文本	传真
renshi	文本	人事经理姓名
sex	文本	人事经理性别
rstel	文本	联系电话
web	文本	公司网站

企业用户职位库表 endepot 的字段名称及数据类型如表 5-7 所示。

表 5-7　endepot 表

字段名	字段类型	字段说明
id	自动编号	主键
enid	数字	企业用户注册的 id 号
inid	数字	个人用户注册 id 号
addtime	日期/时间	添加时间

企业用户发布的招聘信息表 job 的字段名称及数据类型如表 5-8 所示。

表 5-8　job 表

字段名	字段类型	字段说明
id	自动编号	主键
addtime	日期/时间	信息发布时间
enid	数字	企业用户的编号
job	文本	职位类型
jtzw	文本	具体职位
hka	文本	工作地区
city	文本	所在城市
zpnum	文本	招聘人数
nianlings	文本	年龄要求
zyes	文本	专业要求
hkas	文本	户籍要求
edus	文本	学历要求
hkbs	文本	目前居住地
languages	文本	外语要求
pthuas	文本	普通话要求
sexs	文本	性别要求
jobtypes	文本	工作性质
marrys	文本	婚姻状况
computers	文本	计算机能力
shisus	文本	食宿
moneys	文本	薪水
youxiaos	文本	有效期
zptext	备注	职位描述

5．系统其他数据表

招聘求职系统其他数据表包括友情链接表 link、站内信息表 message、联系方式表 info、网站服务协议表 service。

友情链接表 link 在“设计”视图中输入的字段名称和数据类型如图 5-4 所示。

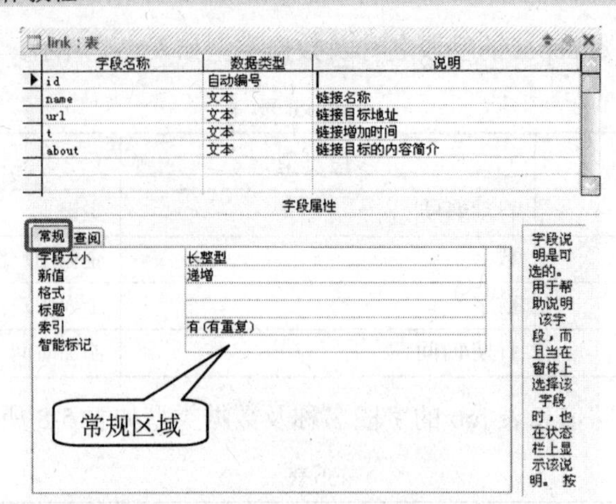
link：表

字段名称	数据类型	说明
id	自动编号	
name	文本	链接名称
url	文本	链接目标地址
t	文本	链接增加时间
about	文本	链接目标的内容简介

图 5-4　友情链接表 link

光标移动到不同的字段名称和数据类型中会在图 5-4 下方的“常规”选项卡中显示具体的设置参数。具体参数读者可以登录人民邮电出版社教学服务与资源网下载。

站内信息表 message 在“设计”视图中输入的字段名称和数据类型如图 5-5 所示。

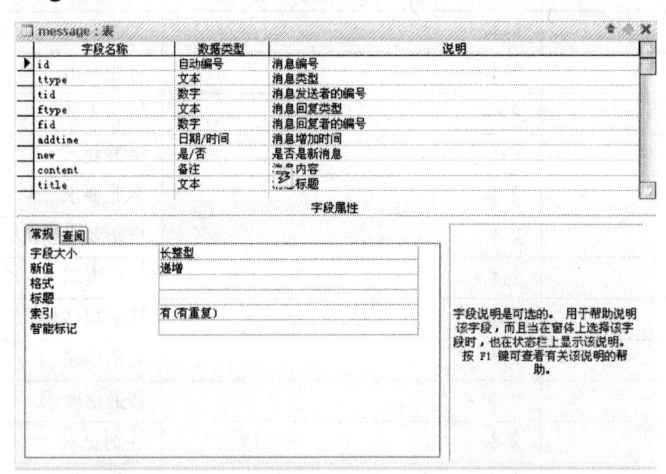
message：表

字段名称	数据类型	说明
id	自动编号	消息编号
ttype	文本	消息类型
tid	数字	消息发送者的编号
ftype	文本	消息回复类型
fid	数字	消息回复者的编号
addtime	日期/时间	消息增加时间
new	是/否	是否是新消息
content	备注	消息内容
title	文本	消息标题

图 5-5　站内信息表 message

联系方式表 info 如图 5-6 所示。

info：表

字段名称	数据类型	说明
id	自动编号	
webname	文本	网站名称
webaddress	文本	网站的链接地址
logo	文本	网站图标
adminemail	文本	站长电子邮件
address	文本	通信地址
post	数字	邮政编码
tel	文本	电话
qq	数字	QQ
upsize	数字	
index1	数字	
index2	数字	
index3	数字	
index4	数字	

字段属性

图 5-6　联系方式表 info

网站服务协议表 service 如图 5-7 所示。

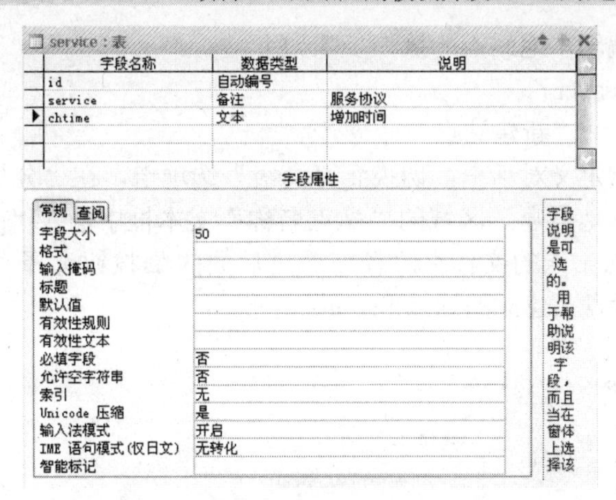

图 5-7　网站服务协议表 service

【上机实战】

练习一　分析网站的功能模块，并画出示意图。

练习二　根据网站的功能模块，设计数据库表。分别设计本案例中的数据表。

练习三　自己规划一个网站，并进行功能模块设计和数据库设计，如婚庆网站、婚纱网站、鲜花网站、交友网站等。

任务 2　站点建立及数据库连接

【任务分析】

在任务 1 中对网站进行了功能模块的规划，也设计了数据库，网站要能够正常工作，还需要在本地建立站点，并进行数据库连接，然后进行设计。

【实现步骤】

一、本地站点的建立和编辑

1．本地站点的建立

要设计招聘求职网站，先要在本地计算机上建立站点，当网站设计完成并测试正确后，才上传到局域网服务器和 Internet 上正常使用。

用户可以在计算机的任意一个磁盘上建立站点文件夹，例如，在 F 盘上建立站点文件夹 gogojob，则站点文件夹的路径为 F：\gogojob。

“F：\gogojob”这个路径在 Dreamweaver 中对站点进行编辑时必须进行选择，在对站点进行 IIS 配置时也要选择这个路径，同时在 ODBC 数据源中建立系统 DSN 选择数据库路径时也要选择 F：\gogojob 路径下面的数据库。

2．本地站点的编辑

在本地硬盘上建立站点文件夹后，需要对本地站点进行编辑，本地站点的编辑需要使用 Dreamweaver 来实现，这些内容在项目 1～项目 3 曾经详细介绍过，本项目中只进行简要说明。

在 Dreamweaver 编辑本地站点的操作步骤如下。

（1）启动 Dreamweaver。

（2）选择“站点”→“新建站点”命令。

（3）弹出一个站点定义对话框，切换到“高级”选项卡，在“分类”框中选择“本地信息”选项，然后在“本地信息”区域的“站点名称”文本框中输入“gogojob”，在“本地根文件夹”文本框中输入站点的文件夹路径或通过后面的按钮选择本地根文件夹的路径，此处选择前面在本地硬盘上建立的站点 F：\gogojob。

具体如图 5-8 所示。

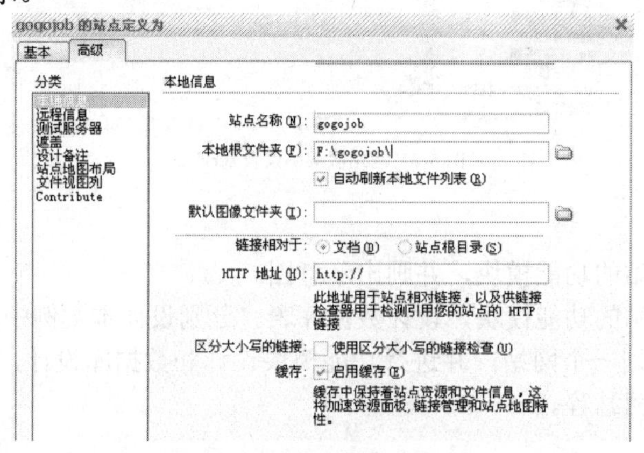

图 5-8 “本地信息”区域的设置

（4）在“分类”框中选择“测试服务器”选项，然后在“测试服务器”区域的“服务器模型”下拉列表中选择 ASP VBScript 选项，在“访问”下拉列表中选择“本地/网络”选项，单击“测试服务器文件夹”文本框后面的按钮，选择前面在本地硬盘上建立的站点 F：\gogojob，在“URL 前缀”文本框输入“http://localhost/”。

对于使用一台计算机来对网站进行本地编辑，同时又使用该台计算机作为测试服务器的情形来说，“测试服务器文件夹”与“本地信息”中的“本地根文件夹”要设置成相同的路径，请读者注意。

（5）“测试服务器”区域的设置如图 5-9 所示。

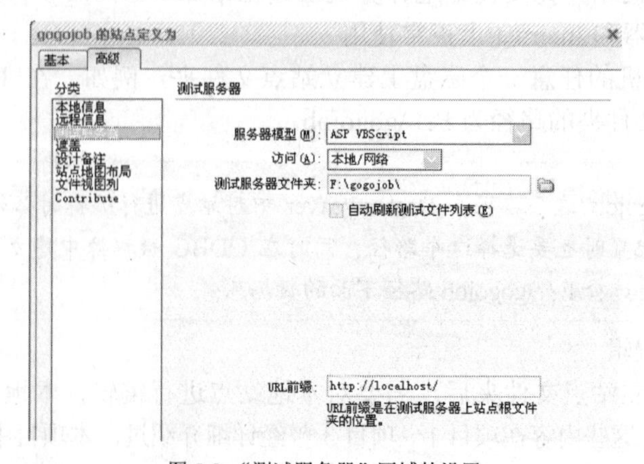

图 5-9 “测试服务器”区域的设置

二、测试服务器的配置（IIS 的配置）

1．IIS 的安装

招聘求职系统可以运行在 Windows 2000 中，也可以运行在 Windows XP 中，因此选择好计算机操作系统后，就可以安装 IIS 了，安装 IIS 的方法比较简单，可以按照以下步骤操作（关于 IIS 的安装在项目 1 已介绍过，这里只作简要提示）。

（1）选择“开始”→“控制面板”命令，打开“控制面板”窗口。

（2）在“控制面板”窗口中双击“添加/删除程序”选项。

（3）在“添加/删除程序”的窗口中单击“添加/删除 Windows 组件”选项。

（4）弹出“Windows 组件向导”窗口，选中“Internet 信息服务（IIS）”复选框，如图 5-10 所示。

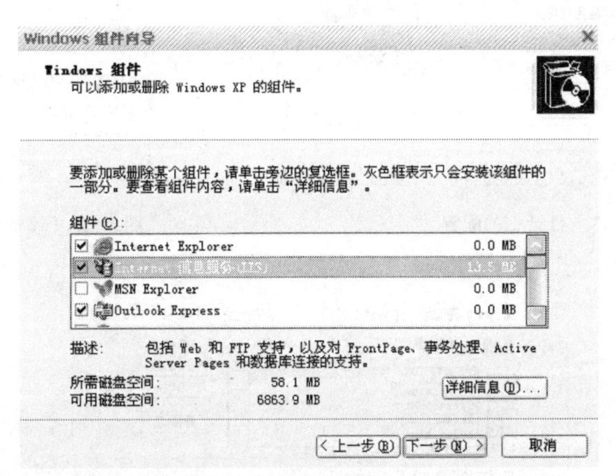

图 5-10　选中“Internet 信息服务（IIS）”复选框

（5）插入所用操作安装光盘，如 Windows 2000 或者 Windows XP（本处是 Windows XP），然后单击“下一步”按钮直到完成安装。

2．IIS 的配置

安装 IIS 后就可以对 IIS 进行配置了，配置 IIS 的操作步骤如下。

（1）启动 IIS。Windows 2000/XP/2003 可以选择“开始”→“程序”→“管理工具”→“Internet 服务管理器”或“Internet 信息服务”命令来启动。有些 Windows XP 还可以选择可以从“开始”→“控制面板”→“性能和维护”→“管理工具”→“Internet 信息服务”命令来启动。

（2）启动 IIS 后，需要打开 IIS 面板组，打开“网站”，在“默认网站”上面用鼠标右键单击并在弹出菜单选择“属性”命令。

（3）然后在弹出的“默认网站”属性对话框中选择“主目录”选项卡，单击“本地路径”文本框中后面的“浏览”按钮，选择前面在本地硬盘上建立的站点文件夹 F:\gogojob，如图 5-11 所示。

此时的路径必须与在 Dreamweaver 中编辑站点时选择的“本地根文件夹”或“测试服务器文件夹”的路径相同，否则测试网站时将会出错。

（4）切换到“文档”选项卡，单击“添加”按钮，在“添加默认文档”对话框中输入

“index.asp”，如图 5-12 所示，输入完成后，单击“确定”按钮，回到“文档”选项卡，在“启用默认文档”文本区域中已经多了一个默认文档 index.asp，然后将其移动到第一项，如图 5-13 所示。

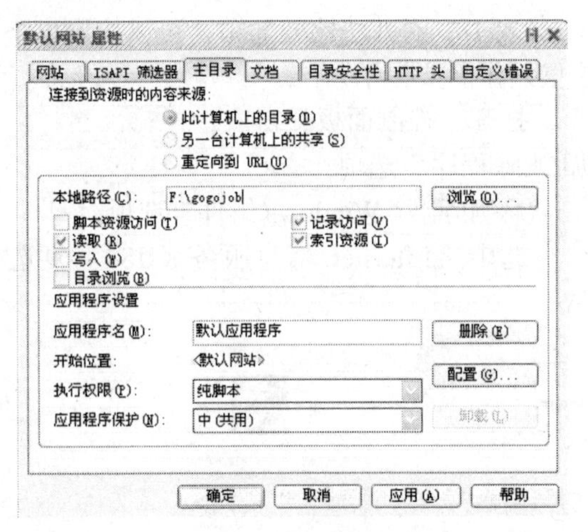

图 5-11 “主目录”的配置

图 5-12 “添加默认文档”对话框

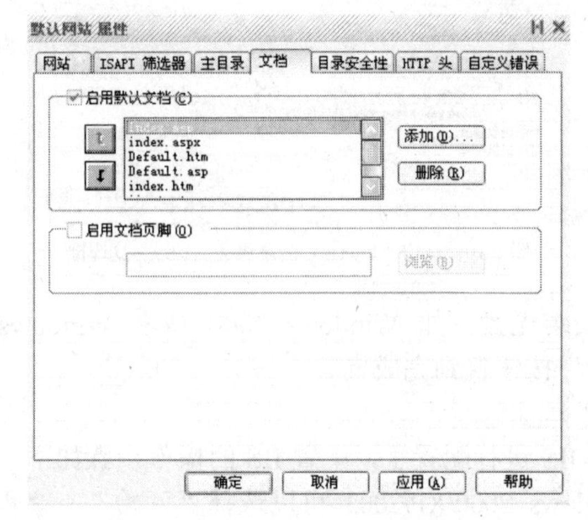

图 5-13 添加“默认文档”后的选项卡

（5）单击“确定”按钮完成对 IIS 的配置。

三、ODBC 数据源的连接

在项目 2 已介绍了 ODBC 数据源的连接方法，本项目在介绍招聘求职系统 ODBC 数据源的连接时将只作重点提示。

操作步骤如下。

（1）启动 ODBC 数据源。选择“开始”→“程序”→“管理工具”→“数据源 ODBC”命令，有的操作系统是通过选择“开始”→“设置”→“控制面板”→“数据源 ODBC”命令来启动。

（2）启动数据源 ODBC 后，要选择“系统 DSN”（这里要注意）。

（3）在“系统 DSN”对话框中单击“添加”按钮后弹出如图 5-14 所示的对话框，选择 Driver do Microsoft Access（*.mdb）选项，单击“完成”按钮。

（4）这时弹出“ODBC Microsoft Access 安装”对话框，在“数据源名”文本框中输入配置的数据源名，如输入“gogojob”，此名称可以任意输入，然后单击“选择”按钮，如图 5-15 所示。

图 5-14　选择 Driver do Microsoft Access （*.mdb）选项

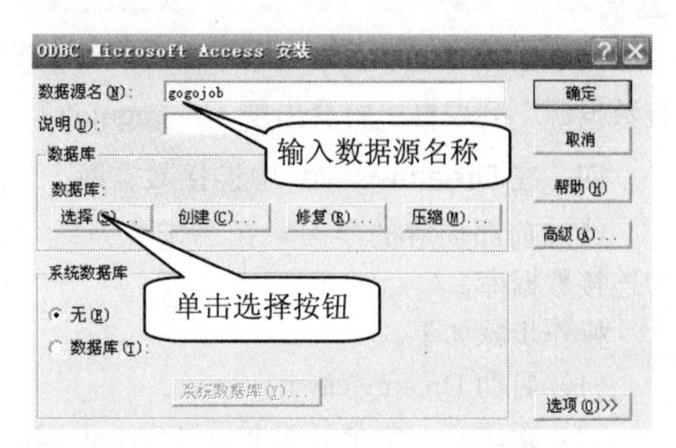

图 5-15 “ODBC Microsoft Access 安装”对话框

（5）这时弹出“选择数据库”对话框，在“数据库名”文本框中输入数据库名，或是从右边的“驱动器”下拉列表中选择数据库所在的驱动器，然后在“目录”框中选择驱动器下数据库的具体路径，如图 5-16 所示。

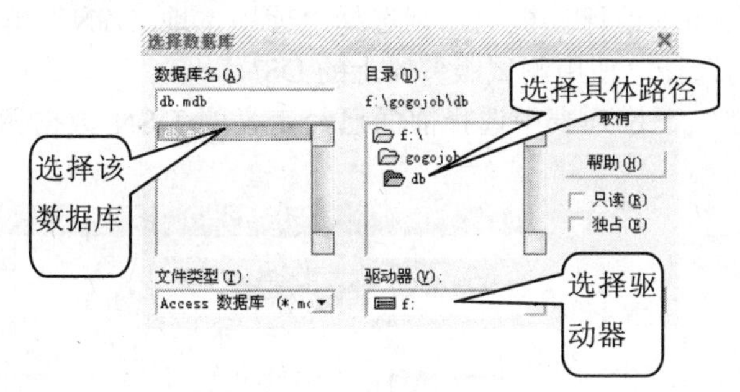

图 5-16　选择 Access 数据库

读者要根据自己的数据库路径进行选择。选择完数据库后，选择左侧区域中的数据库（这里选择 db.mdb），然后才能单击“确定”按钮。

（6）单击“确定”按钮，回到“ODBC Microsoft Access 安装”对话框，如图 5-17 所示。

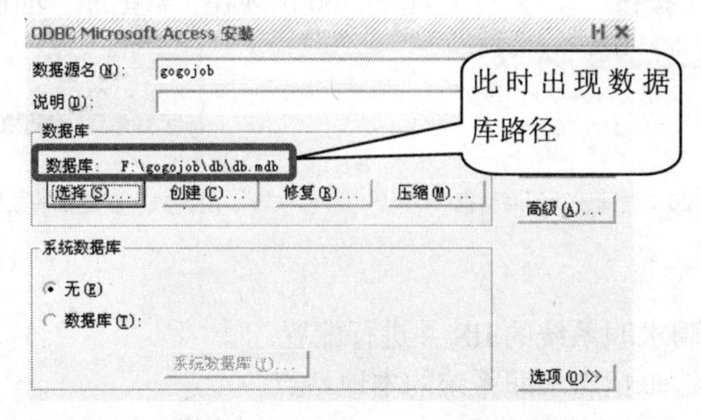

图 5-17 “ODBC Microsoft Access 安装”对话框

在图 5-17 中出现了数据库的路径，如果没有该数据库路径，则在 Dreamweaver 中将不能正确建立数据库的连接，不能正确显示 ASP 网页的测试效果。

（7）单击“确定”按钮，将回到“ODBC 数据源管理器”窗口，请注意，这时在“系统数据源”列表框中将会出现了“gogojob”。

四、在 Dreamweaver 中连接数据库

经过前面内容的学习，招聘求职系统可以进行最后一步准备工作，即在 Dreamweaver 中连接数据库。

操作步骤如下。

（1）启动 Dreamweaver。

（2）新建立一个空白的网页文件 index2.asp。

（3）选择“窗口”→“数据库”命令，打开“数据库”面板。

（4）单击该面板上的 + 按钮，然后从弹出菜单中选择“数据源名称（DSN）”命令，如图 5-18 所示。

（5）在出现的“数据源名称（DSN）”对话框中输入“job”作为连接名称。

（6）如果服务器运行在本地计算机上，则选择“使用本地 DSN”单选按钮。如果服务器运行在远程系统上，则选择“使用测试服务器上的 DSN”。

（7）从“数据源名称”下拉列表中选择前面已经定义的 DSN 数据源名称“gogojob”，如图 5-19 所示。

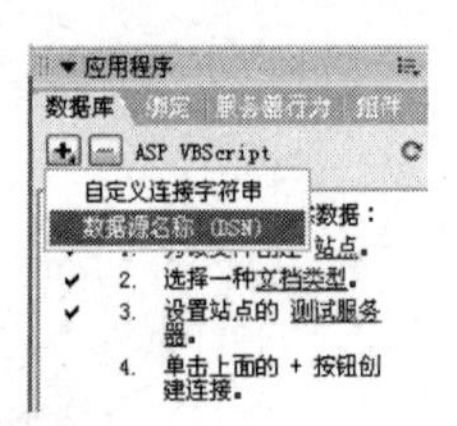

图 5-18 选择“数据源名称（DSN）”命令

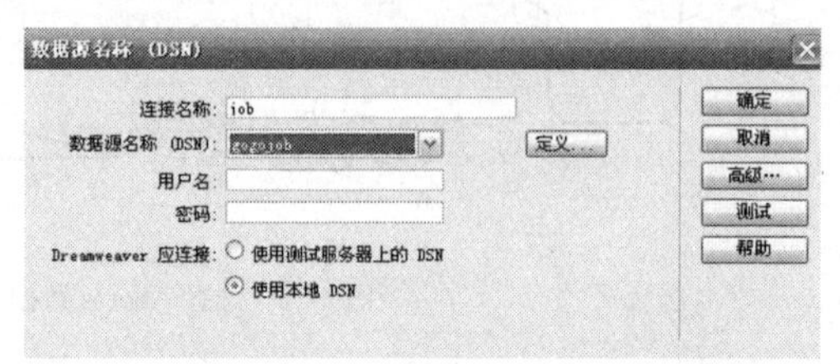

图 5-19 “数据源名称（DSN）”对话框

（8）单击“测试”按钮，Dreamweaver 尝试连接到数据库。如果连接失败，请执行以下操作：复查 ODBC 配置中的 DSN、检查 Dreamweaver 用来处理动态页的文件夹的设置，如果连接成功，则会弹出如图 5-20 所示的对话框。

（9）单击“确定”按钮，新建立的数据库 job 出现在“数据库”面板上，如图 5-21 所示。

图 5-20 测试成功的对话框

图 5-21 新建立的数据库

【上机实战】

练习一 安装招聘求职系统的 IIS 并进行配置。

练习二 建立和编辑招聘求职系统的本地站点。

练习三 配置 ODBC 数据源并在 Dreamweaver 中进行连接。

项目 6

网站应用模块开发——动态网站首页面的设计

本项目将在模板页面的基础上设计网站主页面的静态内容和动态内容，并应用 Access 数据库来完成网站主页面的设计。

学习目标

- ◆ 掌握数据库记录集的设置方法。
- ◆ 掌握数据库记录集设置中筛选设置的含义及重要性。
- ◆ 掌握数据库记录集字段插入表格中的方法。
- ◆ 掌握通过“转到详细页面”设置链接的方法。
- ◆ 掌握数据库记录设置中将两个表链接查询的设置技巧。
- ◆ 掌握通过选择“选择文件”→“数据源”命令设计网站 URL 链接的技巧。
- ◆ 掌握重复区域的设计技巧。
- ◆ 掌握用户登录验证、图片验证的设计技巧。
- ◆ 掌握用户登录成功页面的设计技巧。

任务 1 主页面静态部分的设计及记录集的设置

【任务分析】

在项目 5 中已经介绍了网站的功能模块设计和数据库设计，本案例将介绍网站主页面的静态部分设计和首页要用到的记录集的设置。

【实现步骤】

一、主页面静态布局设计

主页面静态部分的设计方法可以参见网页制作的相关教材。

读者可以参见提供的源代码文件，此处设计步骤从略。

可以选择从模板新建主页面，设计完成的主页面 index.html 和 index1.html 的静态部分如图 6-1、图 6-2 所示。

图 6-1　设计完成的主页面静态页面（一）

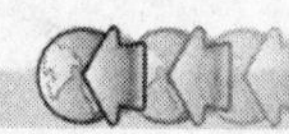

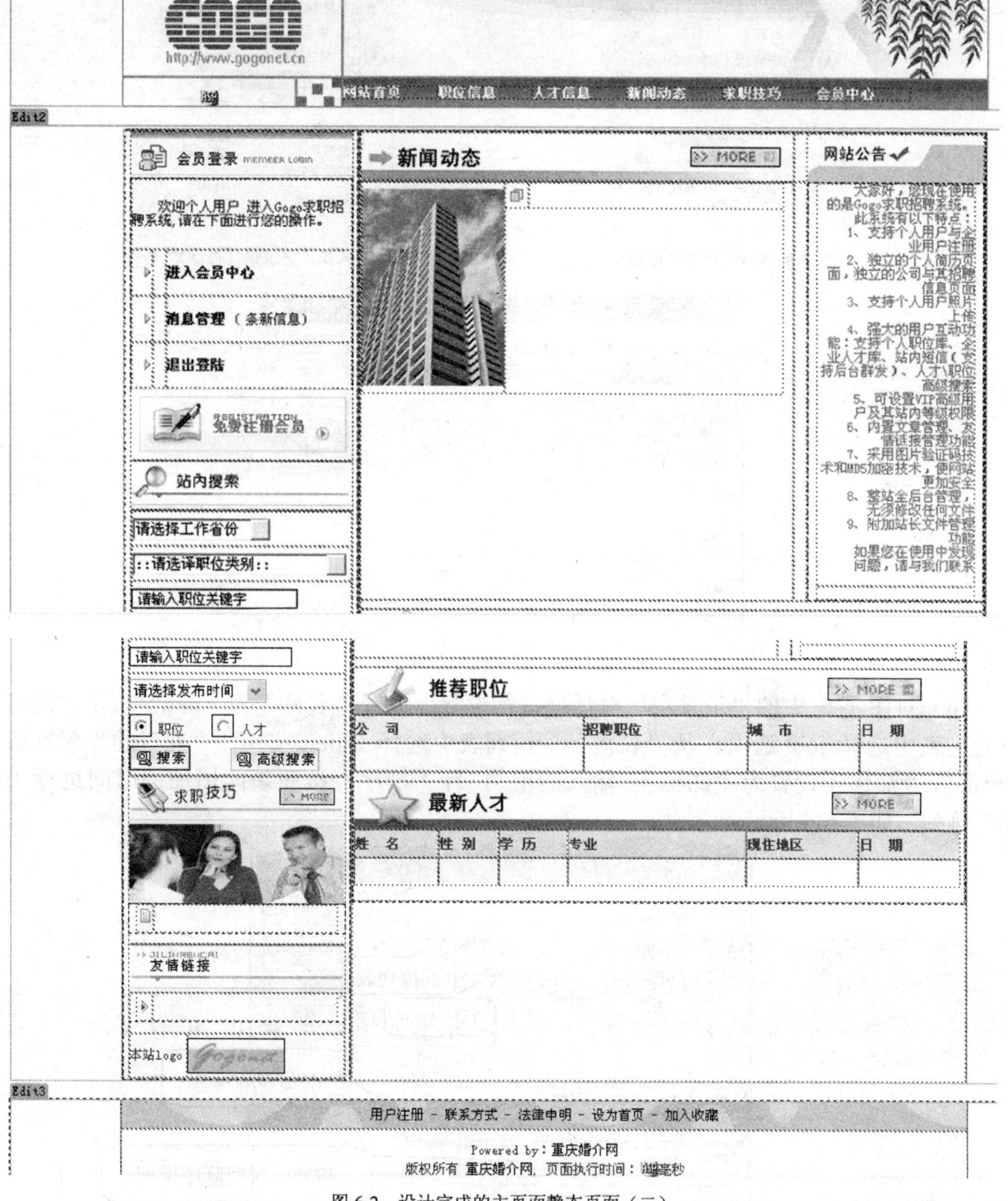

图 6-2　设计完成的主页面静态页面（二）

二、主页面数据库记录集的设置

操作步骤如下。

（1）打开主页面静态页面文件 index.html。

（2）将其另存为动态页面文件 index.asp。

（3）打开“应用程序”面板，切换到“绑定”标签，如图 6-3 所示。

（4）单击“绑定”面板的“+”按钮，选择“记录集（查询）”命令，如图 6-4 所示。

（5）弹出“记录集”对话框，如图 6-5 所示。

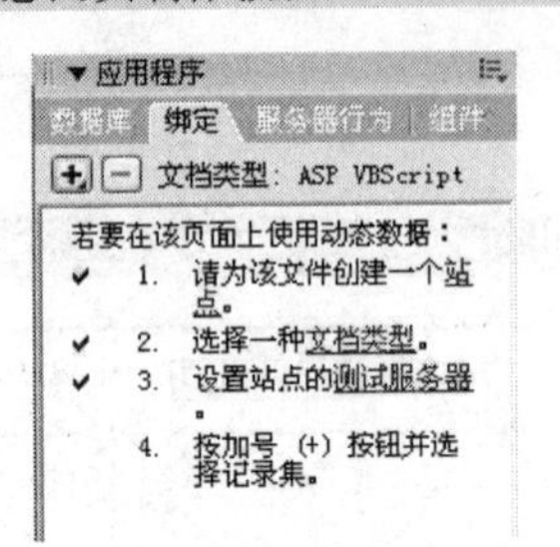

图 6-3 “应用程序”面板

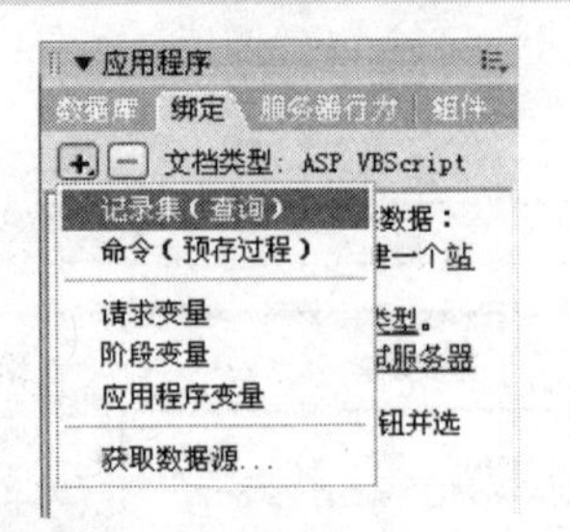

图 6-4 选择“记录集（查询）”命令

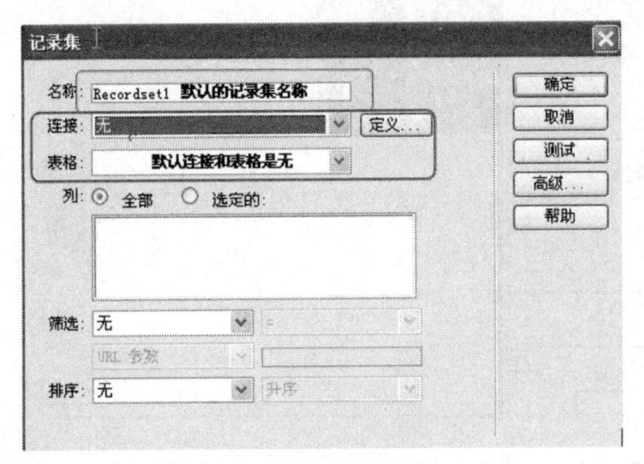

图 6-5 “记录集”对话框

（6）对图 6-5 中的“记录集”对话框进行设置，设置“名称”为“news”，从“连接”下拉列表中选择 job 选项，从“表格”下拉列表中选择 article 选项，“列”的设置默认为“全部”，“筛选”设置为“class = 输入的值 1 ”，“排序”按照新闻增加的时间进行“降序”排列，如图 6-6 所示。

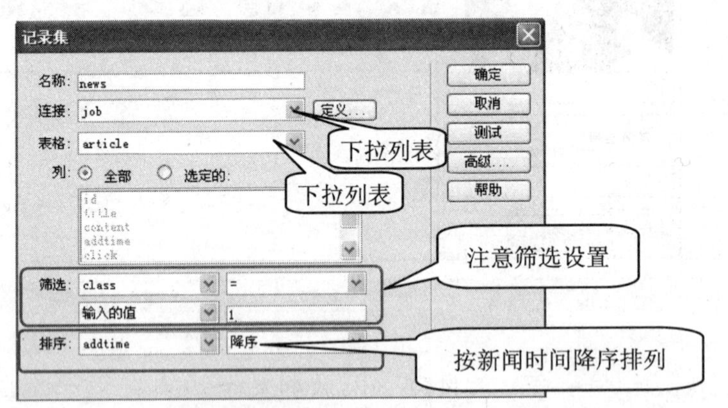

图 6-6 “记录集”的设置

读者一定要明白上面“记录集”设置中的“筛选”设置，数据库表 article 中的 class 可以区分该表中的数据的类型，在设计该数据库表时指明“class 为 1”的是“新闻内容”，“class 为 2”的是“求职技巧”，这两种内容共存于表 article 中，因此需要设置筛选“class = 输入的值 1 ”的含义就是选择在设计数据库表时输入的值等于 1 的“新闻内容”，等于 2 的“求职技巧”此时则不需要选择。

另外，“排序选择降序”是为了将最新的“新闻内容”放在前面。

（7）单击“确定”按钮完成新闻记录集“news”的设置。同时在“绑定”标签出现了设置的“记录集（news）”，如图 6-7 所示。

以下继续设置其他记录集，如“求职技巧”、“招聘信息”、“人才信息”、“链接信息”等。

（8）单击“绑定”标签的“+”按钮，选择“记录集（查询）”命令，如图 6-8 所示。

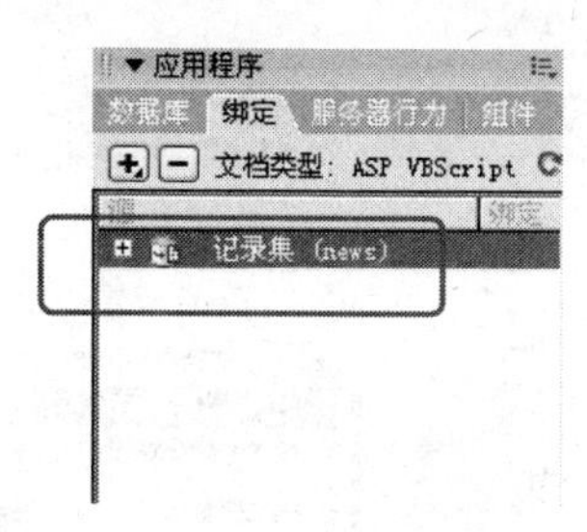

图 6-7　建立的记录集

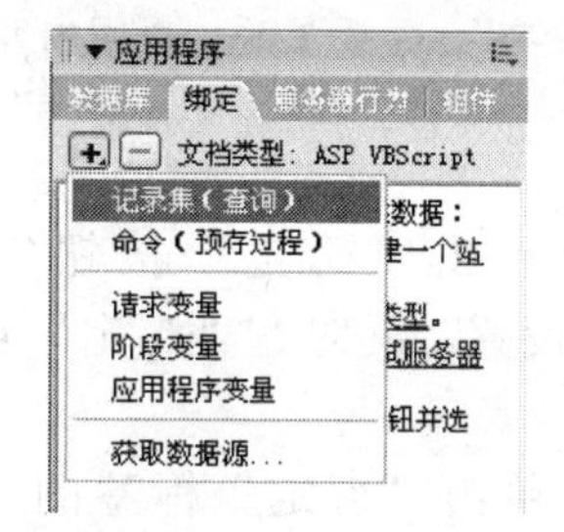

图 6-8　选择“记录集（查询）”命令

（9）弹出的“记录集”对话框如图 6-9 所示。

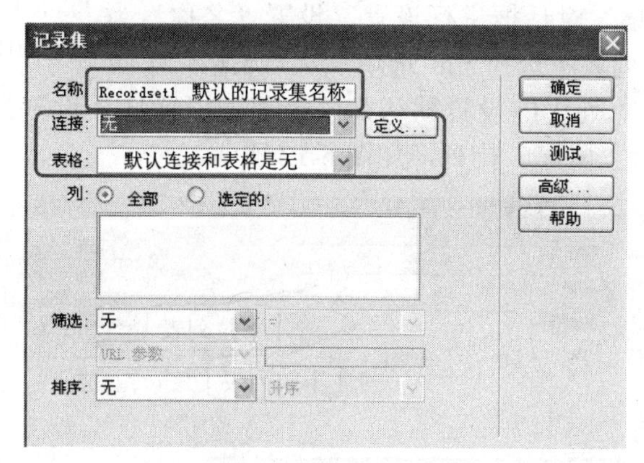

图 6-9　“记录集”对话框

（10）对图 6-9 中的“记录集”对话框进行设置，设置“名称”为“quiz”，从“连接”下拉列表中选择 job 选项，从“表格”下拉列表中选择 article 选项，“列”的设置默认为“全部”，“筛选”设置为“class ＝ 输入的值 2 ”，“排序”按照求职技巧信息增加的时间进行“降序”排列，如图 6-10 所示。

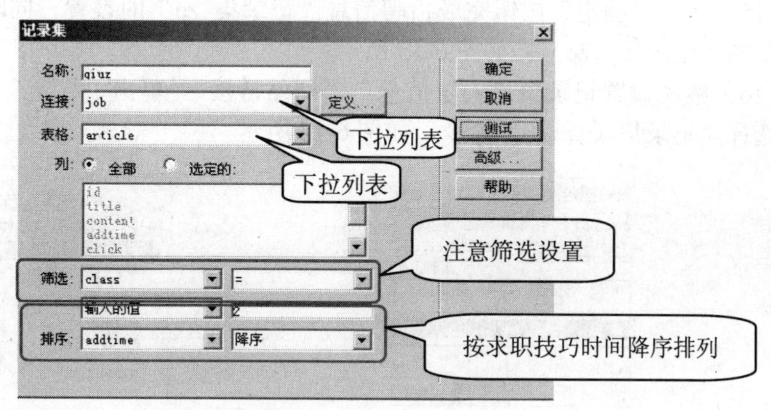

图 6-10　求职技巧记录集的设置

读者一定要明白上面"记录集"设置中的"筛选"设置，数据库表 article 中的 class 可以区分该表中的数据的类型，在设计该数据库表时指明"class 为 1"的是"新闻内容"，"class 为 2"的是"求职技巧"，这两种内容共存于表 article 中，因此需要设置筛选"class = 输入的值 2 "的含义就是选择在设计数据库表时输入的值等于 2 的"求职技巧"，等于 1 的"新闻内容"此时则不需要选择。

另外，"排序选择降序"是为了将最新的"求职技巧"信息放在前面。

（11）单击"确定"按钮完成"求职技巧"记录集"quiz"的设置。同时在"绑定"标签将会出现新设置的"记录集 qiuz"。

（12）单击"绑定"标签的"+"按钮，选择"记录集（查询）"命令，如图 6-11 所示。

（13）弹出"记录集"对话框。

（14）对该"记录集"对话框进行设置，设置"名称"为"zp"，从"连接"下拉列表中选择 job 选项，从"表格"下拉列表中选择 job 选项，"列"的设置默认为"全部"，"筛选"设置为"无"，"排序"按照"招聘发布"的时间进行"降序"排列，如图 6-12 所示。

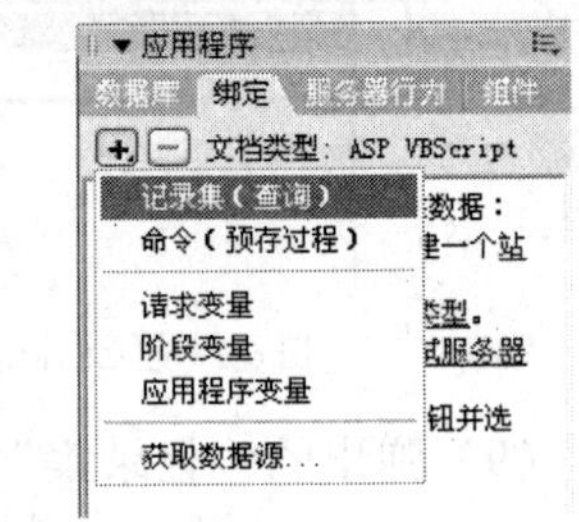

图 6-11 选择"记录集（查询）"命令

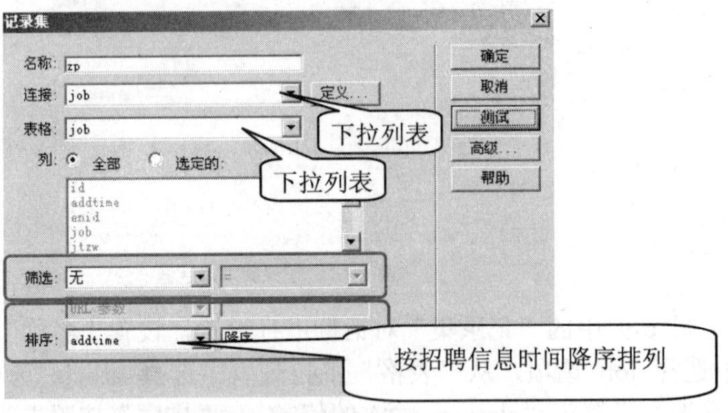

图 6-12 "招聘信息记录集"的设置

（15）单击"确定"按钮完成招聘信息"记录集 zp"的设置。同时在"绑定"标签出现了设置的"记录集（zp)"，如图 6-13 所示。

（16）继续设置记录集"人才信息"、"网站链接"。单击"绑定"标签中的"+"按钮，从中选择"记录集（查询）"命令，如图 6-14 所示。

图 6-13 设置后的"记录集"

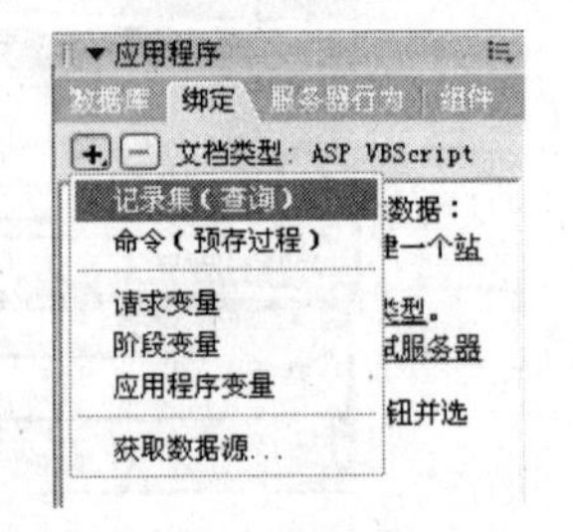

图 6-14 选择"记录集（查询）"命令

（17）弹出“记录集”对话框。

（18）对弹出的“记录集”对话框进行设置，设置“名称”为“qz”，从“连接”下拉列表中选择 job 选项，从“表格”下拉列表中选择 in_user 选项，“列”的设置默认为“全部”，“筛选”设置为“无”，“排序”按照“用户注册”的时间进行“降序”排列，如图 6-15 所示。

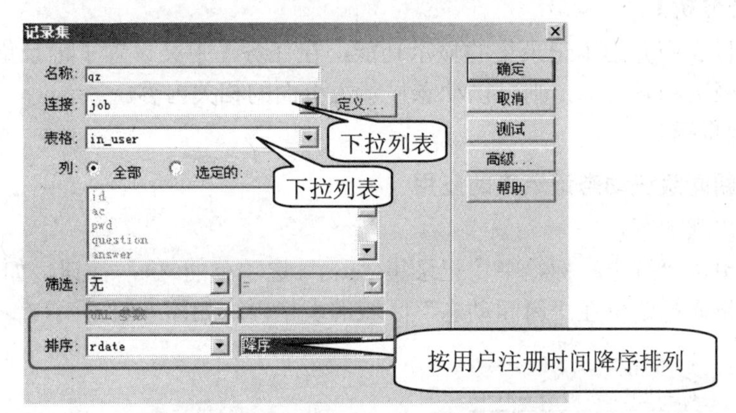

图 6-15　“人才信息记录集”的设置

（19）单击“确定”按钮完成人才“记录集 qz”的设置。同时在“绑定”标签出现了设置的“记录集（qz）”选项。

（20）单击“绑定”标签中的“+”按钮，选择“记录集（查询）”命令。

（21）弹出“记录集”对话框。

（22）对“记录集”进行设置，设置“名称”为“link”，从“连接”下拉列表中选择 job 选项，从“表格”下拉列表中选择 link 选项，“列”的设置默认为“全部”，“筛选”设置为“无”，“排序”按照链接增加的时间进行“降序”排列，如图 6-16 所示。

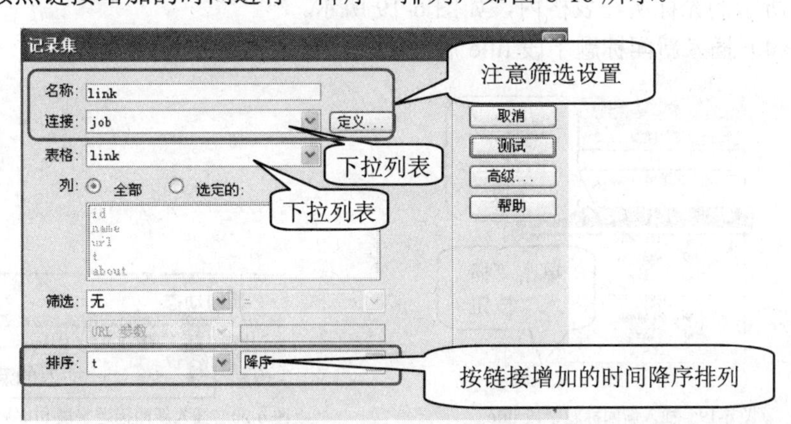

图 6-16 “记录集”对话框

（23）单击“确定”按钮完成链接“记录集 link”的设置。同时在“绑定”标签中出现了设置的“记录集（link）”选项。

【上机实战】

（1）设计本案例的主页面静态网页。

（2）设计本案例主页面的记录集，字段的筛选设置按照案例的提示进行。

任务 2 记录集在主页面各个动态版块中的应用

【任务分析】

在项目 3 中介绍了记录集的显示功能，在任务 1 中又设置了记录集，在本案例中将记录集绑定在网页的表格中，则可以动态显示主页面的相关内容。

【实现步骤】

一、新闻版块动态记录集的应用

操作步骤如下。

（1）单击“绑定”标签中“记录集 news”选项单的“+”按钮，如图 6-17 所示。

（2）将光标定位在“新闻动态”区域的表格内，如图 6-18 所示。

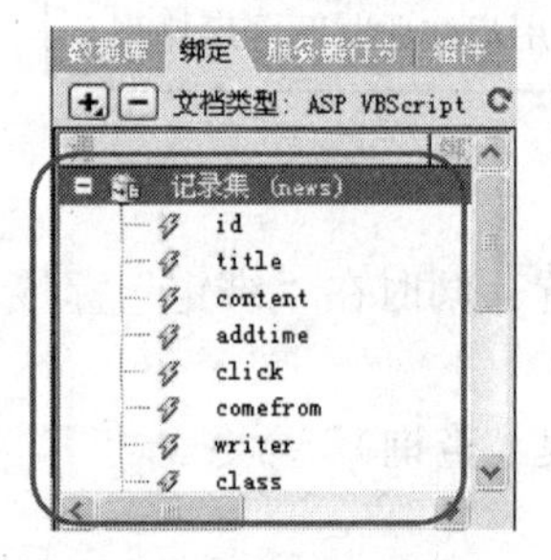

图 6-17　打开记录集 news

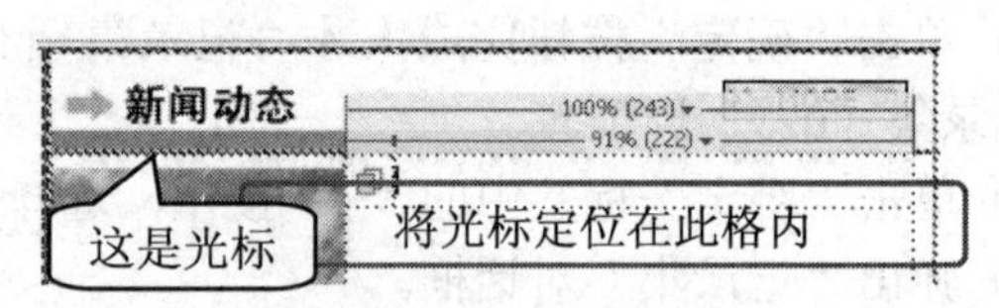

图 6-18　光标定位在表格内

（3）单击新闻标题字段“title”，然后单击“插入”按钮，将新闻标题字段 title 插入图 6-18 所示的光标所在表格内，如图 6-19 所示。

（4）插入新闻标题字段 title 后的新闻动态表格如图 6-20 所示。

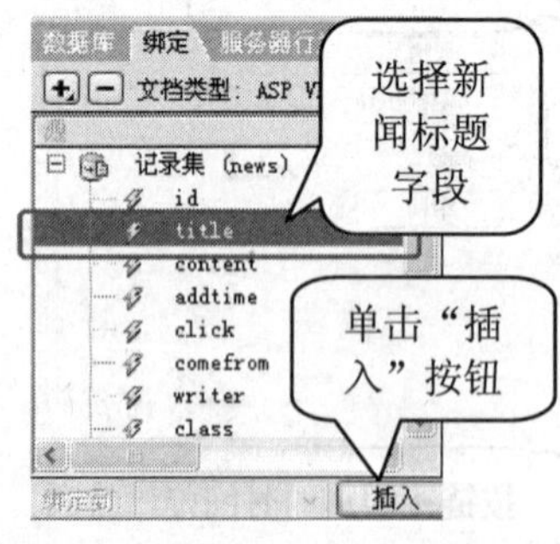

图 6-19　插入新闻标题字段 title

图 6-20　插入新闻标题字段 title 后的新闻动态表格

（5）单击表格内的新闻标题字段 title，使其处于选中状态，如图 6-21 所示。

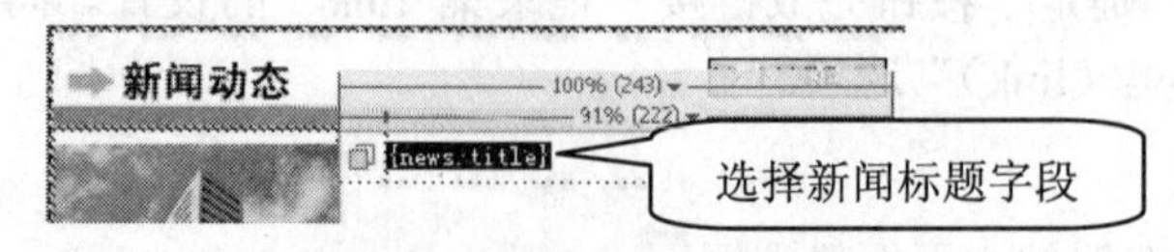

图 6-21　选择表格内的新闻标题字段 title

（6）单击“服务器行为”标签的“+”按钮，选择“转到详细页面”命令，如图 6-22 所示。

（7）弹出“转到详细页面”对话框，在对话框中设置各项参数，“链接”文本框处于默认的状态不能改动，“详细信息页”文本框是空白的，可以单击“浏览”按钮来选择链接文件，在“记录集”下拉列表选择 news 选项，在“传递 URL 参数”文本框中输入“id”，在“列”下拉列表中选择 id 选项，如图 6-23 所示。

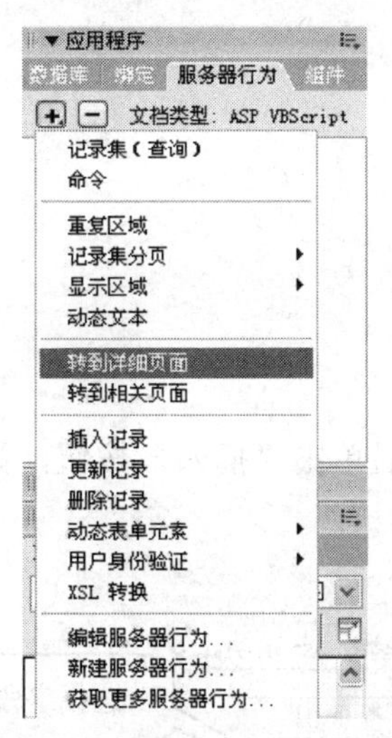

图 6-22　选择“转到详细页面”命令

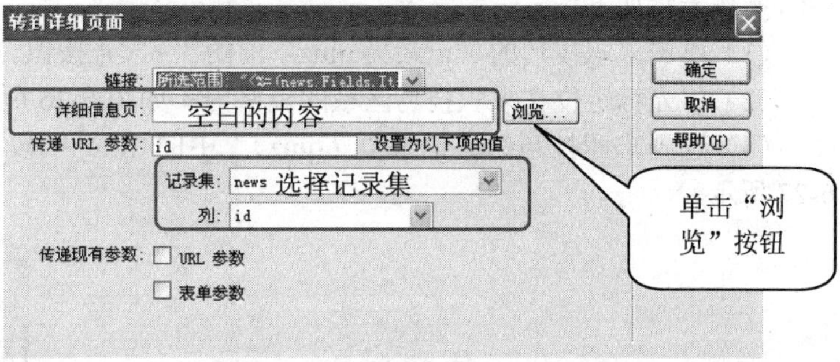

图 6-23　“转到详细页面”对话框

（8）单击图 6-23 中的“浏览”按钮后弹出“选择文件”对话框，从中选择转到详细页面的文件，如图 6-24 所示。

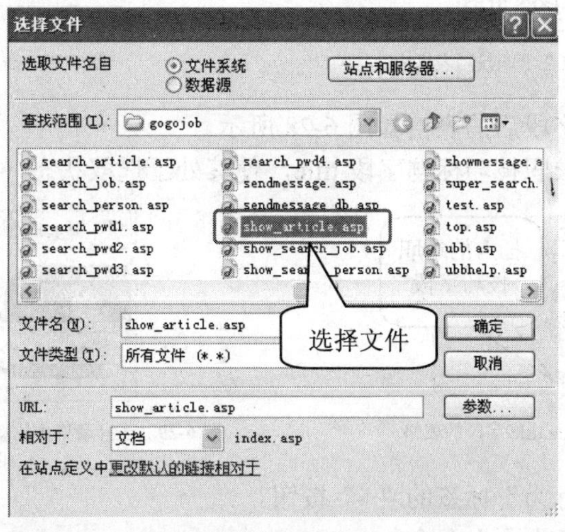

图 6-24　选择文件

（9）选择文件后，单击“确定”按钮，回到“转到详细页面”对话框，如图 6-25 所示。

（10）单击“确定”按钮，完成新闻标题“转到详细页面”链接的制作，在“服务器行为”标签中出现了“转到详细页面”行为。

图 6-25 设置完成的“转到详细页面”对话框

二、求职技巧版块动态记录集的应用

操作步骤如下。

（1）单击求职技巧的“记录集 qiuz”前的“+”号按钮。

（2）将光标定位在求职技巧区域的表格内，如图 6-26 所示。

（3）选择求职技巧的“记录集（qiuz）”中的 title 字段，然后单击“插入”按钮，如图 6-27 所示。

图 6-26 将光标定位在求职技巧表格内

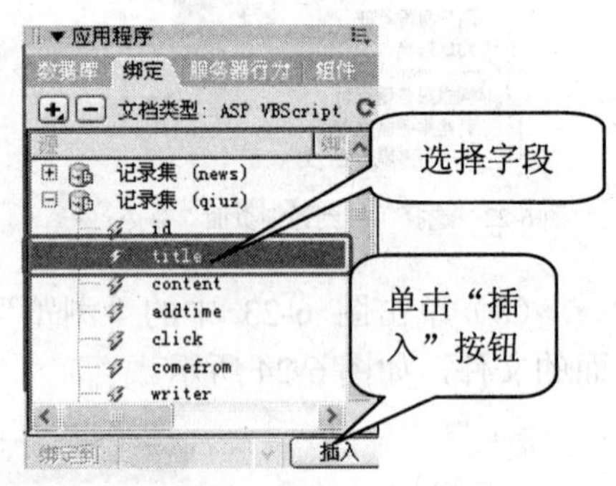

图 6-27 插入 title 字段

（4）插入 qiuz.title 字段后的表格如图 6-28 所示。

（5）单击表格内的求职技巧标题字段 title，使其处于选取状态，如图 6-29 所示。

图 6-28 插入 qiuz.title 字段的表格

图 6-29 选择表格内的新闻标题字段 qiuz.title

（6）单击“服务器行为”标签的“+”按钮。

（7）选择“转到详细页面”命令。

（8）弹出“转到详细页面”对话框，在对话框中设置各项参数，“链接”的文本区域处于默认的状态不能改动，“详细信息页”文本框是空白的，可以单击“浏览”按钮来选择链接文件，从“记录集”下拉列表中选择 quiz 选项，从“传递 URL 参数”下拉列表中选择 id 选项，从“列”下拉列表中选择 id 选项，如图 6-30 所示。

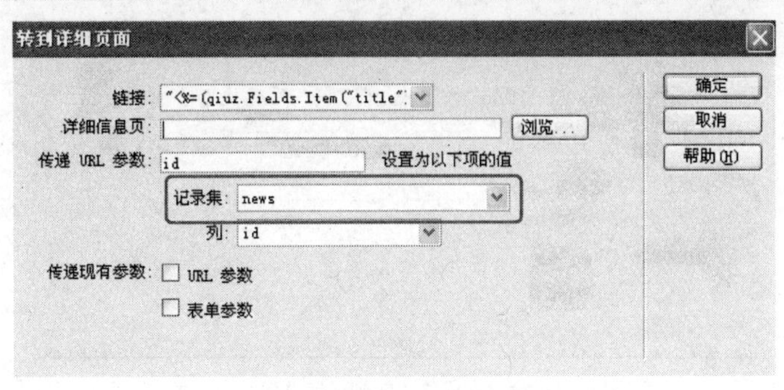

图 6-30　“转到详细页面”对话框

（9）在“记录集”下拉列表中选择 quiz 选项，如图 6-31 所示。

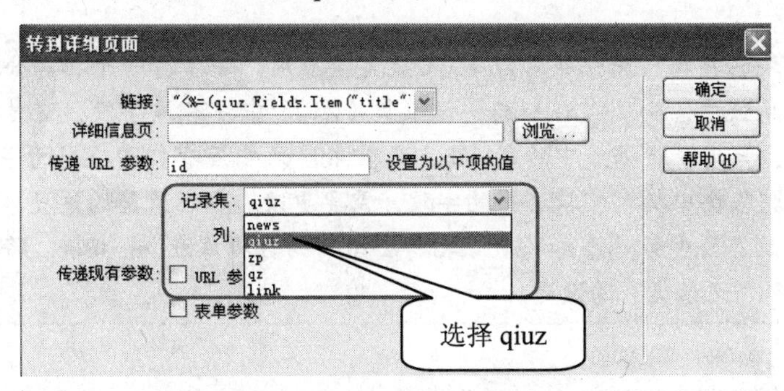

图 6-31　在“记录集”下拉列表中选择 quiz 选项

（10）单击图 6-31 中的“浏览”按钮，弹出“选择文件”对话框，从中选择转到详细页面的文件，如图 6-32 所示。

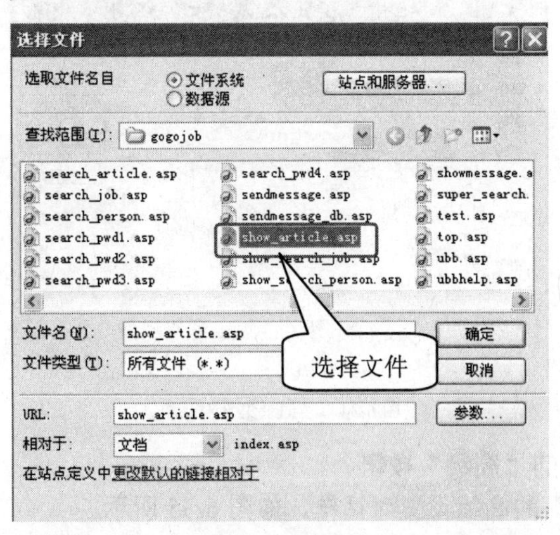

图 6-32　选择文件

（11）选择文件后，单击“确定”按钮，回到“转到详细页面”对话框，设置完成的对话框如图 6-33 所示。

（12）单击“确定”按钮，完成求职技巧标题“转到详细页面”链接的制作，在“服务器行为”标签中出现了“转到详细页面”行为。

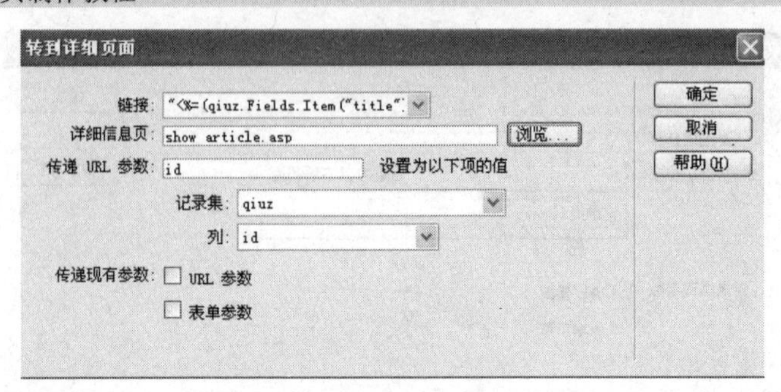

图 6-33　设置完成的“转到详细页面”对话框

三、招聘信息版块动态记录集的应用

本版块的招聘“记录集（zp）”不能直接应用，由于有一个招聘公司的字段需要插入招聘信息版块，而现在在招聘“记录集（zp）”中没有该字段，这是因为在设置招聘记录集时，只用了数据库中的表 job，而在 job 表中没有招聘公司的字段，因此，为了能够在招聘版块中插入招聘公司的字段，需要更改 zp 记录集的设置，更改技巧是在现有的“记录集”中另外添加一个“招聘公司”的数据库表 en_user，将两个数据库表连接起来进行“记录集”的设置。

操作步骤如下。

1．重新设置招聘信息版块动态记录集

（1）双击招聘信息的“记录集（zp）”。

（2）弹出如图 6-34 所示的对话框。

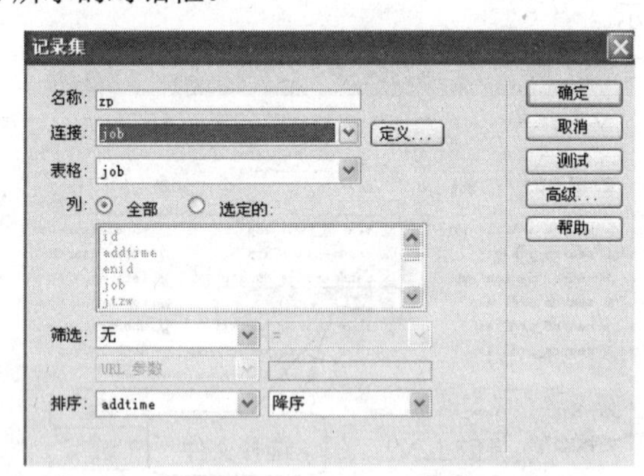

图 6-34　“记录集”对话框

（3）单击图 6-34 中的“高级”按钮。

（4）弹出“记录集”的高级设置对话框，如图 6-35 所示。

（5）在 SQL 区域，在 FROM job 后面的增加以下源代码。

```
inner join en_user on job.enid=en_user.id
```
修改的源代码

job inner join en_user on 语句是将 job 和 en_user 数据库表连接起来，连接条件是 job.enid=en_user.id（即 job 表中的 enid 字段 ＝en_user 表中的 id 字段）。

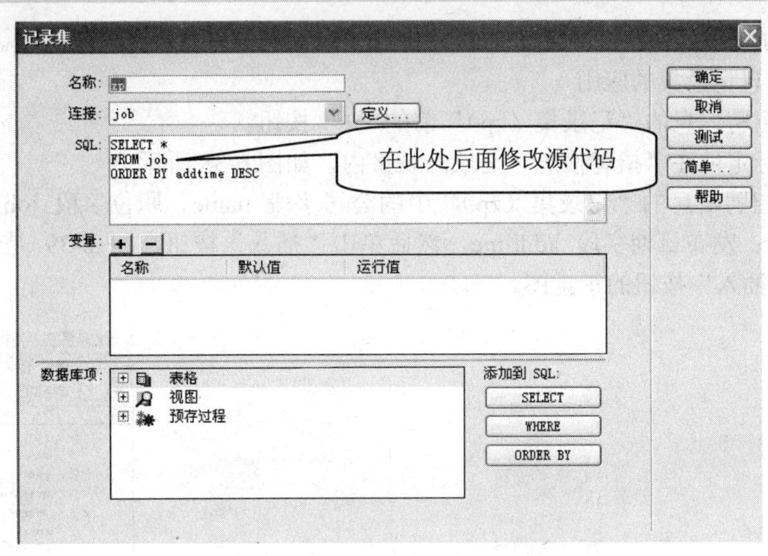

图 6-35　“记录集”的高级设置对话框

（6）修改源代码后的“记录集”高级设置对话框如图 6-36 所示。

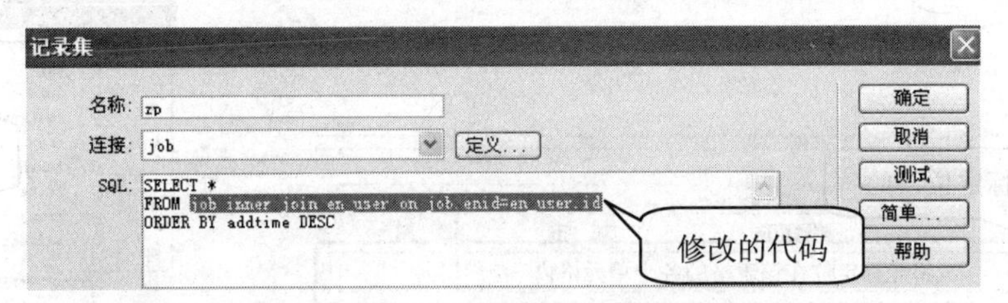

图 6-36　修改后的“记录集”高级设置对话框

（7）单击图 6-36 中的“测试”按钮，可以看见两个表的字段已经结合，如图 6-37 所示。

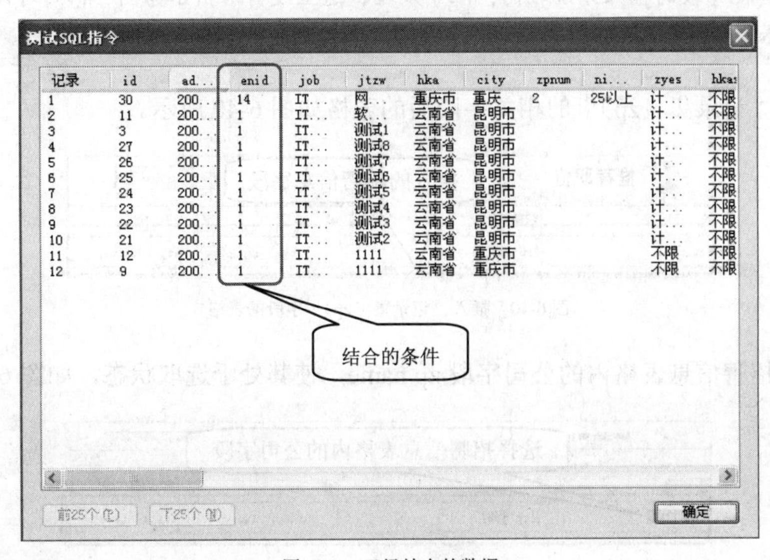

记录	id	ad...	enid	job	jtzw	hka	city	zpnum	ni...	zyes	hka
1	30	200...	14	IT...	网...	重庆市	重庆	2	25以上	计...	不限
2	11	200...	1	IT...	软...	云南省	昆明市			计...	不限
3	3	200...	1	IT...	测试1	云南省	昆明市			计...	不限
4	27	200...	1	IT...	测试8	云南省	昆明市			计...	不限
5	26	200...	1	IT...	测试7	云南省	昆明市			计...	不限
6	25	200...	1	IT...	测试6	云南省	昆明市			计...	不限
7	24	200...	1	IT...	测试5	云南省	昆明市			计...	不限
8	23	200...	1	IT...	测试4	云南省	昆明市			计...	不限
9	22	200...	1	IT...	测试3	云南省	昆明市			计...	不限
10	21	200...	1	IT...	测试2	云南省	昆明市			计...	不限
11	12	200...	1	IT...	1111	云南省	重庆市			不限	不限
12	9	200...	1	IT...	1111	云南省	重庆市			不限	不限

图 6-37　已经结合的数据

（8）经测试正确，单击“确定”按钮，完成招聘信息记录集（zp）的修改。

2．招聘信息记录集的应用

（1）打开招聘信息的“记录集（zp）”前的“+”按钮。

（2）将光标定位在“招聘信息”区域的表格内，如图 6-38 所示。

（3）选择招聘信息的“记录集（zp）”中的公司字段 name、职位字段 job、工作城市字段 hka 及 city、发布日期字段 addtime，然后单击“插入”按钮，图 6-39 是选择公司字段 name 并单击“插入”按钮的示意图。

图 6-38　将光标定位在“招聘信息”区域的表格内

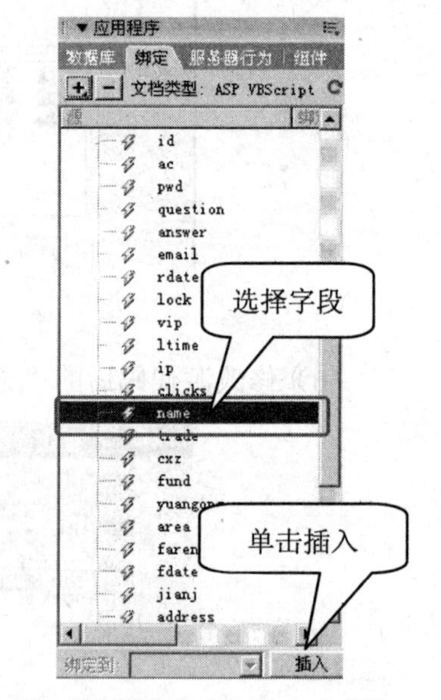

图 6-39　插入“记录集 zp”中的“name”字段

其他字段的插入方法相同，限于篇幅，这里没有给出示意图，读者可以自己选择字段插入。

（4）插入“记录集（zp）”的相关字段后的表格如图 6-40 所示。

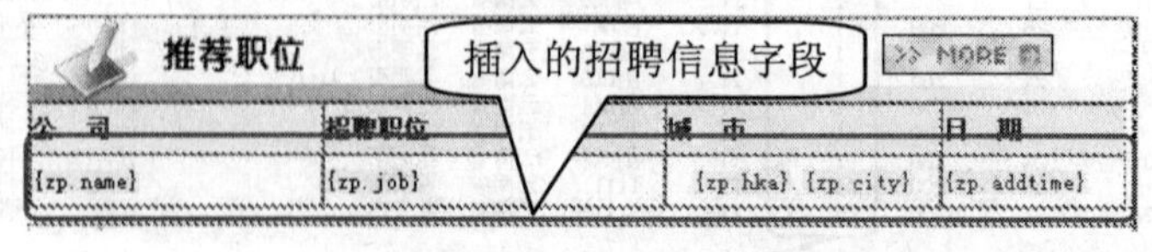

图 6-40　插入“记录集（zp）”字段的表格

（5）单击招聘信息表格内的公司字段 zp.name，使其处于选取状态，如图 6-41 所示。

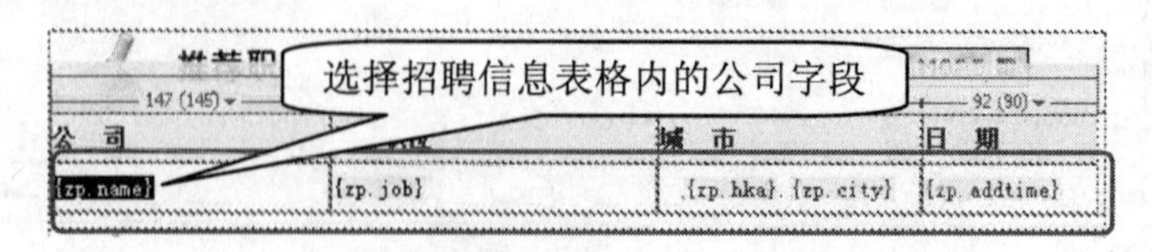

图 6-41　选择招聘信息表格内的公司字段 zp.name

（6）单击“服务器行为”标签的“+”按钮。

（7）选择“转到详细页面”命令。

（8）弹出“转到详细页面”对话框，在对话框中设置各项参数，“链接”文本框处于默认的状态不能改动，“详细信息页”文本框是空白的，可以单击“浏览”按钮来选择链接文件，从“记录集”下拉列表中选择 zp 选项，从“传递 URL 参数”下拉列表中选择 id 选项，从“列”下拉列表中选择 id 选项，如图 6-42 所示。

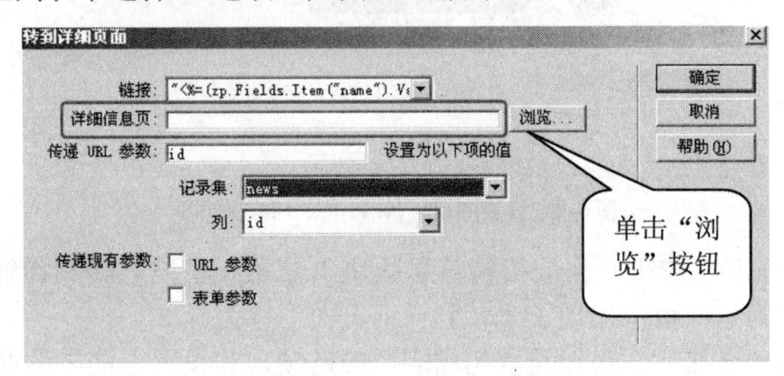

图 6-42　“转到详细页面”对话框

（9）在“记录集”下拉列表中选择 zp 选项，如图 6-43 所示。

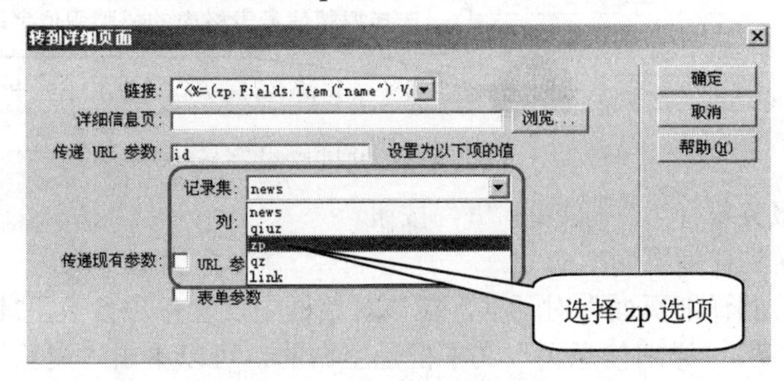

图 6-43　选择 zp 选项

（10）单击图 6-43 中的“浏览”按钮后弹出“选择文件”对话框，从中选择转到详细页面的文件，如图 6-44 所示。

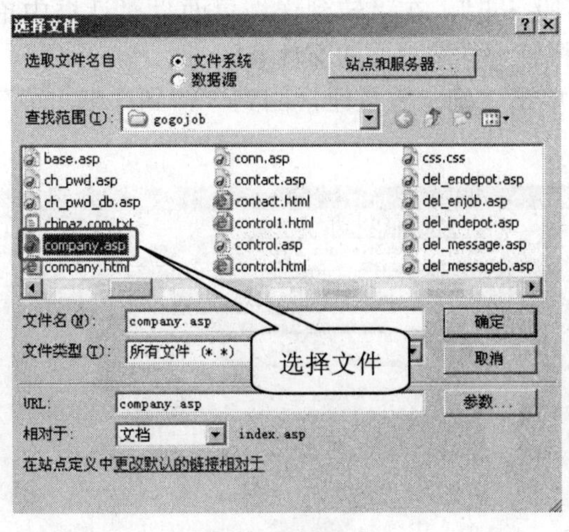

图 6-44　选择文件

（11）选择文件后，单击“确定”按钮，回到“转到详细页面”对话框，设置完成的对话框如图 6-45 所示。

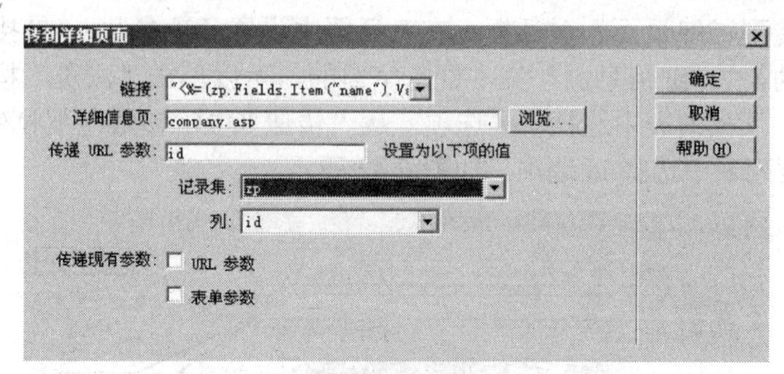

图 6-45　设置完成的“转到详细页面”对话框

（12）单击“确定”按钮，完成招聘信息版块“公司”字段“转到详细页面”链接的制作，在“服务器行为”面板中出现了“转到详细页面”行为。

设置完成公司的链接后，可以设置招聘职位的链接，其设置方法与设置公司链接相同。

（13）单击招聘信息表格内的招聘职位字段 zp.job，使其处于选取状态，如图 6-46 所示。

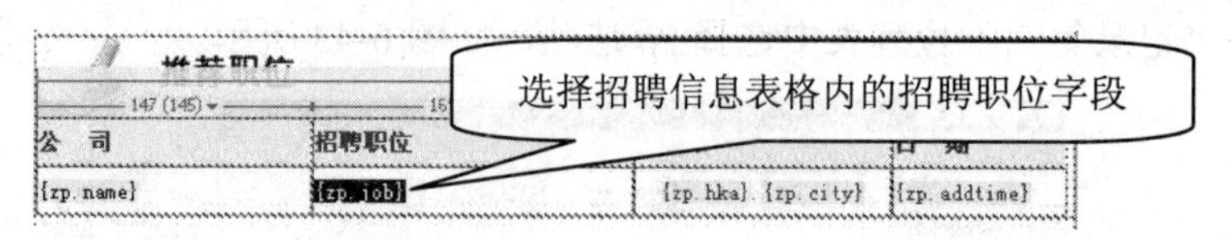

图 6-46　选择招聘信息表格内的招聘职位字段 zp.job

（14）单击“服务器行为”标签的“+”按钮。

（15）选择“转到详细页面”命令。

（16）弹出“转到详细页面”对话框，在该对话框中设置各项参数，“链接”文本框处于默认的状态不能改动，“详细信息页”文本框是空白的，可以单击“浏览”按钮来选择链接文件，从“记录集”下拉列表中选择 zp 选项，从“传递 URL 参数”下拉列表中选择 id 选项，从“列”下拉列表中选择 id 选项。

（17）在“记录集”下拉列表中仍然选择 zp 选项。

（18）选择“职位字段 job”，在“转到详细页面”对话框中单击“浏览”按钮后弹出“选择文件”对话框，选择转到详细页面的文件 job.asp。

（19）选择文件后，单击“确定”按钮，回到“转到详细页面”对话框，设置完成的对话框如图 6-47 所示。

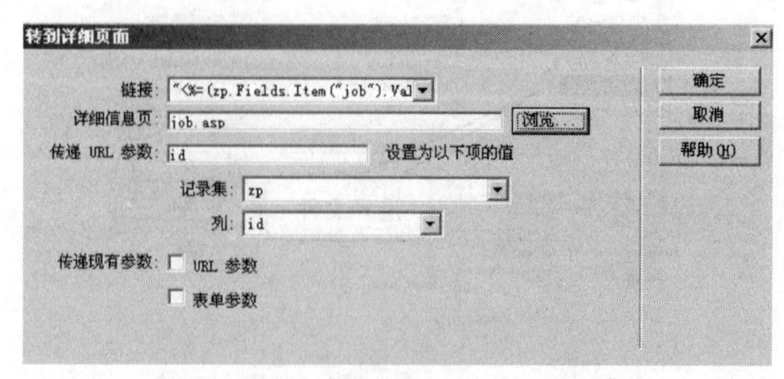

图 6-47　设置完成的“转到详细页面”对话框

（20）单击“确定”按钮，完成招聘信息版块“招聘职位”字段“转到详细页面”链接的制作，在“服务器行为”标签中出现了“转到详细页面”行为。

四、人才信息版块动态记录集的应用

操作步骤如下。

（1）单击人才信息的“记录集（qz）”前的“+”号按钮。

（2）将光标定位在“人才信息”区域的表格内，如图 6-48 所示。

（3）选择人才信息的“记录集（qz）”中的姓名字段 name，然后单击“插入”按钮，如图 6-49 所示。

图 6-48　将光标定位在人才信息表格内

图 6-49　插入“记录集（qz）”中的“name”字段

注意　其他字段的插入方法相同，还需要插入的字段有性别 sex、学历 edu、专业 zye、现居住地 hka 及 hkb、入会时间 rdate。

（4）插入 qz 中的各记录集字段后的表格如图 6-50 所示。

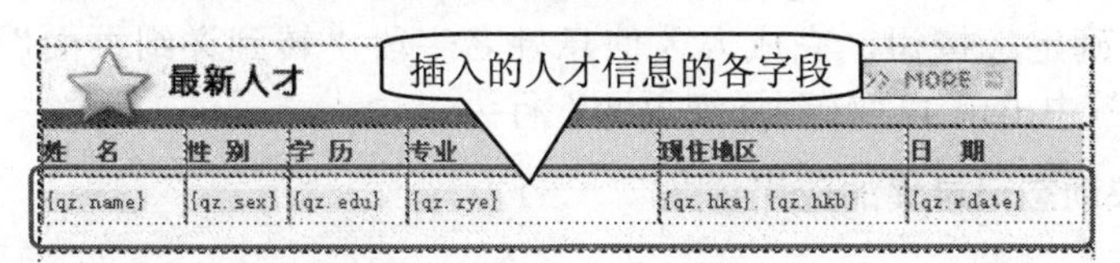

图 6-50　插入 qz 中的记录集字段的表格

（5）单击表格内人才信息中的姓名字段 name，使其处于选取状态，如图 6-51 所示。

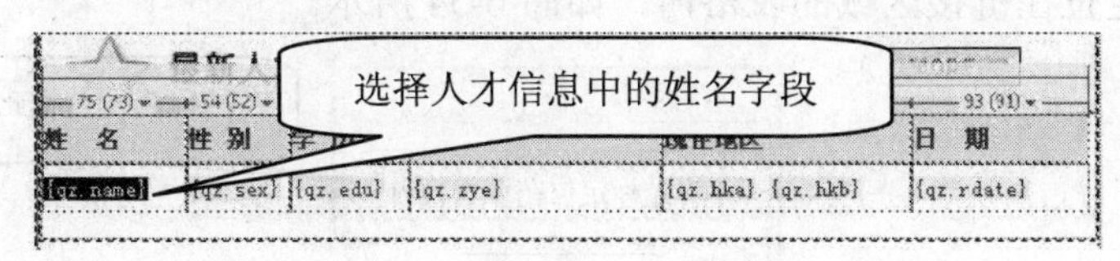

图 6-51　选择表格内的姓名字段 name

（6）单击“服务器行为”标签的“+”按钮。

（7）选择“转到详细页面”命令。

（8）弹出“转到详细页面”对话框，在对话框中设置各项参数，“链接”文本框处于默认的状态不能改动，“详细信息页”文本框是空白的，可以单击“浏览”按钮来选择链接文件，从“记录集”下拉列表中选择 qz 选项，从“传递 URL 参数”下拉列表中选择 id 选项，从“列”下拉列表中选择 id 选项，如图 6-52 所示。

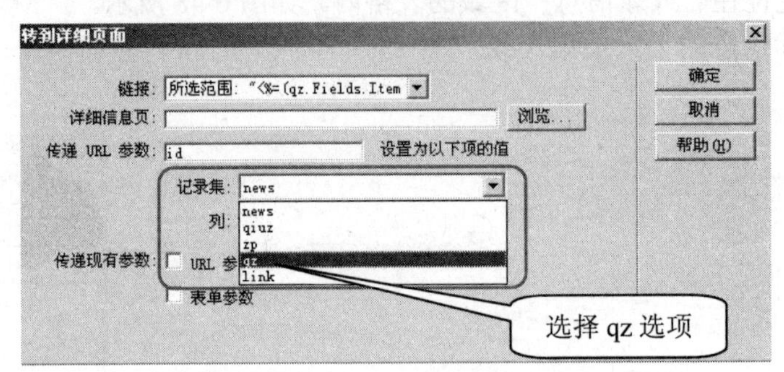

图 6-52　设置“转到详细页面”对话框

（9）单击图 6-52 中“浏览”按钮后弹出“选择文件”对话框，选择“转到详细页面”的文件 person.asp。

（10）选择文件后，单击“确定”按钮，回到“转到详细页面”对话框，设置完成的对话框如图 6-53 所示。

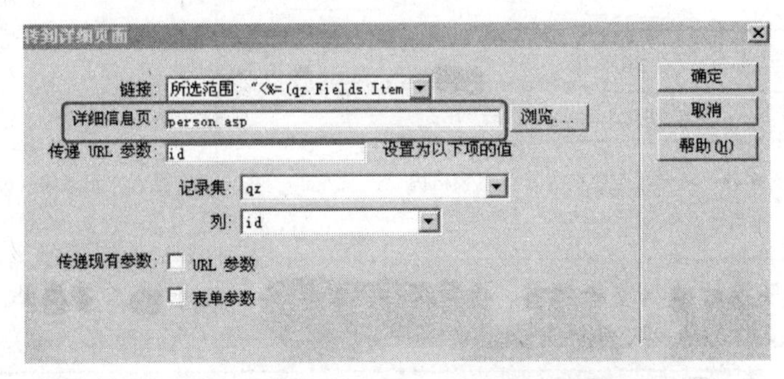

图 6-53　设置完成的“转到详细页面”对话框

（11）单击“确定”按钮，完成人才信息姓名字段“转到详细页面”链接的制作，在“服务器行为”标签中出现了“转到详细页面”行为。

五、链接版块动态记录集的应用

操作步骤如下。

（1）单击人才信息的“记录集（link）”前的“+”按钮。

（2）将光标定位在链接区域的表格内，如图 6-54 所示。

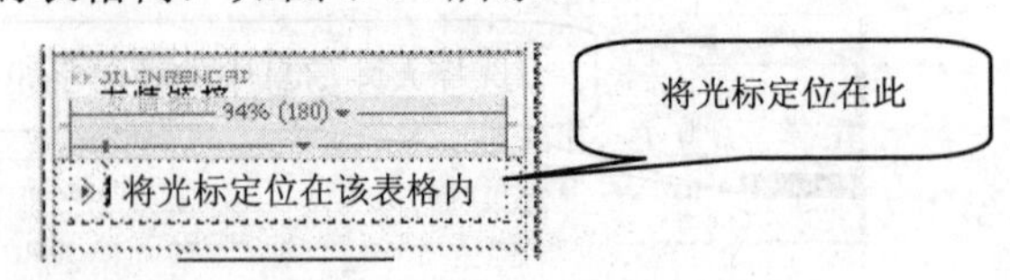

图 6-54　光标定位在链接区域的表格内

（3）选择链接的“记录集（link）”中的 name 字段，然后单击“插入”按钮，如图 6-55 所示。

（4）插入“记录集（link）”中的 name 字段后，单击表格内的链接名称字段，使其处于选取状态，如图 6-56 所示。

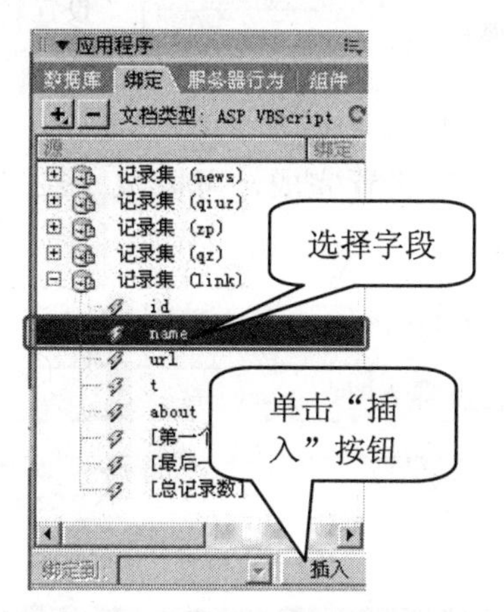

图 6-55　插入“记录集（link）”中的 name 字段

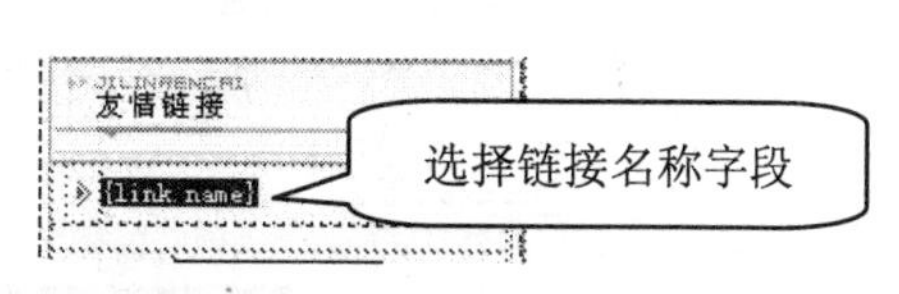

图 6-56　选择表格内的链接名称字段

（5）保持字段的选取状态，查看“属性”面板，“链接”文本框内为空，如图 6-57 所示。

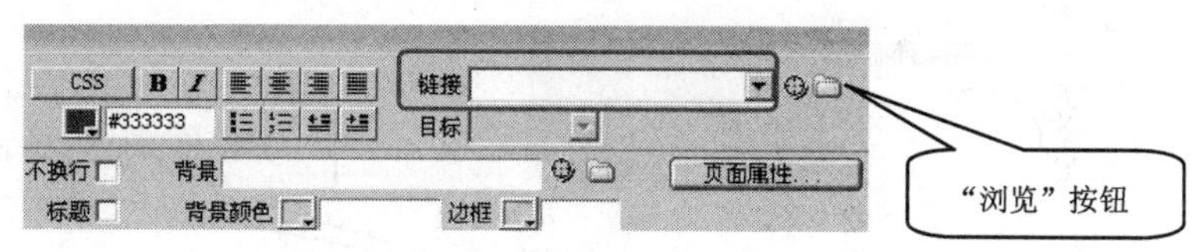

图 6-57　“属性”面板

（6）单击“浏览”按钮，弹出“选择文件”对话框，在“选取文件名自”区域选择“数据源”单选按钮，在“域”框中选择 url 链接字段，如图 6-58 所示。

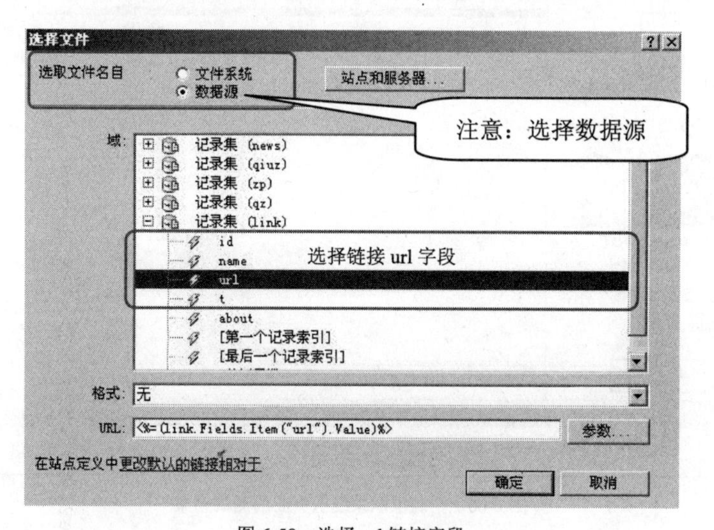

图 6-58　选择 url 链接字段

（7）设置完成的链接“属性”面板如图 6-59 所示。

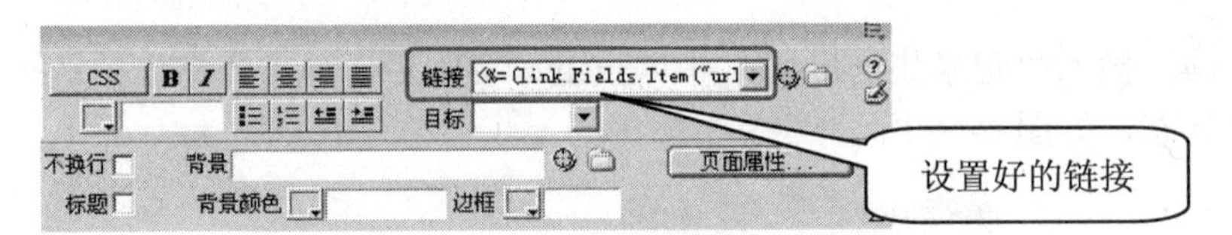

图 6-59　设置完成的链接“属性”面板

到此为止，数据库记录集在各个版块中的应用设置完成，可以按 F12 键进行测试，如图 6-60 所示。

图 6-60　招聘求职系统主页面的测试结果

经过测试，动态区域已经可以显示，但是动态区域的内容只显示了一条，这是因为还没有设计动态显示的重复区域。

【上机实战】

将本案例中 5 个部分的记录集的显示应用全部重新设计一遍，直到能够正常显示页面为止。

任务 3　主页面动态版块重复区域的设计

【任务分析】

在案例 25 中进行了记录集的绑定并显示，但是如果数据量多，数据量是分条显示的话，则是只能显示第一条信息，因此，还需要设置重复区域，才能显示完整的数据。

【实现步骤】

一、新闻动态版块重复区域的设计

操作步骤如下。

（1）选取新闻版块中新闻标题字段的表格，如图 6-61 所示。

（2）单击"服务器行为"标签的"+"按钮，选择"重复区域"命令，如图 6-62 所示。

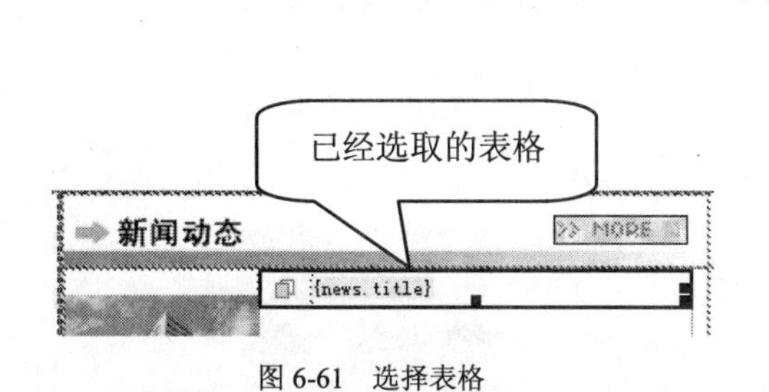

图 6-61　选择表格

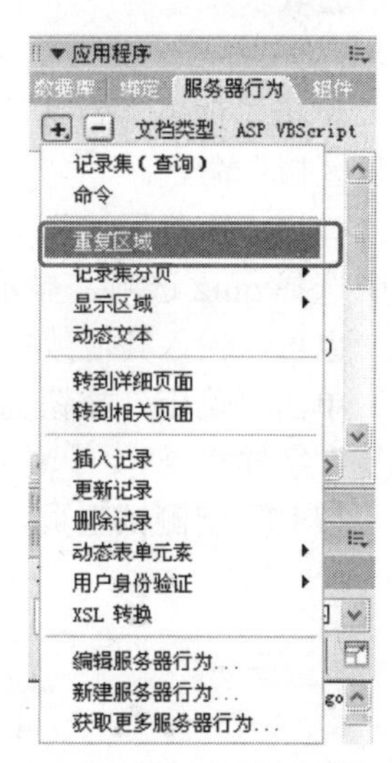

图 6-62　选择"重复区域"命令

（3）弹出"重复区域"对话框，从"记录集"下拉列表中选择 news 选项，显示的记录数为 8，表明显示 8 条，也可以输入其他数字，如图 6-63 所示。

（4）单击"确定"按钮完成新闻版块"重复区域"的设置，设置后的表格左上角多了一个"重复"字样，如图 6-64 所示。

（5）按 F12 键测试主页，新闻版块能够重复显示，如图 6-65 所示。

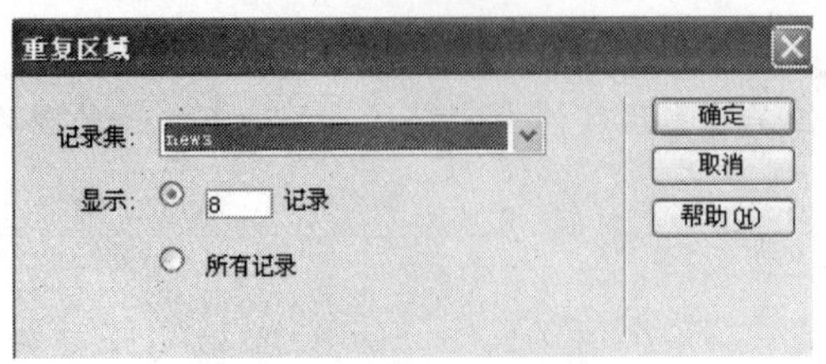

图 6-63 "重复区域"对话框

图 6-64 设置完成后的表格

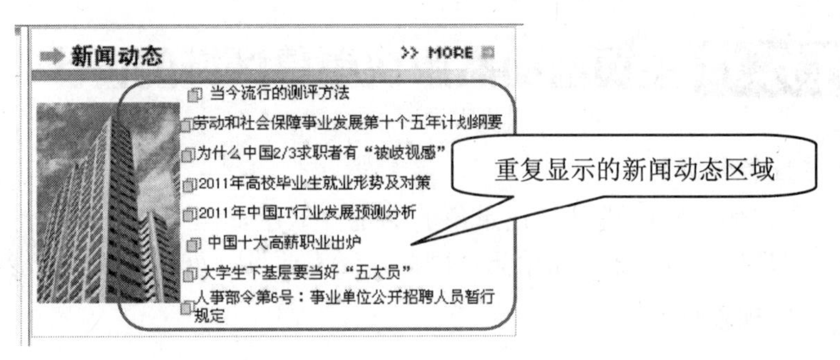

图 6-65 重复显示新闻版块

二、求职技巧动态版块重复区域的设计

操作步骤如下。

（1）选取求职技巧版块中标题字段的表格，如图 6-66 所示。

（2）单击"服务器行为"标签的"+"按钮，选择"重复区域"命令。

（3）弹出"重复区域"对话框，从"记录集"下拉列表中选择 quiz 选项，显示的记录数为 6，表明显示 6 条，也可以输入其他数字，如图 6-67 所示。

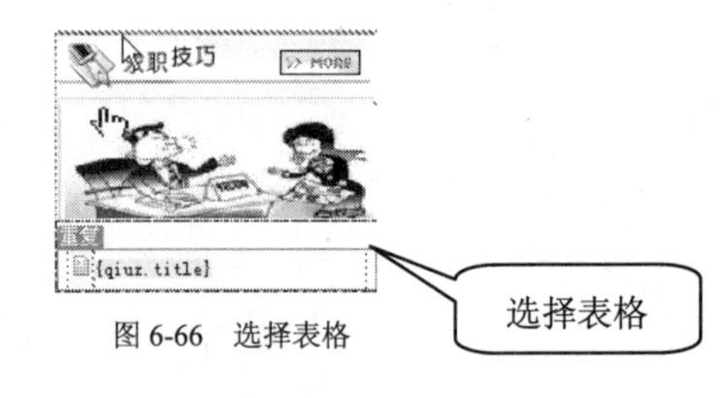

图 6-66 选择表格

（4）单击"确定"按钮完成求职技巧版块重复区域的设置，设置后的表格左上角多了一个"重复"字样。

（5）按 F12 键测试主页，求职技巧版块能够重复显示，如图 6-68 所示。

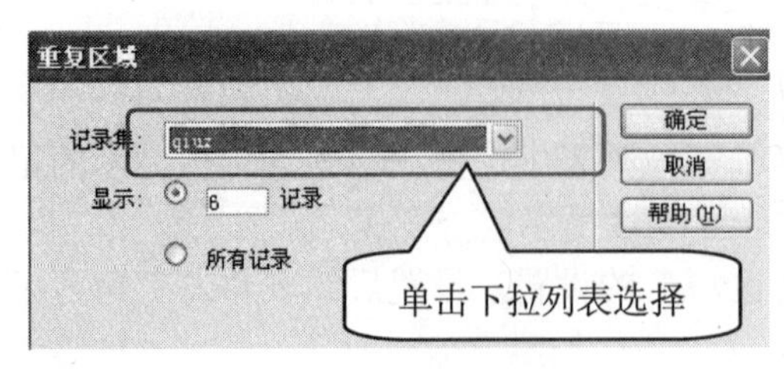

图 6-67 "重复区域"对话框

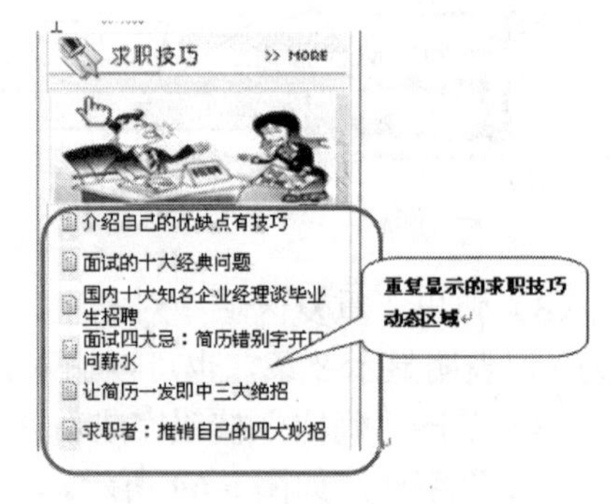

图 6-68 重复显示求职技巧版块

三、招聘信息动态版块重复区域的设计

操作步骤如下。

（1）单击“绑定”面板的“+”按钮。

（2）选择招聘信息区域内的{zp.addtime}字段。

（3）此时将自动选取“绑定”标签中的 addtime 字段，如图 6-69 所示。

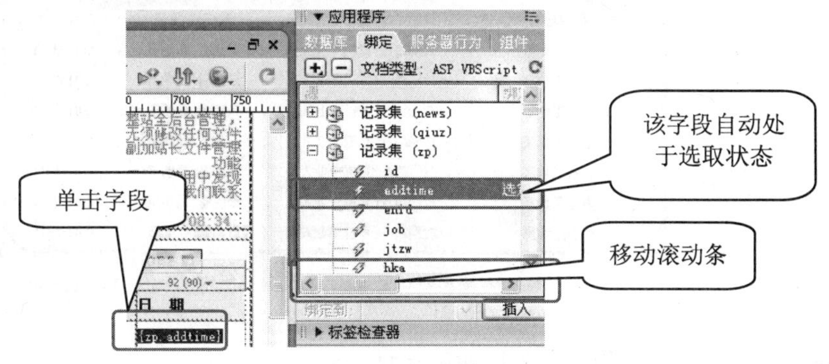

图 6-69　自动选取 addtime 字段

（4）在图 6-76 中移动滚动条到右边，作如图 6-70 所示的设置。

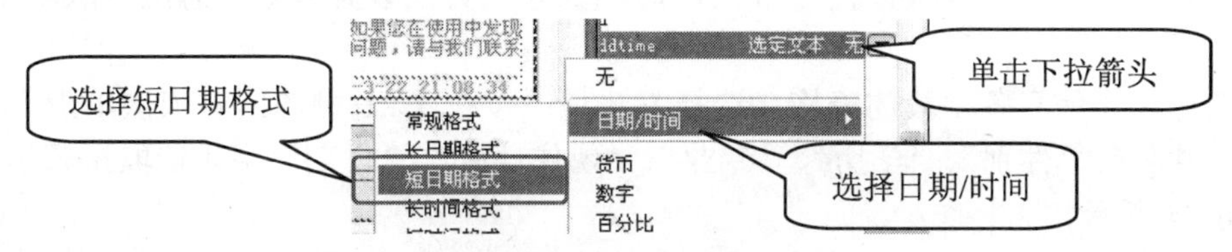

图 6-70　选择“短日期”格式

（5）选取招聘信息版块中招聘信息的表格，选择方法是：按住 Ctrl 键的同时依次单击招聘信息表格中的“公司”、“招聘职位”、“城市”、“日期”字段的选取招聘信息的表格，如图 6-71 所示。

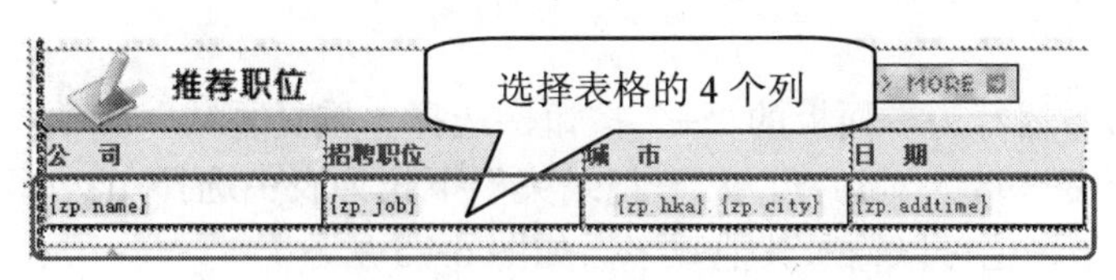

图 6-71　选择表格

（6）单击“服务器行为”面板的“+”按钮，选择“重复区域”命令。

（7）弹出“重复区域”对话框，从“记录集”下拉列表中选择 zp 选项，显示的记录数为 8，表明显示 8 条，也可以输入其他数字，如图 6-72 所示。

图 6-72　“重复区域”对话框

（8）单击“确定”按钮完成招聘信息版块重复区域的设置，设置后的表格左上角多了一个“重复”字样。

（9）按 F12 键测试主页，招聘信息版块能够重复显示，如图 6-73 所示。

推荐职位　MORE

重复显示的招聘信息动态区域

公　司	招聘职位	城　市	日　期
重庆就业培训中心	IT网络/计算机专业人员	重庆市.重庆	2011-5-8
Gogo工作室	IT网络/计算机专业人员	云南省.昆明市	2011-3-11
Gogo工作室	IT网络/计算机专业人员	云南省.昆明市	2011-3-11
Gogo工作室	IT网络/计算机专业人员	云南省.昆明市	2011-3-11
Gogo工作室	IT网络/计算机专业人员	云南省.昆明市	2011-3-11
Gogo工作室	IT网络/计算机专业人员	云南省.昆明市	2011-3-11
Gogo工作室	IT网络/计算机专业人员	云南省.昆明市	2011-3-11
Gogo工作室	IT网络/计算机专业人员	云南省.昆明市	2011-3-11

图 6-73　重复显示招聘信息版块

四、人才信息动态版块重复区域的设计

操作步骤如下。

（1）按照与招聘信息区域设置 addtime 时间的相同方法设置人才信息区域版块中 rdate 的时间格式。

（2）选择人才信息各字段的表格，选择方法是：按住 Ctrl 键的同时依次单击人才信息表格中的“姓名”、“性别”、“学历”、“专业”、“现住地区”、“日期”字段选取招聘信息的表格，如图 6-74 所示。

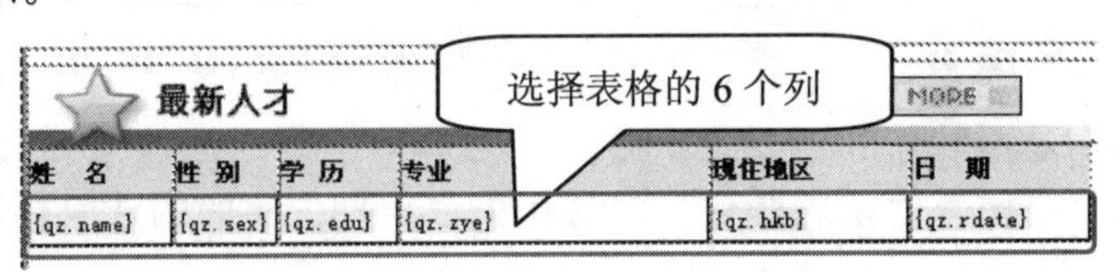

图 6-74　选择表格

（3）单击“服务器行为”面板的“+”按钮，选择“重复区域”命令。

（4）弹出“重复区域”对话框，从“记录集”下拉列表中选择 qz 选项，显示的记录数为 8，表明显示 8 条，也可以输入其他数字，如图 6-75 所示。

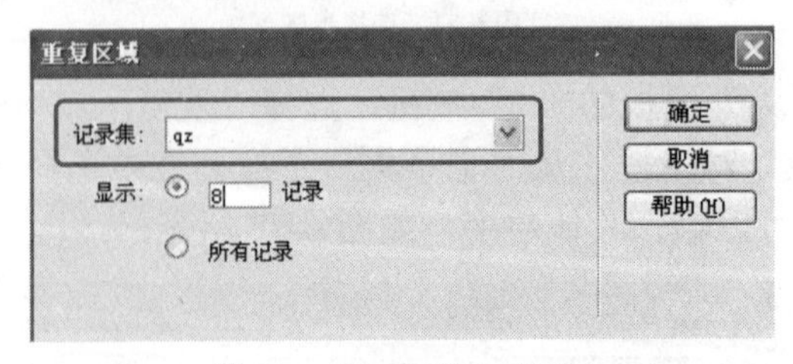

图 6-75 “重复区域”对话框

（5）单击“确定”按钮完成人才信息版块重复区域的设置，设置后的表格左上角多了一个“重复”字样。

（6）按 F12 键测试主页，人才信息版块能够重复显示，如图 6-76 所示。

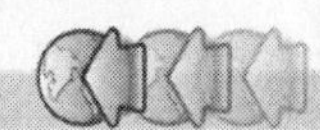

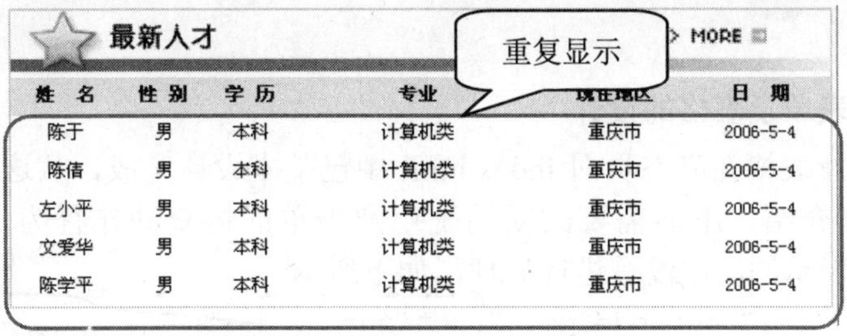

最新人才
重复显示
MORE
姓 名 性 别 学 历 专业 现住地区 日 期
陈于 男 本科 计算机类 重庆市 2006-5-4
陈信 男 本科 计算机类 重庆市 2006-5-4
左小平 男 本科 计算机类 重庆市 2006-5-4
文爱华 男 本科 计算机类 重庆市 2006-5-4
陈学平 男 本科 计算机类 重庆市 2006-5-4

图 6-76　重复显示的人才信息版块

五、链接动态版块重复区域的设计

操作步骤如下。

（1）选取链接版块中链接标题字段的表格，如图 6-77 所示。

（2）单击“服务器行为”面板的“+”按钮，选择“重复区域”命令。

（3）弹出“重复区域”对话框，从“记录集”下拉列表中选择 link 选项，显示的记录数为 10，表明显示 10 条，也可以输入其他数字。

（4）单击“确定”按钮完成链接版块重复区域的设置，设置后的表格左上角多了一个“重复”字样。

（5）按 F12 键测试主页，链接版块能够重复显示，如图 6-78 所示。

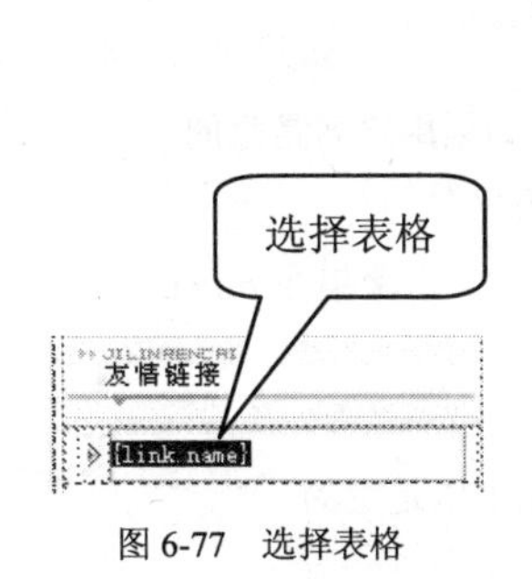

选择表格
JILINRENCAI
友情链接
{link.name}

图 6-77　选择表格

JILINRENCAI
友情链接
劳动和社会保障部
亳州生活网站
Gogo工作室
Gogo工作室
Gogo工作室
Gogo工作室
Gogo工作室
本站logo
重复显示的链接动态区域

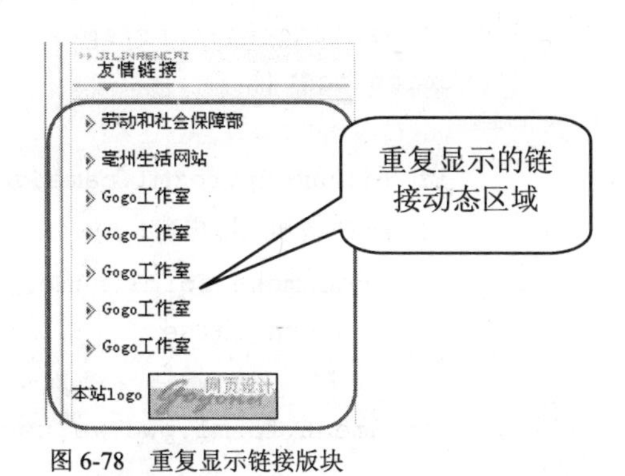

图 6-78　重复显示链接版块

【上机实战】

请读者完成本案例中 5 个版块中重复区域的设计。

任务 4　主页面用户登录版块的设计

【任务分析】

一般情况下可以用 Dreamweaver 用户登录的服务器行为来实现用户登录，但是如果用户登录的表单元件不是只有一个用户名和密码，还有其他表单元素，则不能直接使用 Dreamweaver 的用户登录的服务器行为，而需要通过修改代码来实现用户的登录。

本案例的用户登录版块的设计内容有：主页面中的用户登录表单及表格的设计、用户登录验证码的设计、用户登录成功后的页面设计、用户登录时图片验证码功能的设计。

【实现步骤】

一、用户登录表单及表格的设计

用户登录表单及表格在静态页面 index.html 中已基本设计完成，从这个页面可以看到源程序，此处不多作介绍。下面需要改动的是用户表单的提交动作行为，因为在静态页面 index.html 中 from 表单的动作没有进行处理，如下所示。

```
<form name="form1" method="post" action=>
```

动作行为是空的

二、用户登录验证的设计

在上面已经提到要更改表单的动作行为，用户的登录行为一般是使用 Dreamweaver 中的“服务器行为”、“用户身份验证”、“登录用户”来设计，此外，由于用户登录区表单内的文本域较多，有“用户名”、“密码”、“验证码”、“用户登录类型”等文本域，不能简单地使用 Dreamweaver 中的“服务器行为”、“用户身份验证”、“登录用户”来设计，而需要用一定的源代码来完成设计。

需要设计以下几个方面。

1．在主页内用 JavaScript 代码来控制用户的表单提交行为

（1）可以找到<html>代码，在它的前面加入下面的一段 JavaScript 代码。

```
<script language=javascript>
  function test()
  {
      if (document.form1.name.value==""){ //如果用户名是空的
      alert("请输入用户名！")             //则请输入用户名
          document.form1.name.focus();     //将焦点聚集在 name 上
          return false
            }
  if (document.form1.pwd.value==""){   //如果密码是空的

         alert("请输入密码！");          // 请输入密码
          document.form1.pwd.focus();    //将焦点聚集在 pwd 上

       return false
          }
          if (document.form1.code.value==""){
         alert("请输入验证码！");
          document.form1.code.focus();
          return false
          }
           if (document.form1.user.value=="0"){
         alert("请选择会员类别！");
          document.form1.user.focus();
```

```
            return false
            }
            return true
    }
    function reset_form()
    {
     document.form1.name.value="";
     document.form1.pwd.value="";
     document.form1.user.value="";
     document.form1.name.focus;
    }
</script>
```

该段代码的含义是，让用户必须输入相应的内容并作相应的选择才能提交表单，表单的文本域的内容不能为空。

（2）上面的代码完成后，找到如图 6-79 所示的代码。

```
<td height=15 colspan="2" align=middle><INPUT
name=dl
type=image    value="个人登录"
src="images/dl.gif">
      <INPUT
name=dl1
type=image value="公司登录"
src="images/dl1.png" >
```

图 6-79　需要改动的源代码

（3）更改两个图片按钮的行为，使两个按钮提交时可以提交到不同的页面，在第一个图片按钮<INPUT　　>内增加如下代码。

```
onclick="document.form1.action='login.asp'"
```

在第二个图片按钮<INPUT　　>内增加如下代码。

```
onclick="document.form1.action='login1.asp'"
```

（4）改动后的代码如图 6-80 所示。

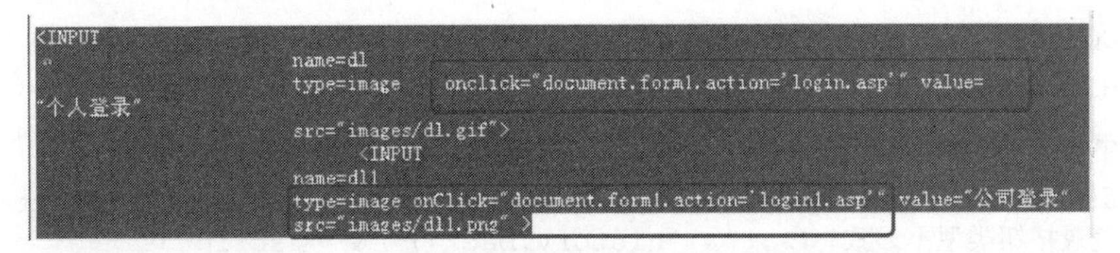

图 6-80　改动后的代码

以上代码改动的目的是让第一个图片按钮提交时提交到 login.asp，第二个图片按钮提交时提交到 login1.asp。关于此处的设置技巧请读者自行掌握。

（5）找到表单标签<form >，将 onSubmit="return test（）"添加进去。

```
<form name="form1" method="post" action=" " onSubmit="return test()">
```

onSubmit="return test()"是调用上面的 JavaScript 代码来验证表单。

2．使用几个源代码文件来验证用户在表单内的输入内容是否正确

（1）新建立一个数据库连接文件，以便验证用户登录表单。

数据库连接文件的名称是 conn.asp，代码如下。

```
<%
set job=server.createobject("adodb.recordset")
conn = "DBQ="&server.mappath("db/db.mdb")&";DefaultDir=;DRIVER= {Microsoft
Access Driver (*.mdb)};"
%>
```

“job”是连接名称，"db/db.mdb"是指连接路径。这个文件是自己定义连接字符串来建立数据源的连接。

（2）建立一个用户登录文件 login.asp 用来验证用户用“个人登录”按钮提交时，表单内各表单元素内容的正确性。

代码如下。

```
<!--#include file="info.asp-->   // 调用 info.asp 页面来验证图片验证码;
<!--#include file="conn.asp"-->  //调用 conn.asp 页面来连接数据库;
<!--#include file="md5.asp"-->   //调用 md5.asp 来验证密码。
<%
if instr(request("name"),"'")<>0 then    // 验证用户名是否为单引号"'"
response.write "<script language=JavaScript>" & chr(13) & "alert('非法
数据提交！');" & "history.back()" & "</script>"
                                          //  为单引号"'"则提示非法数据提交
Response.End
else
call CodeIsTrue("index.asp")
pwd=md5(request("pwd"))
if request("user")="2" then //如果用户的类型为 2，则提示与登录按钮不一致
response.write "<script language=JavaScript>" & chr(13) & "alert('会员
类型与登录按钮类型不一致！');" & "history.back()" & "</script>"
response.end
end if
if request("user")="1" then   // 如果用户类型为 1，则调用 in_user 表
sql="select  id,name,ac,pwd,lock  from  in_user  where  ac='"&request
("name")&"'"
sql1="update in_user set
```

```
ltime='"&now()&"',ip='"&request.servervariables ("remote_host")&"' where
ac='"&request("name")&"'"
end if
job.open sql,conn,1,1
if job.eof and job.bof then          //验证用户名是否正确
response.write "<script language=JavaScript>" & chr(13) & "alert('用户
名错误！');" & "history.back()" & "</script>"
job.close
set job=nothing
set conn=nothing
response.end
else
if pwd<>job("pwd") then       //验证用户的密码是否正确，如果表单中输入的密码不等于
                              //数据库表中的密码，则提示密码错误
response.write "<script language=JavaScript>" & chr(13) & "alert('密码
错误！');" & "history.back()" & "</script>"
job.close
set job=nothing
set conn=nothing
response.end
else
if job("lock")=true then
job.close
set job=nothing
set conn=nothing
response.write "<script language=JavaScript>" & chr(13) & "alert('此账
号已被锁定，请与管理员联系！');"&"window.location.href = 'index.asp'"&"
</script>"
response.end
end if
set job1=server.createobject("adodb.recordset")
job1.open sql1,conn,1,1
set job1=nothing
if job("name")<>"" then session("name")=job("name")
session("vip")=false
session("id")=job("id")
session("ac")=job("ac")
session("user")=request("user")  // 以上是将各字段记忆下来
job.close
set job=nothing
```

```
set conn=nothing
response.redirect "index1.asp"    // 如果验证通过则转到 index1.asp 页面
end if
end if
job.close
set job=nothing
set conn=nothing
end if
%>
```

（3）建立一个用户登录文件 login1.asp 用来验证用户用“公司登录”按钮提交时，表单内各表单元素内容的正确性。源代码文件可以参见我们提供的源代码，此处不再赘述。

3．用户登录时图片验证码功能的设计

设计图片验证码的功能，需要使用 info.asp、GetCode.asp 页面，同时需要在主页用户登录区域设计一个让用户输入登录“验证码”的文本域，还需要加入“图片验证码”的显示图片，以上这些页面读者可以参考我们提供的源文件，此处不再赘述。

三、用户登录成功后的页面设计

1．个人用户登录成功页面 index1.asp 的设计

设计步骤如下。

（1）将主页文件 index.asp 打开。

（2）另存为 index1.asp。

（3）将用户登录区域提交表单的内容更改为如图 6-81 所示的内容。

（4）设置“进入会员中心”、“消息管理”的链接为 control.asp、message.asp。

（5）设置“退出登录”的链接。选择“退出登录”，单击“服务器行为”标签的“+”按钮，选择“用户身份验证”→“注销用户”命令，如图 6-82 所示。

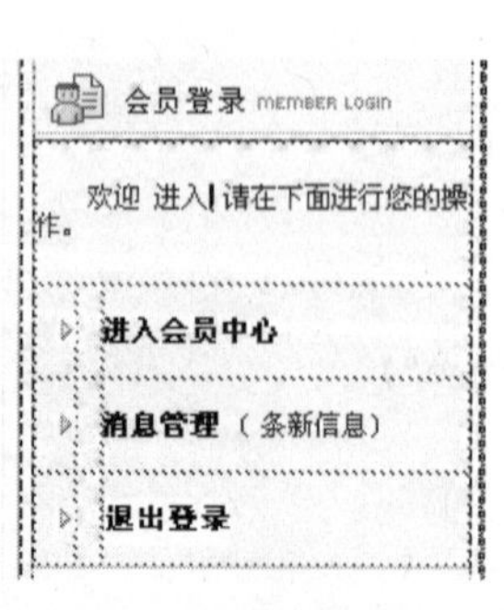

图 6-81　更改用户登录区域

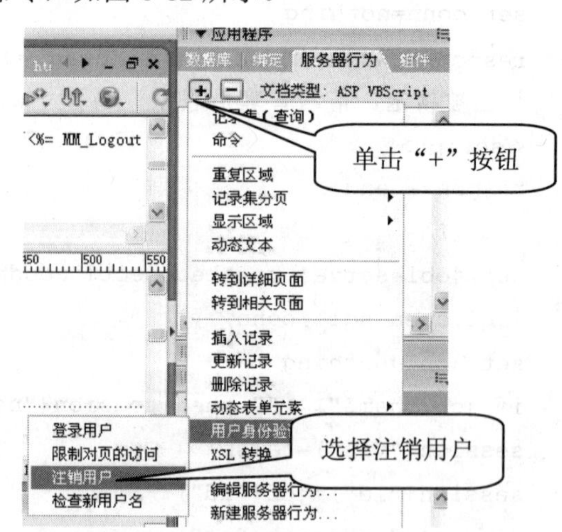

图 6-82　选择“注销用户”

（6）在“注销用户”对话框中“在完成后，转到”文本框通过“浏览”按钮选择 index.asp，如图 6-83 所示。

图 6-83　注销用户

（7）将光标移动到用户登录区域内“欢迎”后面，切换到源代码下，输入以下代码。

```
<%if session("user")="1" then response.write"个人用户"%> //类型=1 是个人用户;
<font color="#FF0000"><%=session("ac")%></font> // 记录登录用户的姓名
```

（8）将光标移动到“进入”的后面输入“gogo 求职招聘系统”。

（9）将光标移动到“消息管理”的前面输入如下代码。

```
<%
sql="select  id  from  message  where  ttype='"&session("user")&"'  and
tid="&session("id")&" and new=true" //设置选择消息表的条件
job.open sql,conn,1,1   //打开数据连接
%>
```

（10）在“条新消息”的前面输入“<%=job.recordcount%>”。

（11）在 index1.asp 页面的第 24 行代码<!--#include file="Connections/job.asp" -->下面添加一个包含文件：<!--#include file="conn.asp"-->，该包含文件是数据连接文件，意思是说，index1.asp 页面有些功能要调用该页面，要检查数据库的连接。

2．企业用户登录成功页面 index2.asp 的设计

设计步骤如下。

（1）将个人用户登录成功的页面另存为企业用户登录成功的页面 index2.asp。

（2）更改“进入会员中心”、“消息管理”的链接为 control1.asp、message1.asp。

（3）将光标移动到用户登录区域内“欢迎”后面，切换到源代码下，更改以下代码。

```
<%if session("user")="1" then response.write"个人用户"%>
```

（4）更改的代码为。

```
<%if session("user")="2" then response.write"企业用户"%>
```

（5）设计完成。

四、用户登录行为的测试

下面测试主页面的登录功能，用两个用户进行测试，一个是个人用户 cxp，另一个是企业用户是 cbq，分别登录，测试页面如图 6-84～图 6-91 所示。

图 6-84　选择“个人用户”

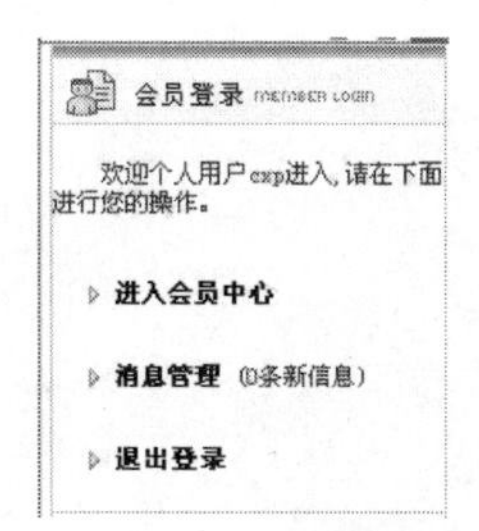

图 6-85　个人用户登录成功

图 6-86　选择“企业用户”及“个人登录”

图 6-87　提示类型错误

图 6-88　企业用户登录

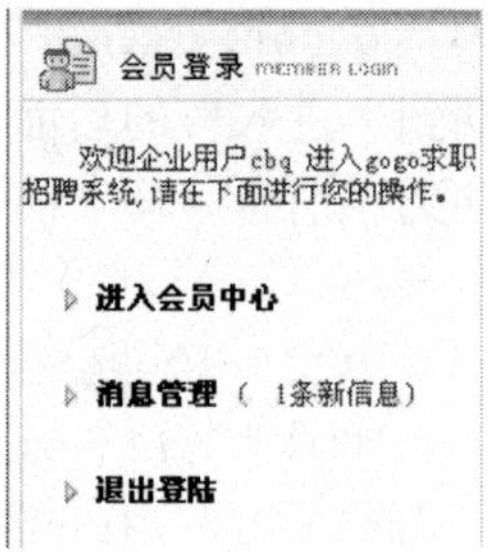

图 6-89　企业用户登录成功

图 6-90　选择“个人用户”及“公司登录”

图 6-91　提示出错

通过以上测试说明这几个页面的功能正常。

【上机实战】

上机操作：设计主页面中用户登录验证的各个页面。

项目 7 ASP网页脚本语言初相识

本项目主要介绍了招聘求职系统中的个人会员中心及企业会员中心的页面设计技巧，将源代码设计和 Dreamweaver 可视化环境设计结合起来进行介绍，读者可以在学习时将其进行有机结合。

- ◆ 掌握典型 ASP 代码的含义。
- ◆ 掌握通过 ASP 代码实现登录用户才能查看页面的技巧。
- ◆ 掌握照片上传功能的页面设计技巧。
- ◆ 掌握通过 id 来传递链接的设置方法。
- ◆ 掌握调用 ASP 包含文件和建立查询数据连接的方法。
- ◆ 掌握设计页面访问次数的技巧。
- ◆ 掌握通过 ASP 代码实现会员权限的控制

任务 1 个人用户会员中心的设计

【任务分析】

招聘求职系统个人用户模块包括以下几个页面：个人用户会员中心、个人资料设置、个人会员照片、个人简历、站内信箱、个人职位库、职位超级搜索、个人密码修改等。

本案例将介绍个人用户会员中心的设计，要求读者掌握案例的设计方法，对于源代码的介绍，由于篇幅所限不可能从最基础的地方讲起，读者可以查阅其他相关的资料。

一、个人用户会员中心首页设计

设计步骤如下。

（1）用 Dreamweaver 打开个人用户会员中心的静态页面 control.htm。

（2）另存为 control.asp。

（3）请读者注意图 7-1 中的有 ASP 标志的源代码。

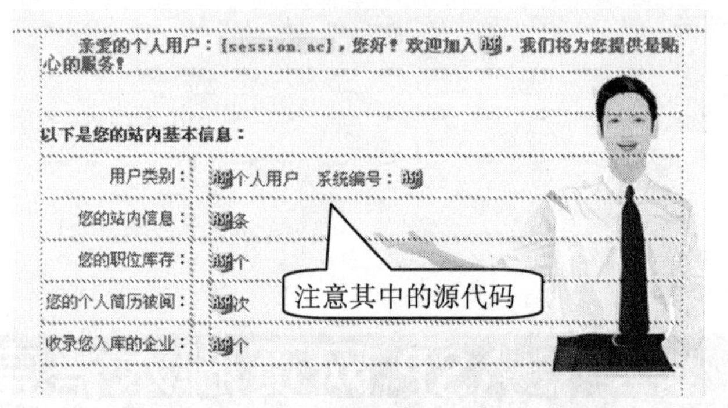

图 7-1 个人用户首页右侧

（4）“您好”前面的源代码是<%=session("ac")%>。

该源代码是记录用户登录表单中的用户名称或个人用户表中的 ac 字段。

（5）“欢迎加入”的后面源代码是：<%=webname%>，该源代码是读取数据库 info 表中的公司网站名称。

（6）在用户类别后面的“个人用户”前面的源代码如下。

```
<% if session("vip")=true then
   response.write "高级"
        Else
        response.write "普通"
   end if %>
```

以上源代码的含义是如果记录中的 VIP 是真的，显示为“高级”，否则显示为“普通”。

（7）“系统编号”后面的源代码如下。

```
<%  if session("user")="1" then
 response.write "IN"&session("id")
 else
response.write "EN"&session("id")
end if  %>
```

以上代码的含义是如果记录下来的用户类型为“1”，则显示“个人用户”表中的“id”，否则，显示“企业用户”表中的“id”。

（8）“您的站内信息”后面的源代码如下。

```
<% sql="select id from message
 where ttype='"&session("user")&"' and tid="&session("id")
job.open sql,conn,1,1
%>
```

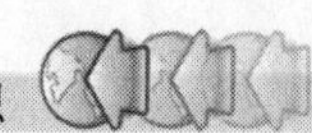

以上代码的含义设置查询数据库，从表message中选择id字段，条件是ttype=记录下来的user类型，同时又要满足tid=记录中的id，然后打开数据库。

（9）其余ASP源代码，请读者参考我们提供的control.asp源文件，不再赘述。

（10）特别要注意control.asp中页面开始部分的源代码文件，具体如下。

```
<!--#include file="info.asp"-->            //页面的链接文件
<!--#include file="conn.asp"-->            //页面的链接文件
<%
if session("id")="" or session("ac")="" or session("user")="" then
response.write "<script language=JavaScript>" & chr(13) & "alert('您还未登录！');"&"window.location.href = 'index.asp'"&" </script>"
Response.End
end if        // 以上是说记忆下来的 id、ac、user 为空，则说明用户没有登录，需要从首页
              //index.asp 登录
if session("name")="" then
if session("user")="1" then
response.write "<script language=JavaScript>" & chr(13) & "alert('您还未填写基本信息，请填写！');"&"window.location.href = 'in_control1.asp'"&" </script>"
else
Response.End
end if
end if
%>
```

二、个人资料设置页面的设计

个人资料设置页面是让用户将自己的个人资料进行完善，包含in_control1.asp、in_control2.asp、in_control3.asp这3个页面。

设计步骤如下。

1．设计个人资料页面in_control1.asp

（1）建立个人资料页面in_control1.asp。

① 用Dreamweaver打开in_control1.htm。

② 另存为in_control1.asp。

③ 该页面版面如图7-2所示。

该图表单中的元素，可以通过手写代码来绑定，也可以用另一种方法，即在Dreamweaver中建立记录集，然后打开记录集来绑定表单元素，在后面的企业用户资料的设计中将采用第二种方法。

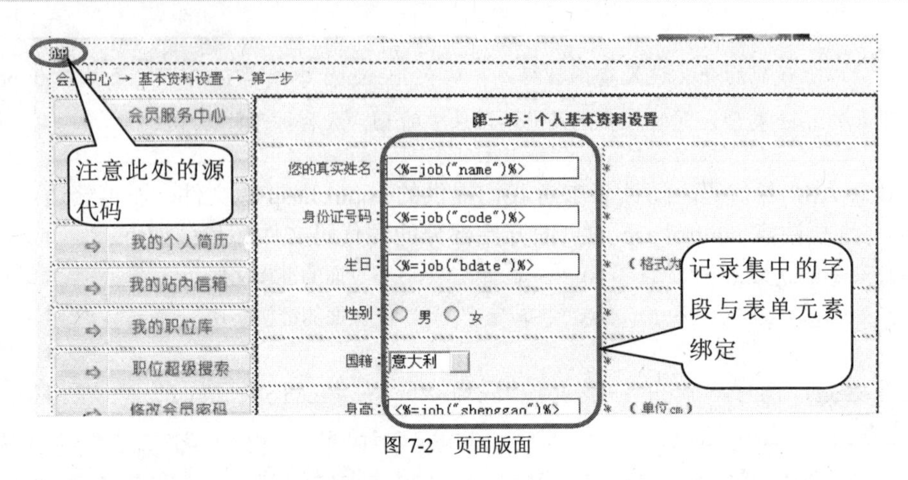

图 7-2 页面版面

（2）设计个人资料页面 in_control1.asp 的要点。

① 要在页面的开始部分建立连接文件，然后设置用户的访问权限，让没有登录的用户不能访问，也让个人用户不能访问，源代码可以参见我们以下提供的源程序。

② 在页面中要建立查询的记录集，然后打开记录集，最后在页面尾部关闭记录集。

```
<%
sql="select
name,code,bdate,sex,guoji,shenggao,tizhong,minzu,marry,hka,hkb,edu,zye
,zhuanyen1,zyes,zhuan yen2,school,bydate,zzmm,zcheng,jyjl from in_user
where id="&clng(session("id"))
job.open sql,conn,1,1
%>
//建立记录集

<%
job.close
set job=nothing
set conn=nothing
%>
//页面结尾处关闭和销毁记录集
```

③ 将记录集中的字段分别与表单中的元素进行绑定。

④ 表单的行为是提交到验证页面 upinfo1.aspr 的，源代码如下。

```
<form method="POST" action="upinfo1.asp">
```

⑤ upinfo1.asp 是对用户的个人资料设置进行验证，如果通过则通过 response.redirect "in_control2.asp" 这行源代码转到 in_control2.asp 页面。

2．设计个人资料设置第二步的页面

该页面的设计方法与 in_control1.asp 相同，步骤如下。

① 用 Dreamweaver 打开 in_control2.htm。

② 另存为 in_control2.asp。

③ 设计的关键点与 in_control1.asp 基本相同，不同的是表单的行为是提交到验证页面 upinfo2.asp 的，源代码如下。

```
<form method="POST" action="upinfo2.asp">
```

upinfo2.asp 是对用户的个人资料设置进行验证，如果通过则通过 response.redirect "in_control3.asp"这行源代码转到 in_control3.asp 页面。

3．设计个人资料设置第三步的页面

该页面的设计方法与 in_control1.asp 相同，步骤如下。

① 用 Dreamweaver 打开 in_control3.htm。

② 另存为 in_control3.asp。

③ 设计的关键点与 in_control1.asp 基本相同，不同的是表单的行为是提交到验证页面 upinfo3.asp ，源代码如下。

```
<form method="POST" action="upinfo3.asp">
```

upinfo3.asp 是对用户的个人资料设置进行验证，如果通过则通过 response.redirect "control.asp" 这行源代码转到 control.asp 页面。

到此为止，个人资料设置的 3 个页面设计完成，可以从首页用个人用户进行登录并测试这几个页面。

三、个人会员照片上传页面的设计

个人会员照片上传页面具有的功能是：如果用户已经上传了图片，则提示用户“上传图片将删除原有的图片”，如果没有图片则可以显示“一个表单和文件域”，使用户上传图片。

设计该页面的关键点如下。

（1）首先需要对用户的身份进行验证，源代码如下。

```
<!--#include file="info.asp"-->
<!--#include file="conn.asp"-->
        //以上是引用包含文件
<html>
<%
if session("id")="" or session("ac")="" or session("user")<>"1" then
response.write "<script language=JavaScript>" & chr(13) & "alert('您不具备此权限！');"&"window.location.href = 'index.asp'"&" </script>"
Response.End
end if    //以上是验证用户身份
%>
```

（2）建立查询的记录集，从个人用户表 in_user 中选择 pic 字段，然后在页面结束处关闭记录集，具体的源代码如下。

```
<%
sql="select pic from in_user where id="&clng(session("id"))
job.open sql,conn,1,1
%>
//建立记录集并打开
<%
job.close
```

```
set job=nothing
set conn=nothing
%>
//关闭记录集并销毁记录集和数据库的连接
```

（3）建立删除图片的功能区域，如果用户已经有图片则可以更新或删除图片，请读者注意以下代码。

```
<%if job("pic")<>"" then%>  // 如果记录集中的pic不为空，则执行后面的语句
<img border="0" src="<%=job("pic")%>"  //图片在记录集中的字段源路径
<a  onClick="{if(confirm('此操作将删除原照片， 继续吗？ ')){return
true;}return false;}" href="re_up.asp">我要重新上传/删除照片</a>
// 提示用户单击“我要重新上传/删除照片”链接时将弹出一个提示框“此操作将删除原照片，继续吗？”，如果选择“继续”，则转到re_up.asp页面。
```

（4）建立图片上传的功能区域，选择建立表单，然后建立一个文件域，设置表单的行为upload.asp，同时为了控制用户不选择图片直接提交，需要用一段JavaScript代码来控制用户上传图片的行为。

经过以上几个步骤的处理，设计完成的个人会员上传照片的页面如图7-3所示。

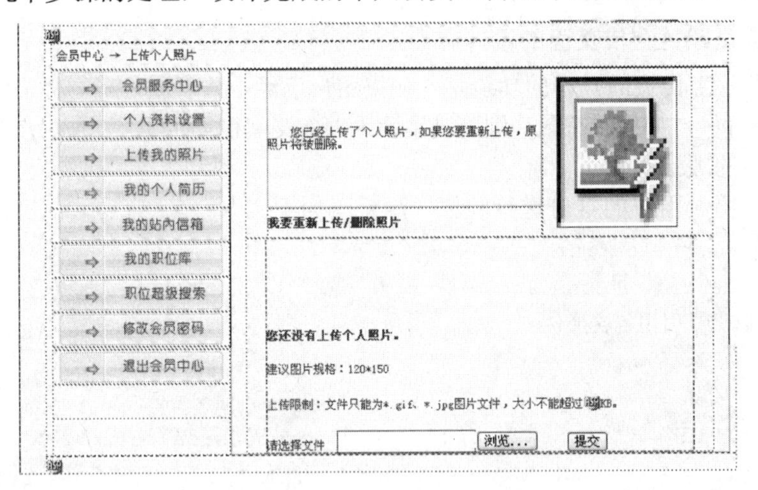

图7-3 “个人用户上传照片”的页面

四、个人简历页面的设计

个人简历页面是单击“我的个人简历”图片链接进入的页面，该页面设置链接是通过传递id参数来设置的，该链接为pejobon.asp?id=<%=session("id")%>，其含义是：通过用户登录中记录下来的id来传递链接到pejobon.asp。

通过以上说明，在设计这个页面时可以用源代码来设计，也可以用Dreamweaver来设计，这里采用可视化的设计环境Dreamweaver来设计。

设计步骤如下。

1．设置记录集

（1）打开pejobon.htm，将其另存为pejobon.asp。

（2）打开“应用程序”面板，选择“绑定”标签。

（3）单击“+”按钮，选择“记录集（查询）”命令。

（4）在“记录集”对话框中，在“名称”文本框内输入任意一个名称，如 injob，在“连接”下拉列表选择 job 选项，在“表格”下拉列表选择 in_user 选项,在“列”区域选择“全部”单选按钮，在“筛选”下拉列表选择“id＝　URL 参数　id”　，如图 7-4 所示。

2．打开记录集插入字段到表格中

（1）将光标移动到“个人简历”几个字前面，打开“记录集（injob）”，选择 name 字段，然后单击“插入”按钮，即可将 name 字段插入“个人简历”的前面，如图 7-5 所示。

图 7-4　“记录集”对话框

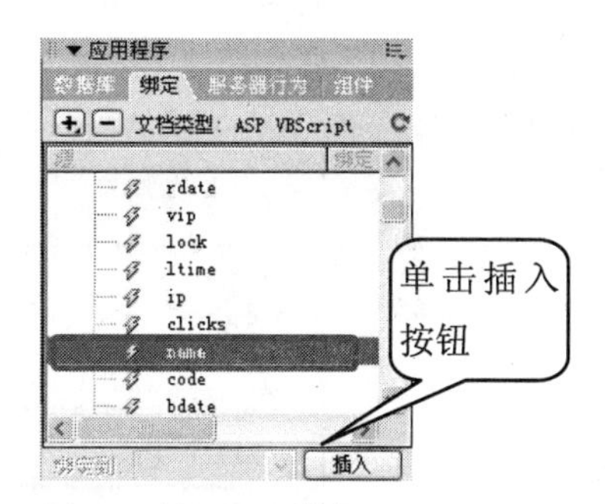

图 7-5　插入 name 字段

（2）打开“记录集”的其他字段，注意与表格中的内容相对应，按照相同的方法将其插入表格。

（3）插入“记录集”的表格，如图 7-6、图 7-7 所示。

个人基本信息			
姓　　名：	{injob.name}	性　　别：	{injob.sex}
出生日期：	{injob.bdate}	民　　族：	{injob.minzu}
户　　籍：	{injob.guoji}　{injob.hka}	身　　高：	{injob.shenggao} cm
婚姻状况：	{injob.marry}	体　　重：	{injob.tizhong} kg
政治面貌：	{injob.zzmm}	学　　历：	{injob.edu}
毕业时间：	{injob.bydate}	毕业院校：	{injob.school}
身 份 证：	{injob.code}	专　　业：	{injob.zye}　{injob.zhuanyen1}
现有职称：	{injob.zcheng}	第二专业：	{injob.zyes}{injob.zhuanyen2}
现住地点：	{injob.hkb}		
求职意向			
应聘职位类型：	{injob.job}	求职类型：	{injob.jobtype}
月薪要求：	{injob.yuex}	具体职位一：	{injob.job1}
具体职位二：	{injob.job2}	具体职位三：	{injob.job3}
具体职位四：	{injob.job4}	具体职位五：	{injob.job5}
希望工作地区：	{injob.gzdd}　{injob.gzcs}	其他工作地区：	{injob.gzcs1}
相关工作经历及特长			
人才类型：	{injob.rctype}	相关工作时间：	{injob.gznum}年
外语语种：	{injob.language}	外语水平：	{injob.lanlevel}
其他外语语种：	{injob.languages}	其他外语水平：	{injob.lanlevels}
普通话水平：	{injob.pthua}	计算机能力：	{injob.computer}
教育/培训经历			
{injob.jyjl}			

图片区域

图 7-6　插入“记录集”的表格（一）

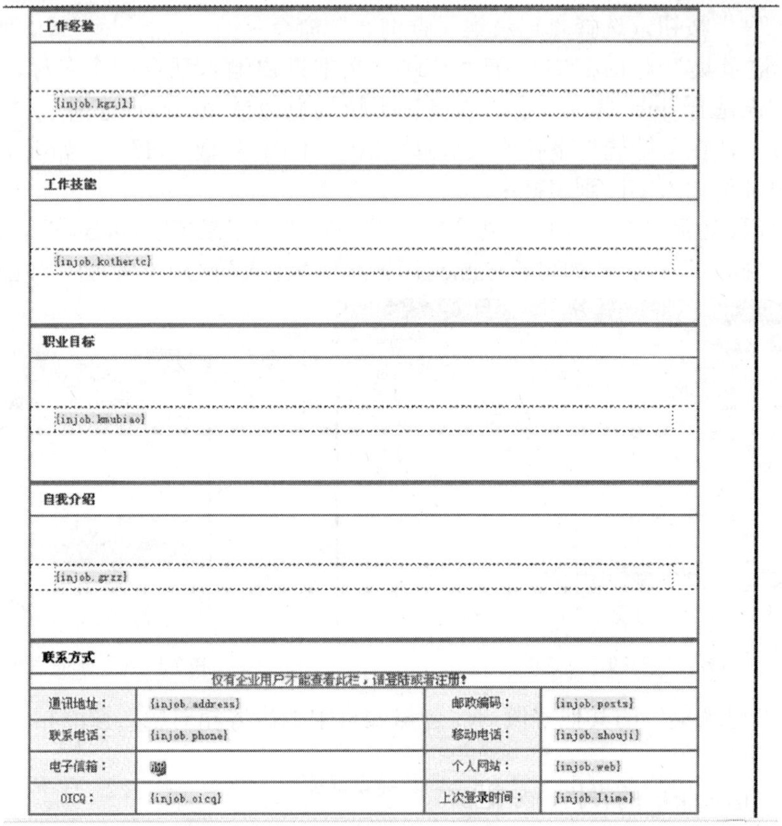

工作经验

{injob.kgzjl}

工作技能

{injob.kothertc}

职业目标

{injob.kmubiao}

自我介绍

{injob.grzz}

联系方式

仅有企业用户才能查看此栏，请登陆或注册！

通讯地址：	{injob.address}	邮政编码：	{injob.postz}
联系电话：	{injob.phone}	移动电话：	{injob.shouji}
电子信箱：		个人网站：	{injob.web}
OICQ：	{injob.oicq}	上次登录时间：	{injob.ltime}

图 7-7　插入“记录集”的表格（二）

3．添加少许代码完善个人资料设置页面

操作步骤如下。

（1）调用包含文件。在 Dreamweaver 所建立的“记录集”下面添加几行源代码来调用包含文件。

```
<!--#include file="info.asp"-->
<!--#include file="conn.asp"-->
<!--#include file="unhtml.asp"-->
```

（2）设置“记录集”的查询和读取。本页面虽然已经用 Dreamweaver 建立了“记录集”的连接，还可以用源代码建立一个数据库连接来实现网页的其他功能，如“用户个人简历中联系方式”的控制，“用户照片有无”的控制等。

可以用以下源代码来实现。

```
<%
sql="select * from in_user where id="&clng(request("id"))
job.open sql,conn,1,1
%>
```

第一句：设置查询数据库的命令，后面的 select * 是指选择所有列，from in_user 是指调用表 in_user，执行查询的条件是 id="&clng(request("id"))。

第二句：打开“记录集”，sql 是前面已经定义的查询，conn 是包含文件 conn.asp 中定义的数据库连接组件，1，1 是读取的含义。

（3）在网页的标题中加入一句源代码显示标题。网页标题的 HTML 代码是<title>……</title>标志对，在其中加入如下代码。

```
<title><%=job("name")&"个人简历 - "&webname%></title>
```

<%=job("name")提示网页的标题是“记录集（job）中的用户真实姓名，webname 提示该网站系统的名称。

（4）增加源代码。在“代码”视图下，在如图 7-8 所示的“仅有企业用户才能查看此栏”的前面和后面增加如下源代码。

```
<% if session("user")<>"2" and session("ac")<>job("ac") then   %>//前面加的
<%  else %>                                                     //后面加的
```

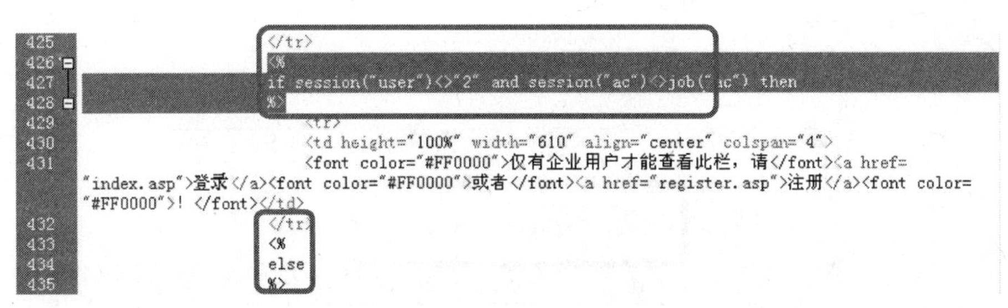

图 7-8　“代码”视图

以上代码是说如果用户的类型不是“2”即企业用户或记录下来的用户名不等于数据库字段中的“ac”，那么将“不显示用户的联系方式”。

（5）设置用户图片的显示方式。

用户的图片有可能上传或者有可能是空的，当用户有照片时将显示用户的照片，如果没有将显示“暂无照片”，此处可以用 Dreamweaver 的服务器行为设置显示区域的方法来设计，也可以用源代码来控制。这里用一段源代码来控制，移动光标到图片区域的表格内，切换到源代码视图下，输入以下源代码。

```
<img border="0" src="<%if job("pic")<>"" then //如果记录集中的图片字段不为空，那么
    response.write job("pic")                  //显示记录集中的图片
    else
    response.write "images/nopic.gif"          //显示图片路径下的nopic.gif这张图片
    end if
    %>" width="120" height="150">
```

添加图片的表格如图 7-9 所示。

（6）增加源代码。在如图 7-10 所示的表格的前面和后面按照上面的方法添加代码，仍然设置需要企业用户才能进行操作。

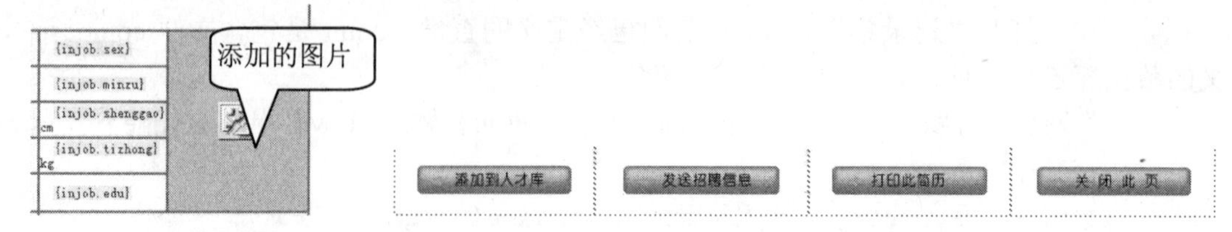

图 7-9　添加图片的表格　　　图 7-10　企业用户才能操作的表格

代码与操作步骤（4）中的设置相同。

（7）测试该页面。个人用户从首页登录，测试结果如图 7-11、图 7-12 所示。

个人基本信息				
姓　　名：	陈学平	性　　别：	男	暂无照片
出生日期：	1969-06-13	民　　族：	汉	
户　　籍：	中国　重庆市	身　　高：	174cm	
婚姻状况：	已婚	体　　重：	80kg	
政治面貌：	群众	学　　历：	本科	

图 7-11　图片显示

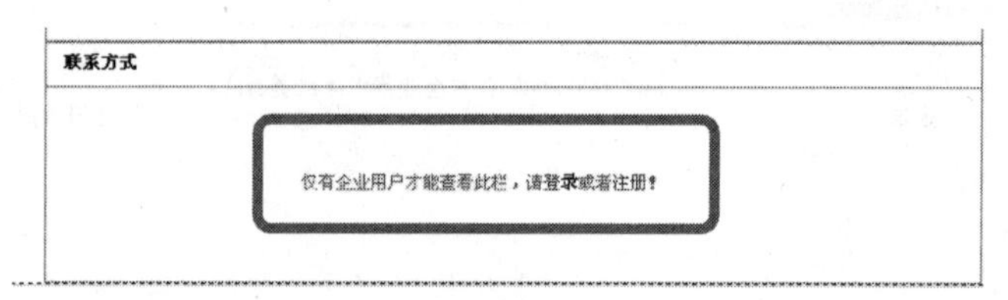

图 7-12　企业用户才能查看联系方式

4．设计用户个人简历的访问次数

（1）选择“应用程序”面板。

（2）单击“服务器行为”标签的“+”按钮。

（3）选择“命令”命令，然后在弹出的“命令”对话框中进行设置，“名称”文本框中是默认的，在“类型下拉列表”中选择“更新”选项，在“连接”下拉列表中选择 job 选项，在 SQL 区域中更改代码如下。

```
UPDATE in_user
SET clicks=clicks+1
WHERE clicks=0
```

更改后的“命令”对话框如图 7-13 所示。

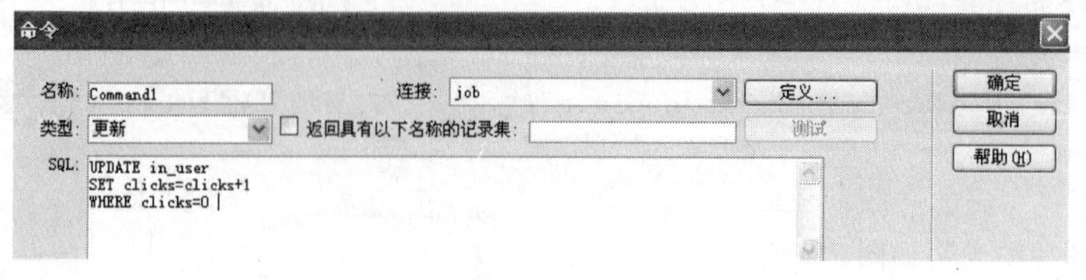

图 7-13　更改后的“命令”对话框

（4）测试页面，看浏览次数是否能发生变化。

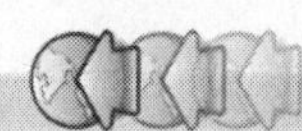

五、用户站内信箱页面的设计

该页面主要完成用户注册并登录成功后的站内信息的提示。

设计步骤如下。

1．建立站内信箱页面 message.asp

（1）打开 message.htm。

（2）将该页面另存为 message.asp。

2．站内信箱页面的设计要点

（1）在页面中调用包含文件。首先添加本页面的包含文件，即本页面需要调用的页面，同时对该页面进行保护，没有登录将不能访问。为了实现上述功能，在页面的开始处添加如下源代码。

```
<!--#include file="info.asp"-->
<!--#include file="conn.asp"-->
//以上是调用包含文件
<html>
<%
if session("id")="" or session("ac")="" or session("user")="" then
response.write "<script language=JavaScript>" & chr(13) & "alert('您还未登录！');"&"window.location.href = 'index.asp'"&" </script>"
Response.End
end if
%>
//以上是控制用户的登录行为，用户必须正确登录才能访问
```

（2）站内信息区域的设计。设计完成的表格如图 7-14 所示。

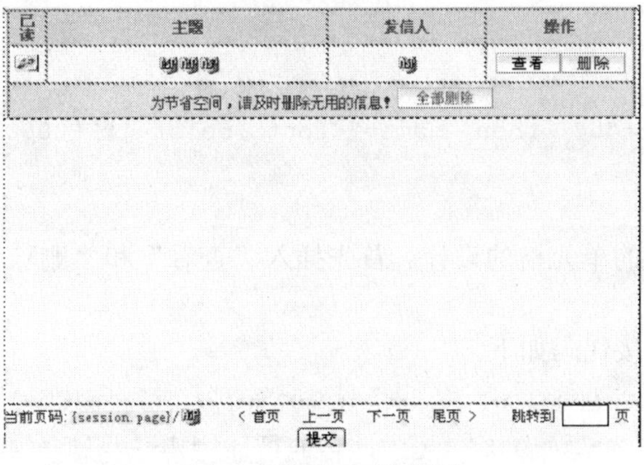

图 7-14　站内信息区域的设计

站内信息区域中站内信息的设计简介如下。

（1）对于“已读”下方的“图标”显示的设计。该“图标”可以显示为两种情况：一种是已经读了；一种是新的消息，还没有阅读，通过以下代码实现。

```
<img border="0" src="<% if job("new")=true then //如果消息是新的，那么
        response.write "images/m_news.gif"  //显示新的图片
        else    response.write "images/m_olds.gif"  //显示旧的图片
    end if  %>" width="21" height="14">
```

（2）对于“主题”下方的单元格的设计。该单元格的设计比较简单，如果消息是新的，则用粗体显示，同时设置该主题的链接为 showmessage.asp，代码如下。

```
<a href="JavaScript:openScript('showmessage.asp?id=<%=job("id")%>',450,
300)"><%if job("new")=true then response.write "<b>"%><%=job("title")%
><%if job("new")=true then response.write "</b>"%></a>
```

（3）对于“发信人”下方的单元格的设计。“发信人”下方单元格的设计主要是通过判断语句来进行选择，如果 ftype=1，则调用“个人用户”的表，如果 ftype=2，则调用“企业用户”的表，如果 ftype=0，则提示为“系统信息”，代码如下。

```
<%
set job1=server.createobject("adodb.recordset")
for ii=1 to job.pagesize
if job("ftype")="1" then
sql1="select name from in_user where id="&job("fid")
job1.open sql1,conn,1,1
name="<a  target='_blank'  href='pejobon.asp?id="&job("fid")&"'>"&job1
("name")&"</a>"
job1.close
end if
if job("ftype")="2" then
sql1="select name from en_user where id="&job("fid")
job1.open sql1,conn,1,1
name="<a  target='_blank'  href='company.asp?id="&job("fid")&"'>"&job1
("name")&"</a>"
job1.close
end if
if  job("ftype")="0"  then  name="<font  color='#FF0000'>"&" 系 统 信 息
"&"</font>"
%>
```

（4）对于操作下方的单元格的设计。首先插入“查看”和“删除”两张图片，然后设置两张图片的链接。

设置“查看”的链接代码如下。

```
“<a href="JavaScript:openScript('showmessage.asp?id=<%=job("id")%>', 450,300)">
<img border="0" src="images/cha_depot.gif" width="53" height="17"> </a>”
```

说明

该代码的含义是设置“查看”的链接为 showmessage.asp，通过 id 来传递参数，同时是在一个“宽 53，高 17”的窗口中打开链接。

设置“删除”的链接代码如下。

```
<a onClick="{if(confirm('此操作将删除信息<<%=job("title")%>>，继续吗？
')){return true;}return false;}" href="del_message.asp?id=<%=job("id") %>">
<img border="0" src="images/del_depot.gif" width="53" height="17"> </a><
```

该代码是设置“删除”的链接为 del_message.asp，通过 id 来传递参数，并且是在一个“宽 53，高 17”的窗口中打开链接。

站内信息的消息有可能不只一条，为了显示所有的信息，因此需要用代码进行控制，让其重复显示站内信息的表格，我们在 Dreamweaver 中也可以设置重复显示的区域。

代码如下。

```
<%
job.movenext
if job.eof then exit for
next
%>
```

（5）对于站内信息中“全部删除”的设计。该部分与前面的删除设计基本相同，代码如下。

```
<a onClick="{if(confirm('此操作将删除您的所有站内消息，继续吗？')){return
true;}return  false;}"  href="del_message.asp?id=all"><img  border="0"
src="imag es/all_del.gif" width="80" height="17"></a>
```

此处是“id=all”所有的记录，而操作下方的“删除”只是删除“一个 id”传递的信息。

（6）对于站内信息下方的“记录集”分页导航的设计。记录集分页导航可以用代码设计，也可以用 Dreamweaver 来设计，此处我们用 Dreamweaver 来设计。

① 在“应用程序”面板中选择“绑定”标签。

② 单击“+”按钮，选择“记录集（查询）”命令。

③ 在“记录集”对话框设置各个参数，如图 7-15 所示。

筛选中的设置是消息表 message 中的 tid 字段等于登录用户传递过来的 id。

④ 将光标定位在站内信息下方的表格内，删除原有的设计内容，选择“插入”→“应用程序对象”→“记录集分页”→“记录集导航条”命令，如图 7-16 所示。

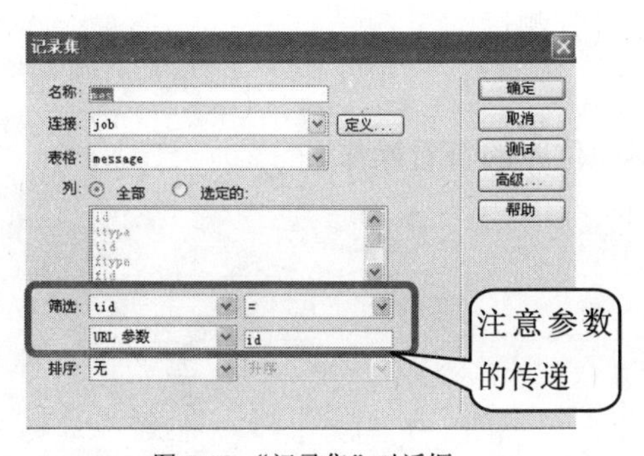

图 7-15 “记录集”对话框

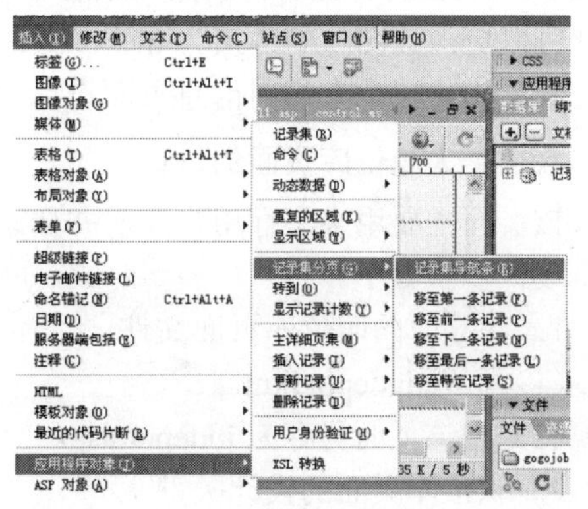

图 7-16　插入“记录集导航条”

⑤ 选择“插入”→“应用程序对象”→“显示记录计数”→“记录集导航状态”命令，如图 7-17 所示。

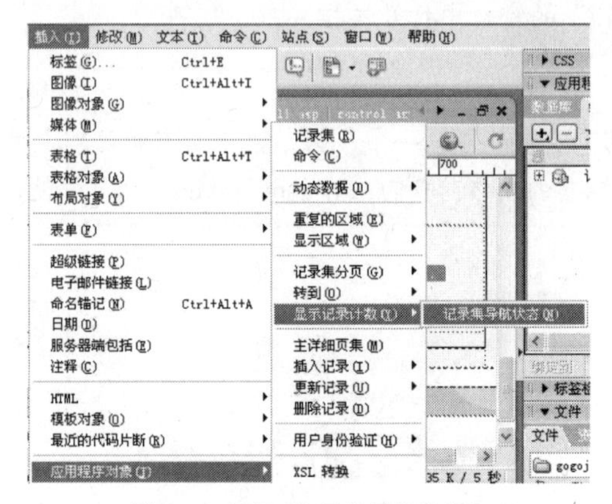

图 7-17 插入“记录集导航状态”

⑥ 插入记录集导航后的表格如图 7-18 所示。

⑦ 更改里面的文字为中文，注意将光标移动到字母中去改，不要选取整个单词后去改动，否则会删除“记录集导航”的行为，改动“导航条”后的表格如图 7-19 所示。

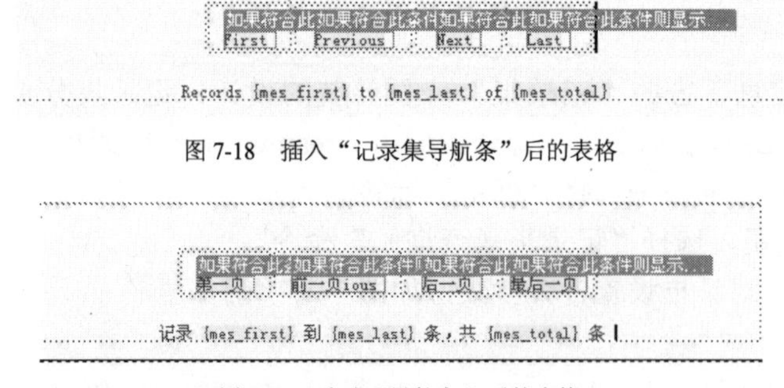

图 7-18 插入“记录集导航条”后的表格

图 7-19 改动“导航条”后的表格

⑧ 下面对 control.asp 和 message.asp 两个页面的左侧导航条中个人站内信息图片的链接进行更改，这一步很重要，其他个人会员的页面也对该图片的链接作相同的更改。因为用 Dreamweaver 在建立“记录集”设置“筛选”时“传递的 id 号”需要通过该链接来传递，因此可以更改该图片的链接为 message.asp?id=<%=session("id")%>。

到此为止，个人站内信息页面设计完成，可以进行测试。

六、个人职位库页面的设计

该页面主要用来进行用户注册并登录成功后对职位库的查看操作。

设计步骤如下。

1．建立我的职位库页面文件

（1）打开 indepot.htm。

（2）将该页面另存为 indepot.asp。

2．职位库页面的设计关键

（1）建立页面的文件。首先添加本页面的包含文件，即本页面需要调用的页面，同时对该

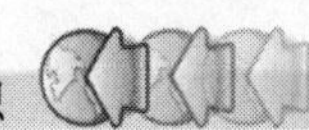

页面进行保护，没有登录将不能访问。为了实现上述功能，在页面的开始添加如下源代码。

```
<!--#include file="info.asp"-->
<!--#include file="conn.asp"-->
//以上是调用包含文件
<html>
<%
if session("id")="" or session("ac")="" or session("user")="" then
response.write "<script language=JavaScript>" & chr(13) & "alert('您还未登录！');"&"window.location.href = 'index.asp'"&" </script>"
Response.End
end if
%>
//以上是控制用户的登录行为，用户必须正确登录才能访问
```

（2）职位库信息区域的设计。设计完成的职位库信息区域表格如图 7-20 所示。下面进行介绍。

① 对于“编号”下方的单元格的设计。

在<%=job("id")%> 输入该代码提示为用户注册并登录的 id 号。

② 对于“招聘职位”下方的单元格的设计。

在<%=job1("jtzw")%>插入“记录集 job1”的招聘职位字段。

③ 对于“招聘单位”下方的单元格的设计。

在<%=job2("name")%>插入“记录集 job2”的招聘单位字段。

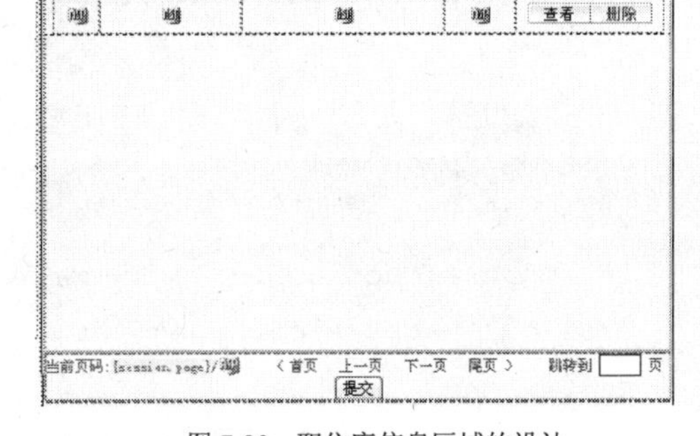

图 7-20 职位库信息区域的设计

④ 对于“工作城市”下方的单元格的设计。

在<%=job1("city")%>插入“记录集 job1”中的城市字段。

⑤ 对于“操作”下方的单元格的设计。

设置“查看”的链接为 job.asp?id=<%=job1("id")%>，通过 id 来传递参数。

设置“删除”的链接为 del_indepot.asp?id=<%=job("id")%>，通过 id 来传递参数。

注意：职位库有可能不止一条，为了显示所有的信息，因此需要用代码进行控制，让其重复显示职位信息，在 Dreamweaver 中也可以设置重复显示的区域。

代码如下。

```
<%
job.movenext
if job.eof then exit for
job1.close
job2.close
next
%>
```

⑥ 为了实现对“职位库”表格内容的控制，需要建立记录集 job、job1、job2 等。

```
<%
sql="select id,jobid from indepot where inid="&session("id")&" order by
id desc"
job.open sql,conn,1,1 //设置查询的表，并建立记录集 job
if job.recordcount=0 then
response.write "您暂时没有职位信息！"//如果记录集的职位信息为空，则提示您暂时没
                                          //有职位信息
   else
//以下是控制页面的导航记录
job.pagesize=10
if request("action")="n" then
session("page")=session("page")+1
else
if request("action")="p" then
session("page")=session("page")-1
else
if request("action")="f" then
session("page")=1
else
if request("action")="l" then
session("page")=job.pagecount
else
if isnumeric(request("page1"))=true then
session("page")=clng(request("page1"))
else
session("page")=1
end if
end if
end if
end if
end if
if session("page")>job.pagecount then session("page")=job.pagecount
if session("page")<1 then session("page")=1
job.absolutepage=session("page")%>
```

建立记录集 job1、job2 的代码如下。

```
<%
set job1=server.createobject("adodb.recordset")
set job2=server.createobject("adodb.recordset")
for ii=1 to job.pagesize
```

```
sql1="select id,enid,jtzw,city from job where id="&job("jobid")
job1.open sql1,conn,1,1
set job2=server.createobject("adodb.recordset")
sql2="select id,name from en_user where id="&job1("enid")
job2.open sql2,conn,1,1
%>
```

（3）对于职位信息下方的记录集分页导航的设计。

记录集分页导航可以用代码设计，也可以用 Dreamweaver 来设计。

此处我们用代码来设计。

首先插入一个表单，在表单内作如图 7-21 所示的设置，具体代码可以参见源文件。

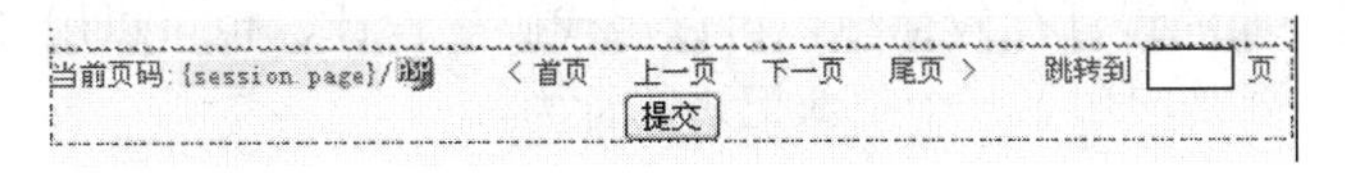

图 7-21　记录集导航的设置

到此为止，职位库页面设计完成，完整的页面和代码请读者参见相关源文件。

七、职位超级搜索页面的设计

职位超级搜索页面的设计比较简单，可以用代码来设计，也可以用 Dreamweaver 来设计，不管采用哪种方法来设计，都需要设计一个搜索页面、一个搜索结果显示页面。

设计步骤如下。

（1）打开 search_job.htm。

（2）将其另存为 search_job.asp。

（3）首先对页面进行保护，并且只有登录的用户且为个人用户才能进行超级职位搜索。代码与个人职位库页面的设计方法一样，此处不再赘述。

（4）在表单内作如图 7-22 所示的设计。该设计可以用 Dreamweaver 来完成，主要是几个文本框和下拉菜单的设计，具体设计可以参见源文件。

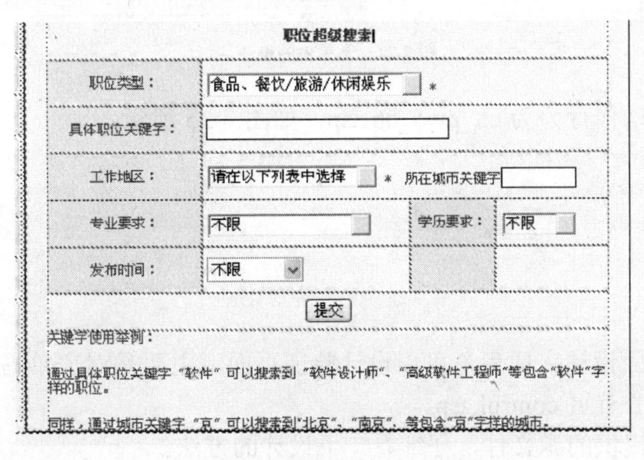

图 7-22　超级搜索表单内的设计

（5）设置表单的动作行为为 show_search_job.asp，如图 7-23 所示。

图 7-23　设置表单的动作

（6）该搜索页面设计完成后，可以设计搜索结果页面。对于搜索结果页的设计需要对前面的提交条件进行筛选，因此比搜索页面的设计难度要大一些，本案例是一个招聘普及版，只是用了一段代码来提示，普及版不支持该功能，如果读者需要完善该搜索结果页面可以自己设计完成。

八、个人密码修改页面的设计

会员修改密码页面的设计比较简单，可以用代码来设计，也可以用 Dreamweaver 来设计，该页面的设计主要是应用了一个更新记录的行为。

设计步骤如下。

（1）打开 ch_pwd.htm。

（2）将其另存为 ch_pwd.asp。

（3）首先对页面进行保护，并且只有登录的个人用户才能进行密码修改。代码与前面的页面设计方法一样，此处不再赘述。

（4）在表单内作如图 7-24 所示的设计。该设计可以用 Dreamweaver 来完成，主要是几个文本框的设计，具体设计可以参见源文件。

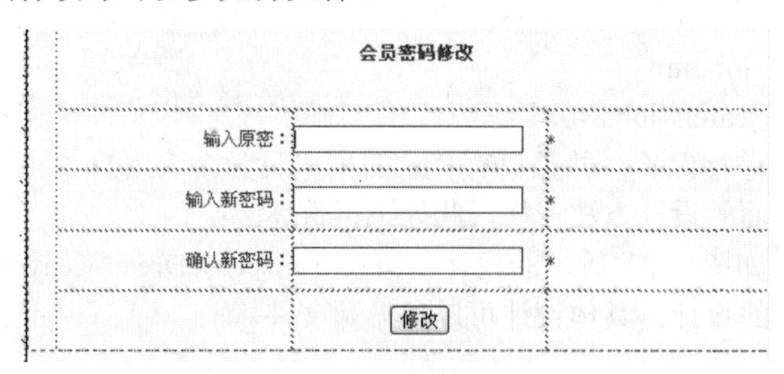

图 7-24　表单内的设计

（5）设置表单的动作行为为 ch_pwd_db.asp，如图 7-25 所示。

图 7-25　设置表单的动作

（6）密码修改页面设计完成后，可以设计验证页面，主要是对表单提交的验证，验证通过后页面转到会员中心首页 control.asp。

请读者参见我们提供的源文件，仔细看一下设计的方法。

【上机实战】

本案例的代码较多，较复杂，请读者将 8 个个人会员中心的页面全部设计一下。

任务 2　企业会员中心页面的设计

【任务分析】

此任务讲述了个人会员中心页面的设计，本案例将介绍企业会员中心页面的设计。设计方法与个人会员中心大体相同。

招聘求职系统企业用户模块包括以下几个页面：企业用户会员中心、企业资料设置、查看企业信息、发布招聘信息、维护招聘信息站内信箱、人才库、人才超级搜索、修改密码等。

【实现步骤】

一、企业用户会员中心首页设计

设计步骤如下。

（1）用 Dreamweaver 打开企业用户会员中心的静态页面 control1.htm。

（2）另存为 control1.asp。

（3）请读者注意图 7-26 中的有 ASP 标志的源代码。

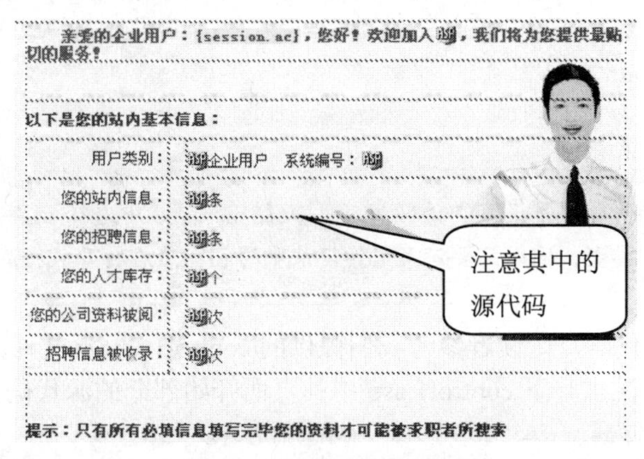

图 7-26 “企业用户”首页右侧

（4）“您好”前面的源代码是<%=session("ac")%> 。

注意

该源代码是记录用户登录表单中的用户名称或企业用户表中的 ac 字段。

（5）“欢迎加入”后面源代码是<%=webname%>，该源代码是读取数据库 info 表中的公司网站名称。

（6）“用户类别”后面、“企业用户”前面的源代码如下。

```
<% if session("vip")=true then
response.write "高级"
      else
    response.write "普通"
      end if %>
```

以上源代码是说，如果记录中的 VIP 是真的，显示为“高级”，否则显示为“普通”。

（7）“系统编号”后面的源代码如下。

```
<%  if session("user")="1" then
 response.write "IN"&session("id")
  else
response.write "EN"&session("id")
end if  %>
```

以上代码的含义是如果记录下来的用户类型为“1”，则显示“个人用户”表中的“id”，否则，显示“企业用户”表中的“id”。

（8）“你的站内信息”后面的源代码如下。

```
<% sql="select id from message
 where ttype='"&session("user")&"' and tid="&session("id")
job.open sql,conn,1,1
%>
```

以上代码的含义是设置查询数据库，从表 message 中选择 id 字段，条件是 ttype=记录下来的 user 类型，同时又要满足 tid=记录中的 id，然后打开数据库。

（9）其余 ASP 源代码，请读者参考我们提供的 control1.asp 源文件，这里不再赘述。

（10）请读者还要注意一下 control1.asp 中的页面开始部分的源代码文件，具体如下。

```
<!--#include file="info.asp"-->   //页面的链接文件
<!--#include file="conn.asp"-->   //页面的链接文件
<%
if session("id")="" or session("ac")="" or session("user")="" then
response.write "<script language=JavaScript>" & chr(13) & "alert('您还未登录！');"&"window.location.href = 'index.asp'"&" </script>"
Response.End
end if        // 以上是说记忆下来的 id、ac、user 为空，则说明用户没有登录，需要从首页 index.asp 登录
%>
```

二、企业资料设置页面的设计

企业资料设置页面是让用户将自己的企业资料进行完善，页面是 en_control1.asp。设计步骤如下。

1．建立企业资料设置页面 en_control1.asp

（1）用 Dreamweaver 打开 en_control1.htm。

（2）另存为 en_control1.asp。

（3）该页面版面如图 7-27 所示。

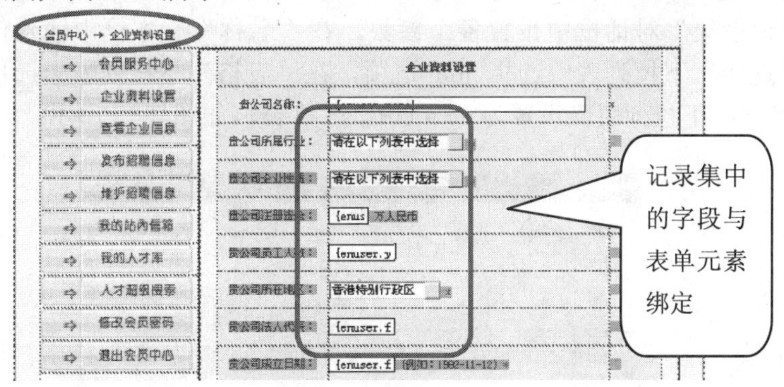

图 7-27　页面版面

该图表单中的元素，可以手写代码来绑定，也可以用另一种方法：在 Dreamweaver 中建立记录集，然后打开记录集来绑定表单元素。在企业用户的资料设计中这里采用的是第二种方法。

2．设计页面的注意事项

（1）建立连接文件。要在页面的开始部分建立连接文件，然后设置用户的访问权限，让没有登录的用户不能访问，也让用户类型不是企业用户的会员不能访问，源代码如下。

```
<!--#include file="info.asp"-->
<!--#include file="conn.asp"-->

<html>
<%
if session("id")="" or session("ac")="" or session("user")<>"2" then
response.write "<script language=JavaScript>" & chr(13) & "alert('您还未登录！');"&"window.location.href = 'index.asp'"&" </script>"
Response.End
end if
%>
```

具体代码可以参见源程序。

（2）设置页面链接。在会员中心页面 control1.asp、会员资料设置页面 en_control1.asp 及会员中心的其他页面设置好图片“会员资料设置”的链接为 en_control1.asp?ac=<%=session("ac")%>，该链接的意义是用用户名称来传递参数。

（3）建立并应用记录集。

在页面中要建立查询的记录集，然后打开记录集，将记录集中的字段分别与表单中的元素进行绑定。

具体操作如下。

① 选择“应用程序”面板。

② 选择“绑定”标签。

③ 单击“绑定”标签中的“+”号按钮，选择“记录集（查询）”命令。

④ 在“记录集”对话框中设置各个参数，在“名称”文本框中输入任意一个名称，如 enuser，在“连接”下拉列表中选择 job 选项，在“表格”下拉列表中选择 en_user 选项，另要注意“筛选”下拉列表应设置为 ac = URL 参数 ac，如图 7-28 所示。

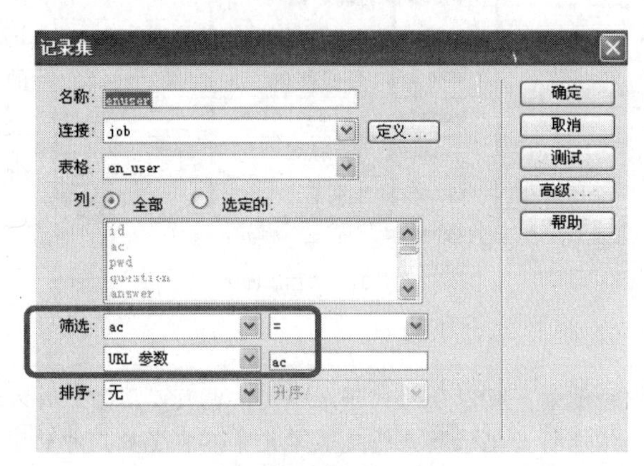

图 7-28 “设置集”对话框

图 7-28 中的筛选设置的含义是“记录集”的 ac 等于从上一个页面传递来的“用户 ac”。

⑤ 设置好记录集后，单击“确定”按钮，记录集将出现在“绑定”标签中，然后打开记录集，将字段插入表单，与各表单元素绑定。

（4）应用更新记录的服务器行为。

在“服务器行为”标签中选择“更新记录”命令，在“更新记录”对话框中将“表单”元素与数据库表 en_user 中的字段进行“绑定”，如图 7-29 所示。

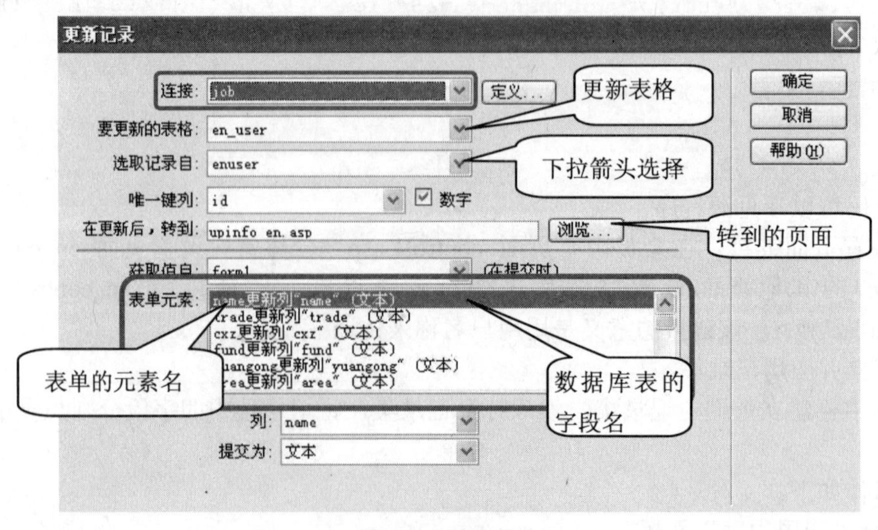

图 7-29 更新记录设置

（5）控制用户提交表单的行为。

① 对于用户提交表单的行为进行的控制，可以在页面 en_control1.asp 内添加 JavaScript 来控制用户的提交，代码如下。

```
<script language=javascript>
 function test()
 {
     if (document.form1.name.value==""){
       alert("请输入公司名字！")
      document.form1.name.focus();
      return false
        }
   if (document.form1.trade.value=="0"){
       alert("请选择公司的所属行业！");
      document.form1.trade.focus();
      return false
      }
      if (document.form1.cxz.value=="0"){
       alert("请选择公司性质！");
      document.form1.cxz.focus();
      return false
      }
       if (document.form1.area.value=="0"){
       alert("请选择公司所在地区！");
      document.form1.area.focus();
      return false
      }
      if (document.form1.fdate.value==""){
       alert("请输入公司成立时间！")
      document.form1.fdate.focus();
      return false
        }if (document.form1.jianj.value==""){
       alert("公司简介不能为空！")
      document.form1.jianj.focus();
      return false
        }
         if (document.form1.address.value==""){
       alert("请输入公司地址！")
      document.form1.address.focus();
      return false
        }
```

```
        if (document.form1.zip.value==""){
       alert("请输入通信邮编！")
     document.form1.zip.focus();
     return false
       }
        if (document.form1.pname.value==""){
       alert("请输入联系人的名字！")
     document.form1.pname.focus();
     return false
       }
        if (document.form1.phone.value==""){
       alert("请输入联系人的电话！")
     document.form1.phone.focus();
     return false
       }
        if (document.form1.fax.value==""){
       alert("请输入公司传真号码！")
     document.form1.fax.focus();
     return false
       }
        if (document.form1.email.value==""){
       alert("请输入电子邮件地址！")
     document.form1.email.focus();
     return false
       }


     return true
  }

</script>
```

以上代码这里不再赘述，读者可以参见前面章节的介绍。

② 找到表单的标签，在表单内增加一句代码：onSubmit="return test()"，如下所示。

```
<form    METHOD="POST"    action="<%=MM_editAction%>"    name="form1"
id="form1"  onSubmit="return test()">
```

onSubmit="return test()"的含义是调用上面的 JavaScript 来控制用户的提交。

到此为止，企业资料设置的页面设计完成，可以从首页用企业用户进行登录并测试这个页面。下面用一个企业用户 cbq 进行登录，测试企业资料设置的页面如图 7-30 所示。

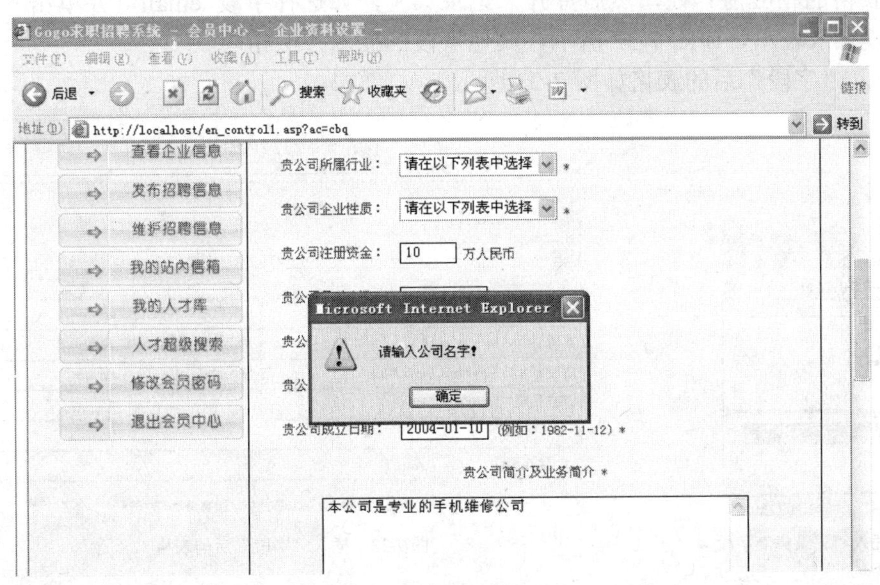

图 7-30 “企业资料”设置的页面

三、查看企业信息页面的设计

查看企业信息页面具有的功能是：显示企业用户的基本信息和联系方式，但是企业用户的联系方式需要本网站的注册会员才能查看。如果不是本站的注册会员则提示“仅有注册用户才能查看此栏，请登录或者注册！”

设计步骤如下。

1．建立查看企业信息的页面 company.asp

（1）打开网页 company.htm。

（2）另存为 company.asp。

2．设计该页面的要点

（1）首先需要传递前一个页面的参数。

① 选择“应用程序”面板。

② 选择“绑定”标签后，单击“+”按钮。

③ 选择“记录集（查询）”命令，在“记录集”对话框中设置各个参数，在“名称”文本框中输入任意一个名称,如 enuser1，在“连接”下拉列表中选择 job 选项，在“表格”下拉列表中选择 en_user 选项，另要注意“筛选”下拉列表应设置为“id =URL 参数 id”，如图 7-31 所示。

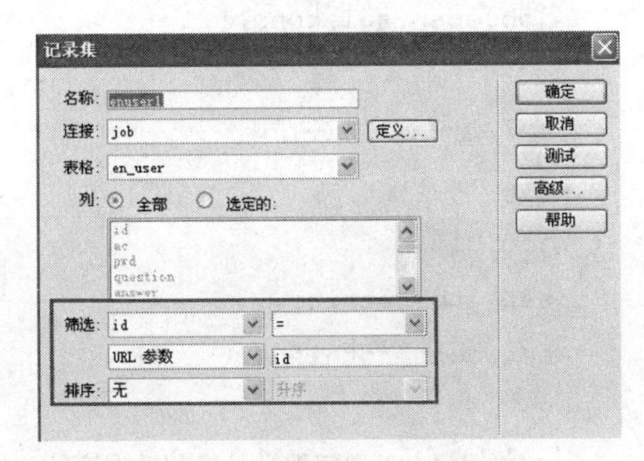

图 7-31 “记录集”对话框

> 图 7-31 中的筛选设置，该设置的含义是“记录集”的“id”等于从上一个页面传递来的“用户 id”。

④ 设置好记录集后，单击“确定”按钮，“记录集”将出现在“绑定”标签中，将光标定位在表格的相应内容处，然后打开“记录集”，如选择字段 email，并单击“插入”按钮，将字段插入表单，如图 7-32 所示，其他字段的插入方法相同。

⑤ 插入“字段”后的表格如图 7-33 所示。

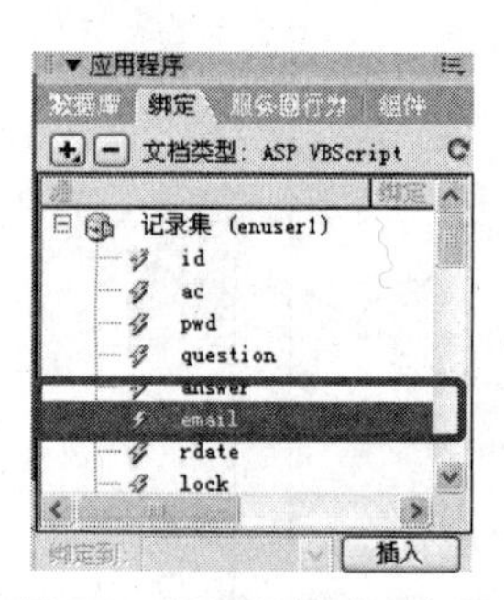

图 7-32 插入“记录集”字段

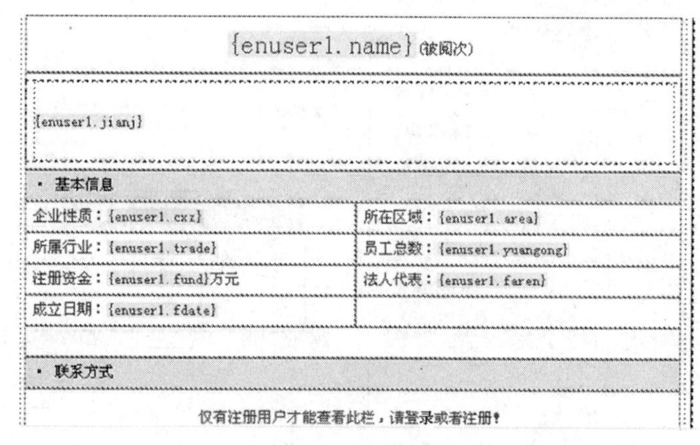

图 7-33 插入“字段”后的表格

（2）用一定的源代码来控制用户查看联系方式

① 引用包含文件，源代码如下。

```
<!--#include file="info.asp"-->
<!--#include file="conn.asp"-->
        //以上是引用包含文件
```

② 建立查询的记录集，从企业用户表 en_user 中选择 id 字段，然后在页面结束处关闭记录集，具体的源代码如下。

```
<%
sql="select * from en_user where id="&clng(request("id"))
job.open sql,conn,1,1

%>//建立记录集并打开
<%
job.close
set job=nothing
set conn=nothing
%>
//关闭记录集并销毁记录集和数据库的连接
```

③在图 7-34 所示的源代码示意图中添加源代码来控制用户查看联系方式。

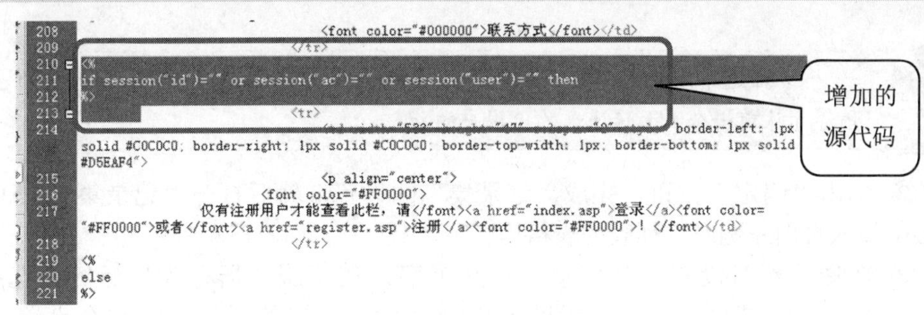

图 7-34　“查看联系方式”的控制

（3）设置图片链接。将“企业会员中心”的各个页面中的“查看企业信息”的图片“链接”设置为 company.asp?id=<%=session("id")%>，这一步需要读者注意，否则不能传递参数，页面测试将不能正常显示。

（4）设置页面的访问次数。

①单击“服务器行为”标签的“+”按钮，选择“命令”命令，在弹出的“命令”对话框中进行设置，注意 SQL 区域的代码。

```
UPDATE en_user
SET clicks=clicks+1
WHERE
```

其设置如图 7-35 所示。

图 7-35　“命令”、对话框

② 在“绑定”标签中打开“记录集”，将“记录集”中的字段 clicks 插入“被阅次”的后面，然后测试一下看浏览次数能否正常变化。

（5）设计页页左侧招聘职位列表的区域。

① 首先建立一个记录集 job1，注意设置“记录集”的参数，如图 7-36 所示。

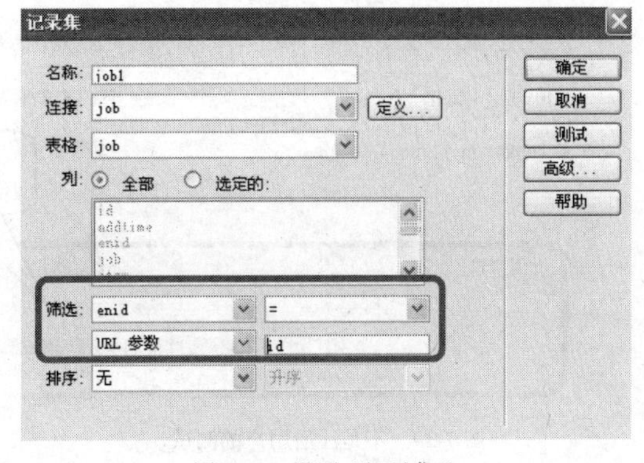

图 7-36　设置“记录集”

“筛选”设置为“enid = URL 参数 id”的含义是数据库表job中的enid字段的值等于从前一个页面传递来的“用户的id”。

② 单击“确定”按钮，完成“记录集”的设置，然后打开“记录集（job1）”，将字段jtzw插入页面左侧职位列表的表格内。

③ 选择“暂时没有招聘信息”这几个字，在“服务器行为”标签中选择“显示区域”→“如果记录集为空则显示区域”命令，在弹出的对话框中进行设置，如图7-37所示。

④ 选择下方职位的表格中，在“服务器行为”标签中选择“重复区域”命令，作如图7-38所示的设置。

图 7-37 “如果记录集为空则显示区域”对话框

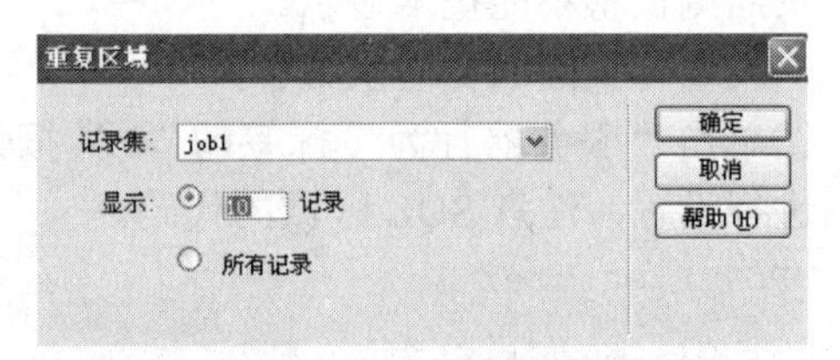

图 7-38 “重复区域”对话框

⑤经过以上几个步骤的设计，可以对查看企业页面进行测试，首先从首页进行测试，直接单击“推荐职位”中的“重庆就业培训中心”的链接，测试页面如图7-39所示，然后用“注册用户”登录，测试页面如图7-40所示。

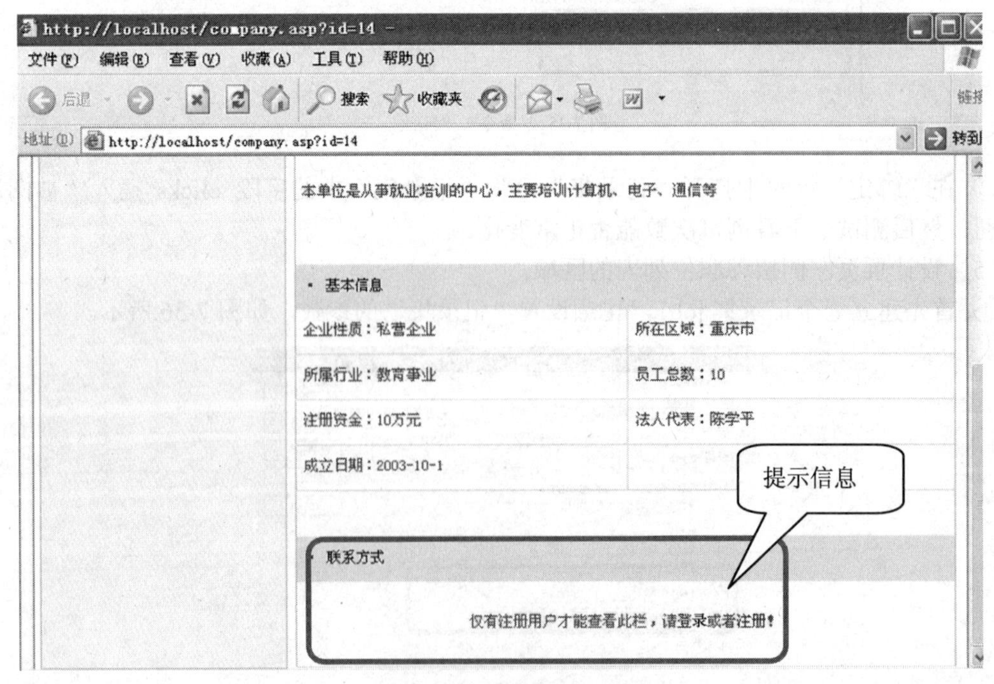

图 7-39 不是注册用户的测试

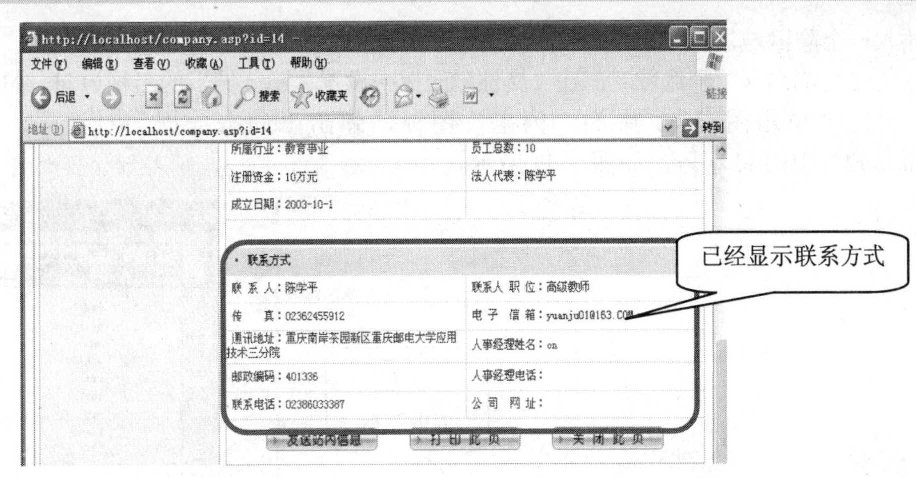

图 7-40　注册用户的测试

四、企业发布招聘信息页面的设计

企业发布招聘信息页面是单击“发布招聘信息”图片链接进入的页面，该页面设置链接通过传递 id 参数来设置的，该链接为 add_job.asp?id=<%=session("id")%>，该链接的含义是：通过用户登录中记录下来的 id 来传递链接到 add_job.asp。

通过以上说明，在设计这个页面时可以用源代码来设计，也可以用 Dreamweaver 来设计，这里采用可视化的设计环境 Dreamweaver 设计。

设计步骤如下。

1．设置记录集

（1）打开 add_job.htm，将其另存为 add_job.asp。

（2）选择“应用程序”面板，选择“绑定”标签。

（3）单击“+”按钮，选择“记录集（查询）”命令。

（4）在“记录集”对话框中，在“名称”文本框中输入任意一个名称，如 enuser2，在“连接”下拉列表中选择 job 选项，在“表格”下拉列表中选择 en_user 选项，在“列”区域选择“全部”单选按钮，“筛选”选择“id =URL 参数 id”，如图 7-41 所示。

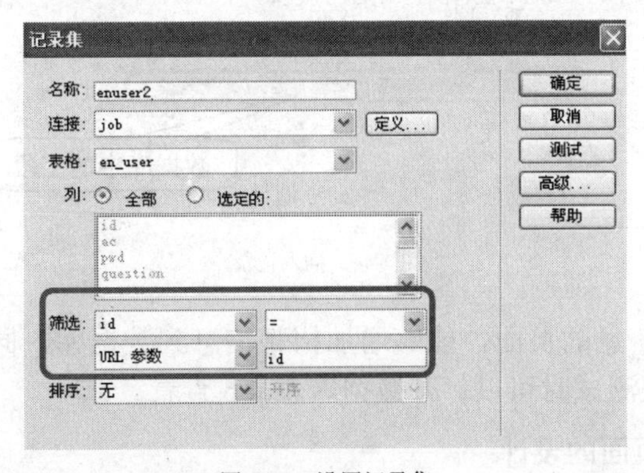

图 7-41　设置记录集

2．插入一个隐藏域

（1）将光标移动到“提交”按钮的后面，选择“插入”→“表单”→“隐藏域”命令，

插入一个隐藏域。

（2）单击该“隐藏域”，在“属性”面板中设置“隐藏域”的名称为 id，如图 7-42 所示。

（3）单击图 7-42 中的“闪电”图标，弹出“动态数据”对话框，选择“记录集 enuser2”中的 id 字段，如图 7-43 所示。

图 7-42 设置“隐藏域”的名称

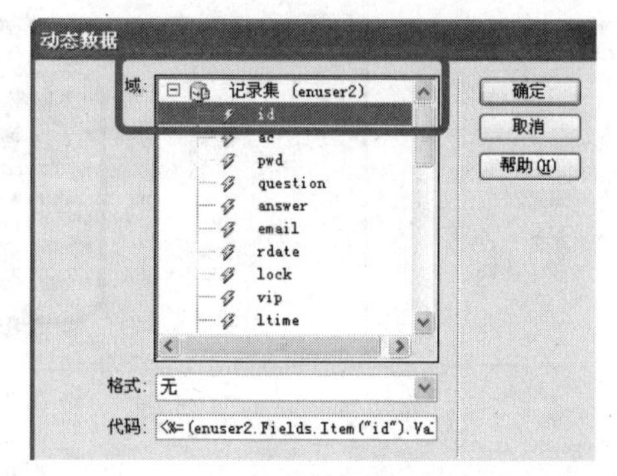

图 7-43 选择动态数据字段

选择该字段的目的是为了将用户登录使用的 id 与“隐藏域”绑定，然后将隐藏域插入招聘求职系统职位信息表 job 中的 enid 字段中去，因为 en_user 表中的 id 字段与职位信息表 job 中的 enid 字段是相等的，请读者必须注意这一点。

（4）在“服务器行为”标签中选择“插入记录”命令，在弹出的“插入记录”对话框中进行设置，注意“表单”元素与数据库表 job 中的各字段进行“绑定”，特别是“隐藏域 id”与 job 中的 enid 进行“绑定”，如图 7-44 所示。

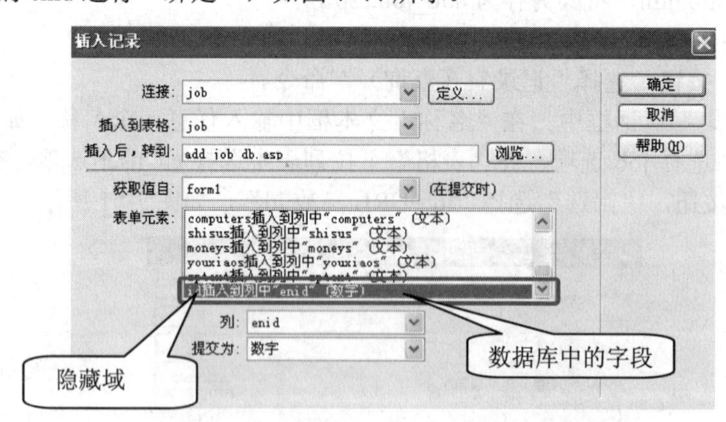

图 7-44 插入记录

（5）测试发布招聘信息的页面，能够增加招聘信息到数据库，同时能够将用户的 id 号增加到 job 表中。读者在测试时可以打开数据库表 job 查看。

五、维护招聘信息页面的设计

维护招聘信息页面的设计也可以用 Dreamweaver 来进行，设计步骤如下。

1．设置维护招聘信息图片的链接

为了能够让登录并发布招聘信息的用户自己维护自己的招聘信息，需要传递用户登录的

id 号，因此需要用 id 来传递链接，设置企业用户会员中心的各个页面中的“维护招聘信息”图片的链接为 enjob.asp?id=<%=session("id")%>。

2．设置“记录集（enjob）”

（1）选择“应用程序”面板的“绑定”标签，单击“+”按钮。

（2）选择“记录集（查询）”命令，在弹出的“记录集”对话框中设置好各个参数，如图 7-45 所示。

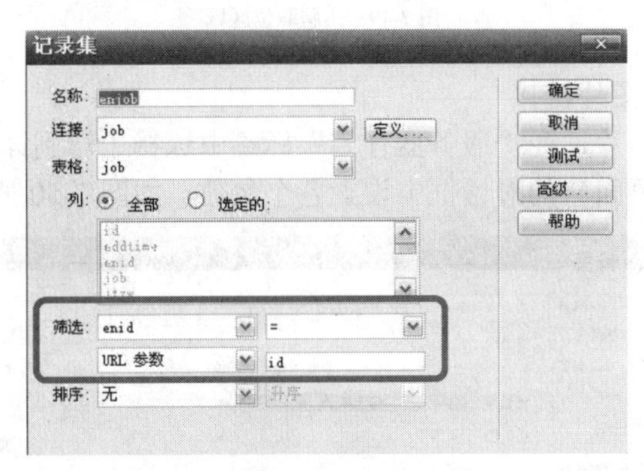

图 7-45　设置记录集

筛选设置的含义是 job 表中的字段 enid 等于前一个页面传递来的“用户 id”号。

（3）设置“记录集”后，将“记录集”打开，然后将各字段插入表格。

（4）在显示招聘职位的表格下方输入“还没有发布招聘信息”。

（5）选择该行文字，然后在“服务器行为”标签中选择“显示区域”→“如果记录集为空则显示区域”命令，弹出一个对话框，选择记录集 enjob，单击“确定”按钮，如图 7-46 所示。

图 7-46　如果记录集为空则显示区域

（6）选择显示招聘职位的表格，然后在“服务器行为”标签中选择“显示区域”→“如果记录集不为空则显示区域”命令，弹出一个对话框，从中选择“记录集（enjob）”，单击“确定”按钮，如图 7-47 所示。

（7）选取显示招聘职位表格中的有记录集字段的那一行，选择方法是按住 ctrl 键，再单击各表格中的字段，在“服务器行为”标签中选择“重复区域”命令，在“重复区域”对话框中设置显示“所有记录”，如图 7-48 所示。

图 7-47　如果记录集不为空则显示区域

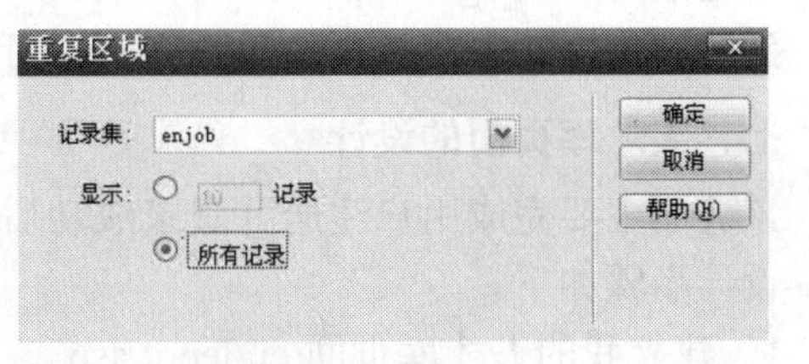

图 7-48　“重复区域”对话框

（8）设置完成的招聘职位区域如图 7-49 所示。

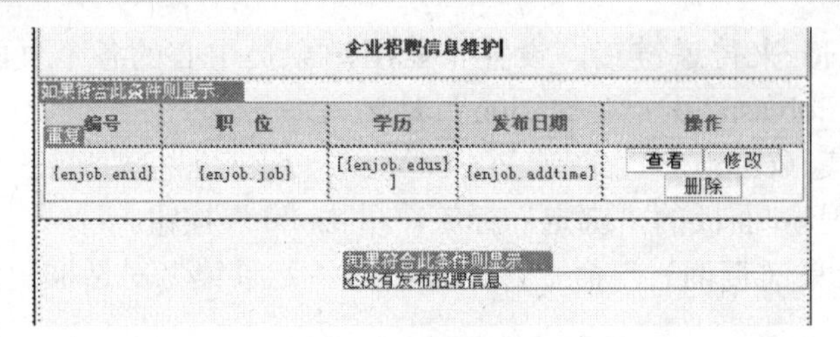

图 7-49　招聘职位区域

3．设置操作区域的图片链接

（1）选择“查看”图片，在“服务器行为”标签中选择“转到详细页面”命令。

（2）在“转到详细页面”的对话框中设置各个参数，如图 7-50 所示。

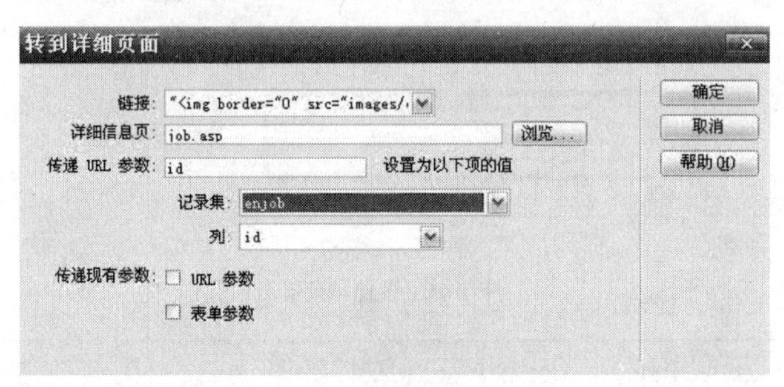

图 7-50　设置“转到详细页面”

修改、删除图片的链接及转到详细页面的具体内容，由读者自己完善，有问题可以与作者联系，本处不再赘述。

六、站内信息页面的设计

该页面主要完成用户注册并登录成功后的站内信息的提示。

设计步骤如下。

（1）打开 message.asp。

（2）将该页面另存为 message1.asp。

（3）下面是对 control1.asp 和 message1.asp 两个页面的左侧导航条中站内信息图片的链接进行更改，这一步很重要，其他企业会员的页面也对该图片的链接作相同的更改。因为用 Dreamweaver 在建立记录集中筛选中传递的 id 号需要通过该链接来传递，因此可以更改该图片的链接为 message1.asp?id=<%=session("id")%>

到此为止，站内信息页面设计完成。可以进行测试。

七、人才库页面的设计

该页面主要完成用户注册并登录成功后对人才库的查看。

设计步骤如下。

1．建立我的人才库页面 endepot.asp

（1）打开 endepot.htm。

（2）将该页面另存为 endepot.asp。

2．人才库页面的设计要点

（1）添加包含文件。首先添加本页面的包含文件，即本页面需要调用的页面，同时对该页面进行保护，没有登录将不能访问。为了实现上述功能，在页面的开始添加如下源代码。

```
<!--#include file="info.asp"-->
<!--#include file="conn.asp"-->
//以上是调用包含文件
<html>
<%
if session("id")="" or session("ac")="" or session("user")<>"2" then
response.write "<script language=JavaScript>" & chr(13) & "alert('您还未登录！');"&"window.location.href = 'index.asp'"&" </script>"
Response.End
end if
%>
//以上是控制用户的登录行为，用户必须正确登录才能访问
```

（2）人才库信息区域的设计。设计完成的表格如图 7-51 所示。

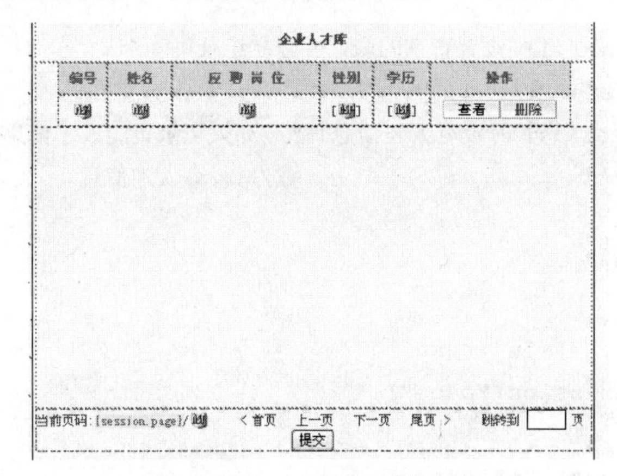

图 7-51　人才库信息区域的设计

下面进行介绍。

① 对于“编号”下方的单元格的设计。

在<%=job("id")%> 输入该代码提示为用户注册并登录的 id 号。

② 对于姓名下方的单元格的设计。

在<%=job1("name")%>插入“记录集 job1”的“姓名”字段。

③ 对于“应聘岗位”下方的单元格的设计。

在<%=job1("job1")%>插入“记录集 job1”的“应聘岗位”字段。

④ 对于性别下方的单元格的设计。

在<%=job1("sex")%>插入“记录集 job1”中的“性别”字段。

⑤ 对于“学历”下方的单元格的设计。

在<%=job1("edu")%>插入“记录集 job1”中的“学历”字段。

⑥ 对于“操作”下方的单元格的设计。

设置“查看”的链接为 pejobon.asp?id=<%=job1("id")%>，通过 id 来传递参数。

设置“删除”的链接为 del_endepot.asp?id=<%=job("id")%>，通过 id 来传递参数。

人才库有可能不止一条信息，为了显示所有的信息，需要用代码进行控制，让其重复显示人才信息，在 Dreamweaver 中也可以设置重复显示的区域。

代码如下。

```
<%
job.movenext
if job.eof then exit for
job1.close
next
%>
```

⑦ 为了实现对人才库表格内容的控制，需要建立记录集 job、job1 等。

```
<% sql="select id,inid from endepot where enid="&session("id")&" order
by id desc"
job.open sql,conn,1,1//设置查询的表，并建立记录集 job
if job.recordcount=0 then
   response.write "您暂时没有人才信息！"//如果记录集的人才信息为空，则提示您暂
                                              //时没有人才信息
         else
//以下是控制页面的导航记录
job.pagesize=10
if request("action")="n" then
session("page")=session("page")+1
else
if request("action")="p" then
session("page")=session("page")-1
else
if request("action")="f" then
session("page")=1
else
if request("action")="l" then
session("page")=job.pagecount
else
if isnumeric(request("page1"))=true then
session("page")=clng(request("page1"))
else
session("page")=1
end if
```

```
end if
end if
end if
end if
if session("page")>job.pagecount then session("page")=job.pagecount
if session("page")<1 then session("page")=1
job.absolutepage=session("page")%>
```

按如下代码建立记录集 job1。

```
<%  sql="select id,inid from endepot where enid="&session("id")&" order by
id desc"
job.open sql,conn,1,1
```

（3）对于人才信息下方的记录集分页导航的设计。

记录集分页导航的设计可以用代码设计，也可以用 Dreamweaver 来设计，此处用代码来设计。

首先插入一个“表单”，在“表单”内作如图 7-52 所示的设置。

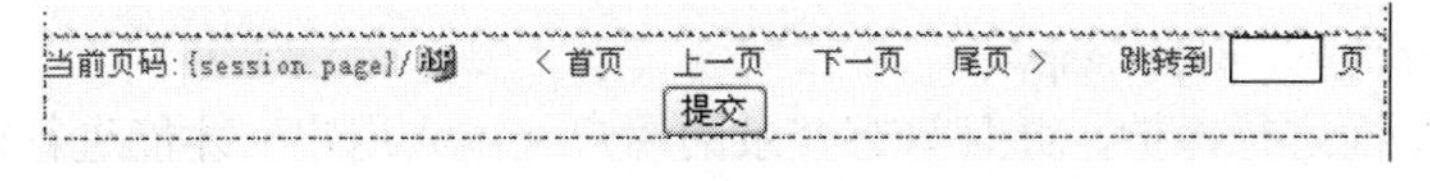

图 7-52 “记录集”导航的设置

到此为止，人才库页面设计完成，完整的页面和代码请读者参见我们提供的相关源文件。

八、人才超级搜索页面的设计

人才超级搜索页面的设计比较简单，可以用代码来设计，也可以用 Dreamweaver 来设计，不管采用哪种方法来设计，都需要设计一个“搜索”页面、一个“搜索结果”显示页面。

设计步骤如下。

（1）打开 search_pejobon.htm。

（2）将其另存为 search_pejobon.asp。

（3）首先对页面进行保护，并且只有登录的企业用户才能进行超级人才搜索。

代码与人才库页面设计方法一样，此处不再重述。

（4）在表单内作如图 7-53 所示的设计。该设计可以用 Dreamweaver 来完成，主要是几个文本框和下拉菜单的设计，具体设计可以参见我们提供的源文件。

人才超级搜索			
求职者希望职位类别：	食品、餐饮/旅游/休闲娱乐 *		
求职者希望具体职位：	（关键字）		
求职者希望工作省份：	请在以下列表中选择 * 工作城市关键字：		
对求职者专业要求：	不限	学历要求：	不限
求职者具体专业名：	（关键字）		
性别要求：	不限 ◉ 男 ○ 女 ○	求职类型：	不限
提交			

图 7-53 超级搜索表单内的设计

（5）设置表单的动作行为为 show_search_pejobon.asp，如图 7-54 所示。

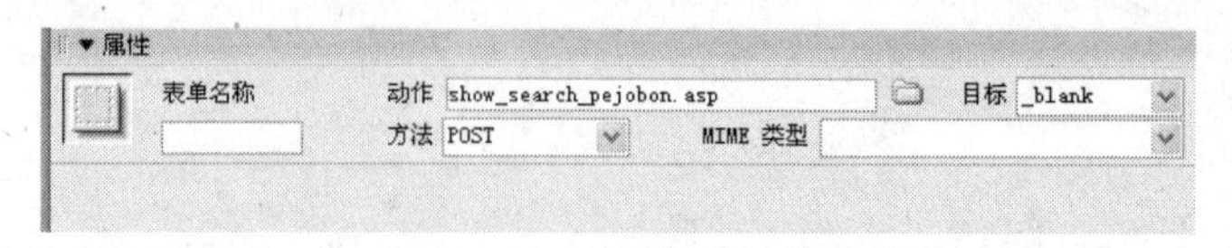

图 7-54　设置表单的动作

（6）该搜索页面设计完成后，可以设计搜索结果页面，对于搜索结果页面的设计需要对前面的提交条件进行筛选，因此比搜索页面的设计难度要大一些，这里是一个招聘普及版，只是用了一段代码来提示，普及版不支持该功能，如果读者需要完善该搜索结果页面，可以自己设计完成。

九、会员修改密码页面的设计

会员修改密码页面的设计比较简单，可以用代码来设计，也可以用 Dreamweaver 来设计，该页面的设计主要是应用了一个更新记录的行为。

设计步骤如下。

（1）打开 ch_pwd.htm。

（2）将其另存为 ch_pwd1.asp。

（3）首先对页面进行保护，并且只有登录的用户（本人用户）才能进行密码修改。

代码与前面的页面设计方法一样，此处不再重述。

（4）在表单内作如图 7-55 所示的设计。该设计可以用 Dreamweaver 来完成，主要是几个文本框的设计，具体设计可以参见我们提供的源文件。

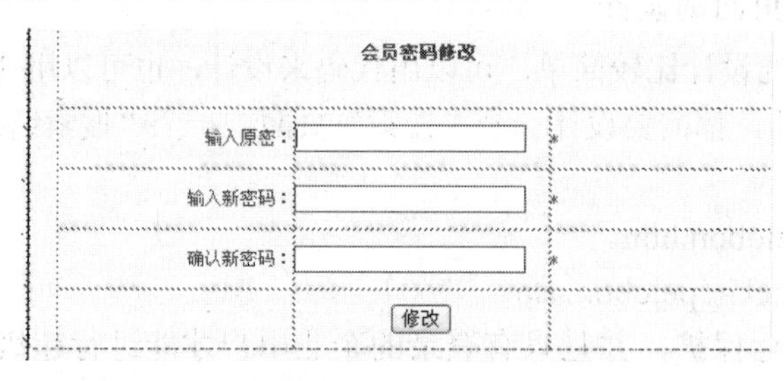

图 7-55　表单内的设计

（5）设置表单的动作行为为 ch_pwd_db1.asp，如图 7-56 所示。

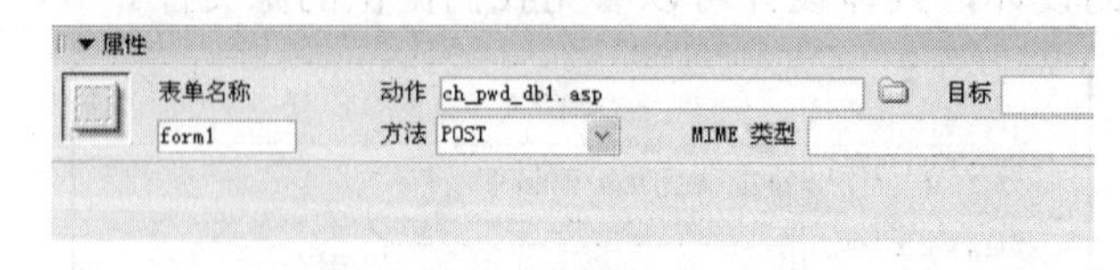

图 7-56　设置表单的动作

（6）密码修改页面设计完成后，可以设计验证页面，主要是对表单提交的验证，验证通过后页面转到会员中心首页 control1.asp。

【上机实战】

练习一

（1）用 ASP 代码记忆用户登录的相关信息如 id、用户名和用户类型。

（2）用 ASP 代码实现用户登录行为的验证。

（3）用 ASP 代码实现图片上传的验证功能。

练习二

（1）通过 id 参数来设置链接。

（2）调用 ASP 的包含文件和建立数据记录集。

（3）实现统计页面访问次数。

（4）实现页面内容根据会员权限来进行控制。

（5）完整练习案例 29。

项目 8

网站应用模块开发——网站二级页面的设计

在前面的项目中只介绍了招聘求职系统主页面静态和动态内容的实现技巧，而在网站首页面有很多链接还没有介绍，本项目将对网站的首页面设计进行完善，介绍网站首页的二级页面的设计技巧。

学习目标

- ◆ 掌握新闻动态和求职技巧二级页面记录集的“筛选”设置。
- ◆ 掌握首页招聘职位记录集 SQL 区域设置的技巧。
- ◆ 掌握首页招聘职位二级页面记录集设置中“变量”应用的技巧。
- ◆ 掌握最新人才链接页面对“联系方式控制”的设计技巧。
- ◆ 掌握用 Dreamweaver 设计“重复区域”时的代码改动技巧。
- ◆ 掌握用 Dreamweaver“时间格式”时的更改技巧。

任务 1 新闻动态和求职技巧“动态区域”二级页面的设计

【任务分析】

新闻动态和求职技巧“动态区域”显示出来的是一些标题，单击这些标题可以打开相关的内容，本案例将设计链接打开后的二级页面。

【实现步骤】

新闻动态和求职技巧动态区域二级页面是用同一个页面来完成，页面文件名是 show_article.asp。可以将 show_article.html 另存为 show_article.asp。

该页面的设计可以通过源代码来设计，也可以用 Dreamweaver 来设计，不管如何设计，都要注意一些关键步骤。

（1）需要调用页面的包含文件。

```
<!--#include file="info.asp"-->
<!--#include file="conn.asp"-->
<!--#include file="unhtml.asp"-->
<!--#include file="ubb.asp"-->
```

（2）需要建立查询记录集。

```
<%
sql="select * from article where id="&clng(request("id"))
job.open sql,conn,1,1
set job1=server.createobject("adodb.recordset")
sql1="update article set click="&job("click")+1&" where id="&clng(requ
est("id"))
job1.open sql1,conn,1,1
%>
```

（3）将“记录集”中的相应字段插入页面的表格。

以上是采用源代码来设计的关键，如果是用 Dreamweaver 来设计需要注意以下几点。

（1）通过“数据库”面板的“绑定”标签建立记录集，一定要注意“记录集”的设置参数，如图 8-1 所示。

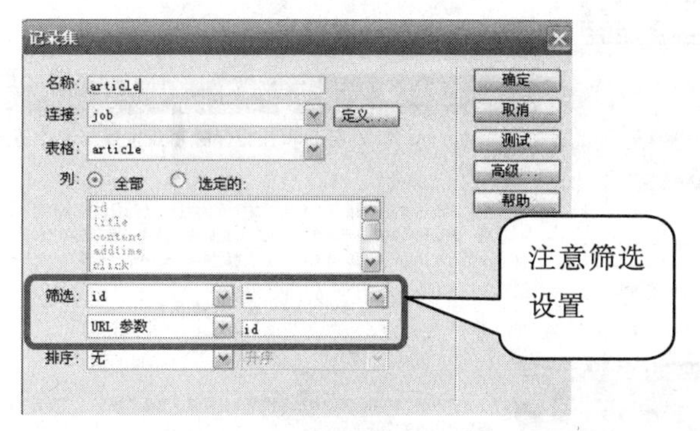

图 8-1　记录集设置

图 8-1 中的“筛选”设置是选择首页中的新闻和求职技巧传递的 id 参数。

（2）通过“服务器行为”中的“命令”按钮设置文章的访问量，在 SQL 区域更改代码，如图 8-2 所示。

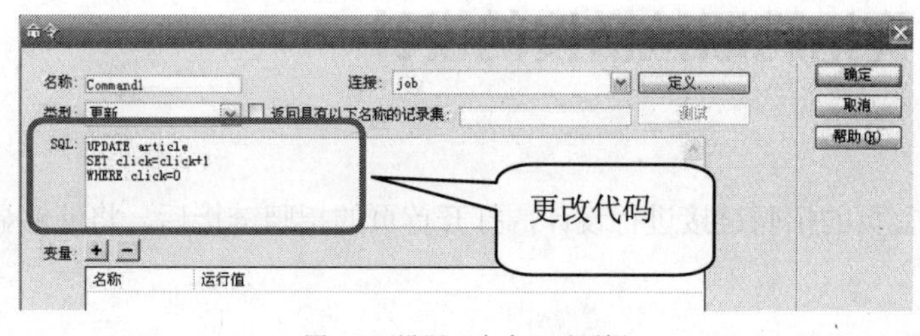

图 8-2　设置“命令”对话框

（3）将各相关的“记录集”字段插入页面的表格，注意设置左侧“热点文章”区域的链接，这个链接和首页的新闻及求职技巧的链接指向一样，如图 8-3 所示。

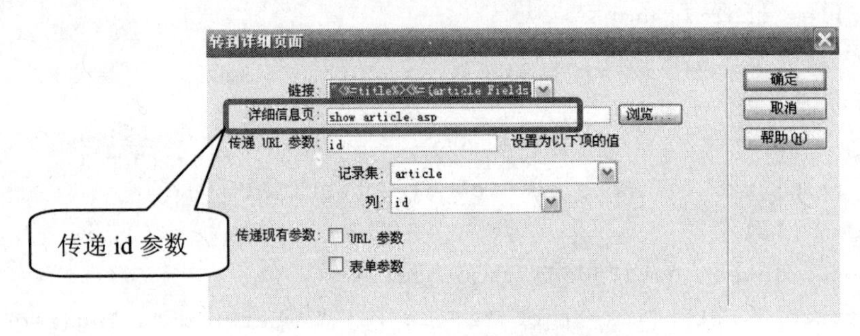

图 8-3　设置链接

到此为止，该页面的设计技巧已经分别介绍完成，读者可以自己选择一种方法来设计。下面从首页测试新闻和求职技巧动态区域的链接，如图 8-4 所示。

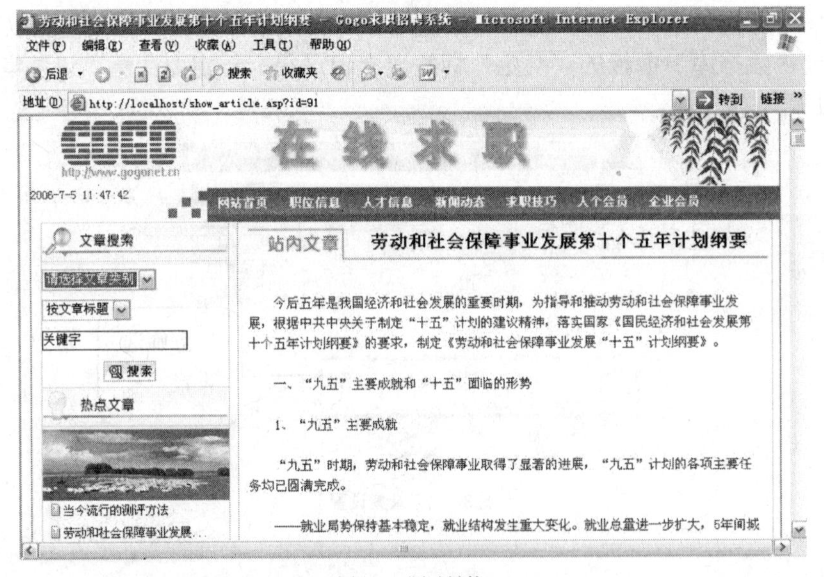

图 8-4　测试链接

【上机实战】

完成新闻动态和求职技巧“动态区域”二级页面的设计。

任务 2　首页招聘职位链接的设计

【任务分析】

本案例就是对首页的招聘链接进行设计，打开首页的招聘链接后，将能够显示二级页面。

【实现步骤】

设计步骤如下。

1．首页招聘职位记录集的更改

原来在首页中“记录集（zp）”由于连接了两个表 job、en_user，因此有 2 个 id 字段，在传递 id 参数到招聘职位的二级页面时，就会出现错误，因此需要更改“记录集（zp）”的设置。

（1）单击“绑定”标签的“+”按钮，选择“记录集（zp）命令”。

（2）双击“记录集（zp）”，更改 SQL 区域中 select 字段的内容，将“SELECT * ”更改为“SELECT job.*,en_user.name”，如图 8-5 所示。

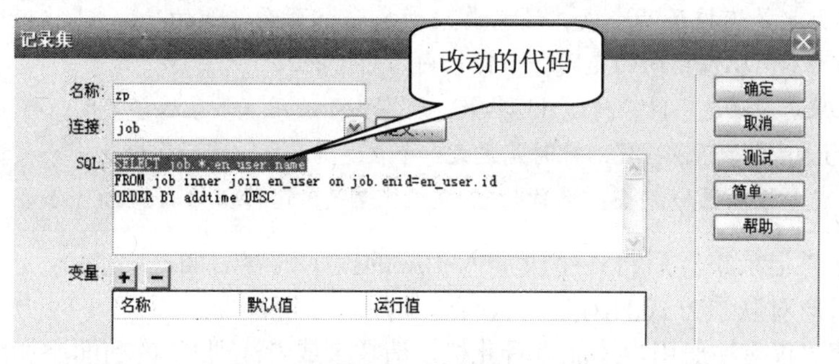

图 8-5　更改代码

“SELECT * ”的含义是选择表中的所有列，这就包含 job 表和 en_user 表的所有列，于是就有重复的字段 id，因为两个表都有这个字段。更改为“SELECT job.*,en_user.name”的含义是，选择表 job 中的“所有的列”，而为了不重复，只选择首页中需要的表 en_user 中的“一个字段”——招聘公司字段“name”，这样就不会重复 id，请读者一定要掌握该技巧。

2．更改插入表格的招聘职位的字段

原来插入表格的招聘职位字段是 job，现在打开“记录集(zp)”，重新插入一个新的字段职位 jtzw。

3．首页招聘职位链接二级页面的设计

首页招聘职位链接二级页面是 job.asp,主要是用 Dreamweaver 来设计，关键步骤如下。

（1）首先是设置“记录集（job2）”。

该记录集设置如图 8-6 所示。

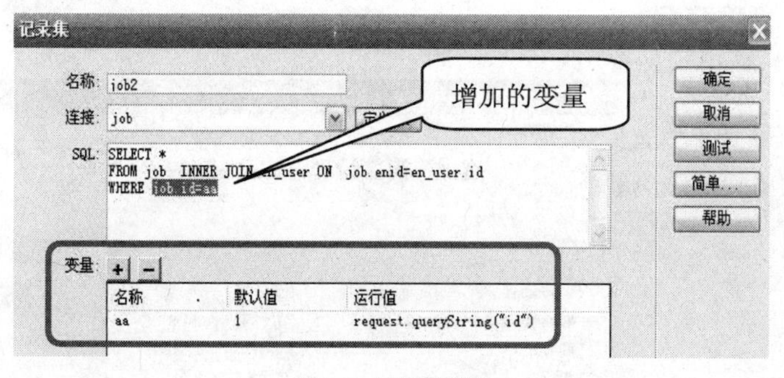

图 8-6　记录集设置

注意

该记录集设置与前面的记录集设置方法有区别，不能单纯用筛选设置来传递前一个页面的 id 参数，需要建立一个表量，同时由于该页面的表格相关区域不能只有一个数据库表来完成，因此需要两个表连接查询。

两个表连接查询的语句是 job INNER JOIN en_user ON job.enid=en_user.id。

job INNER JOIN en_user ON 是连接两个表的语法，job.enid=en_user.id 是连接两个表的条件，即表 job 中的 enid 字段等于表 en_user 表中的 id 字段。

以上只是连接了两个表，还需要接受前一个页面传递的 id 参数，否则会出现前一个页面的不同职位指向的是同一个链接内容的情况。

原来是用筛选字段来传递 id 参数，现在由于使用了多表连接查询，再去使用筛选字段会提示 from 句子语法出错。此时是定义一个表量，在 where 后面增加一个表量 job.id=aa。

在变量设置区域设置：名称为 aa,默认值为 1，运行值为 request.queryString("id")。

（2）设置好“记录集”后将各字段插入相应的提示内容后面。

（3）控制用户对联系方式的浏览，只有注册用户才能浏览。

在文字内容“仅有注册用户才能查看此栏，请登录或者注册！”的前面添加以下代码。

```
<%
if session("id")="" or session("ac")="" or session("user")="" then
%>
```

在后面添加如下代码。

```
<%
else
%>
```

（4）招聘职位左侧招聘信息区域的设计，可以参考“查看公司信息”company.asp 页面相关部分的设计，因为设计方法完全一样，此处从略。

另外，还可以控制“添加到职位库”、“发送站内信息”的图片链接，读者可以参见源文件。

（5）从首页测试招聘职位页面的链接，如图 8-7、图 8-8 所示。

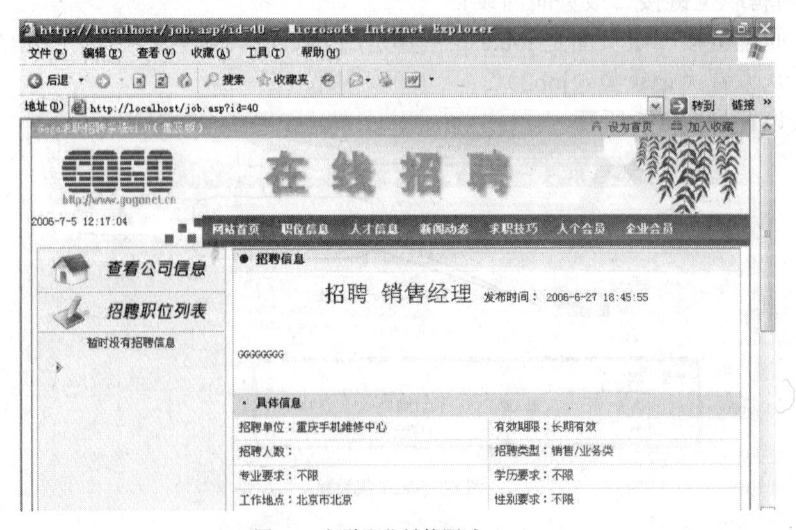

图 8-7 招聘职位链接测试（一）

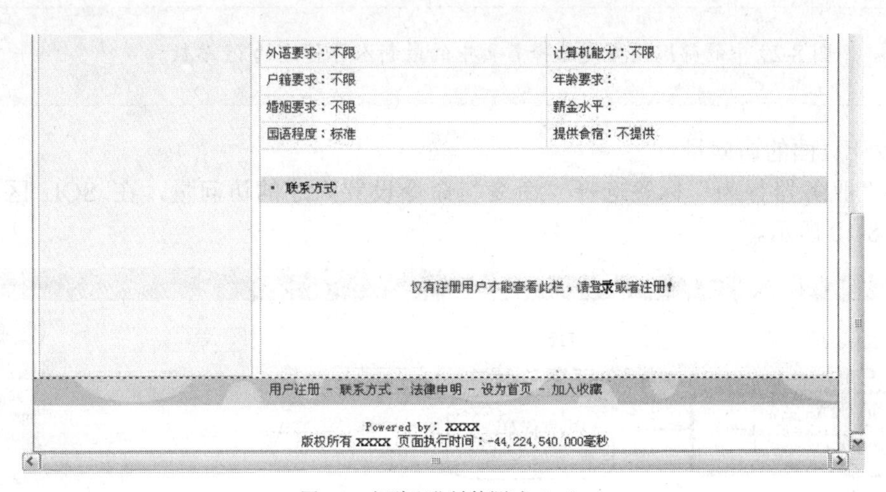

图 8-8　招聘职位链接测试（二）

【上机实战】

完成首页招聘的二级页面的设计。

任务 3　首页最新人才链接二级页面的设计

【任务分析】

首页最新人才链接二级页面是 person.asp，本页面可以用代码来设计，也可以用 Dreamweaver 来设计，此处用 Dreamweaver 来设计。

【实现步骤】

1．设置记录集

通过“数据库”面板的“绑定”标签建立记录集，一定要注意“记录集”的设置参数，如图 8-9 所示。

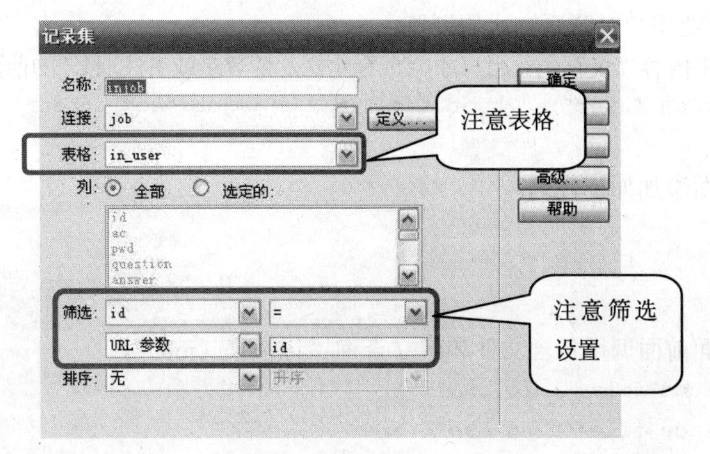

图 8-9　记录集设置

图 8-29 中的筛选设置是选择首页中的最新人才传递的 id 参数。

2．设计页面的访问量

通过“服务器行为”标签选择“命令”命令设置人才的访问量，在 SQL 区域更改代码，如图 8-10 所示。

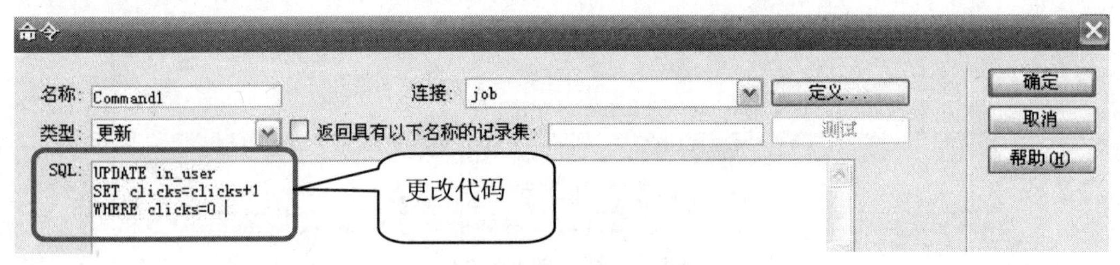

图 8-10　设置“命令”对话框

3．应用记录集

将各相关的“记录集”字段插入页面的表格，如图 8-11 所示。

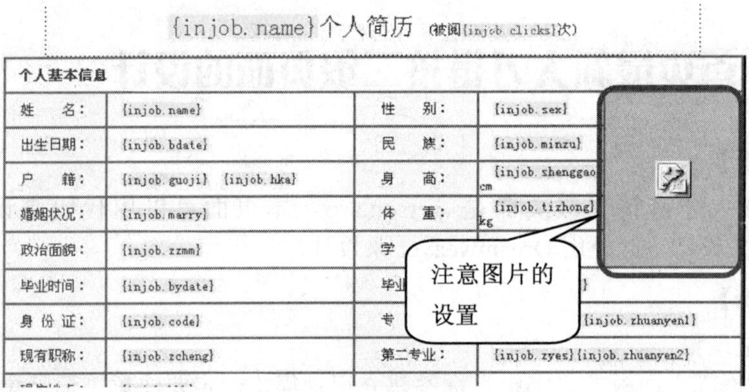

{injob.name}个人简历 (被阅{injob.clicks}次)

个人基本信息			
姓　　名：	{injob.name}	性　别：	{injob.sex}
出生日期：	{injob.bdate}	民　族：	{injob.minzu}
户　　籍：	{injob.guoji}　{injob.hka}	身　高：	{injob.shenggao cm
婚姻状况：	{injob.marry}	体　重：	{injob.tizhong} kg
政治面貌：	{injob.zzmm}	学	
毕业时间：	{injob.bydate}	毕业	}
身 份 证：	{injob.code}	专	{injob.zhuanyen1}
现有职称：	{injob.zcheng}	第二专业：	{injob.zyes}{injob.zhuanyen2}

注意图片的设置

图 8-11　插入“字段”后的表格

4．设计企业用户对联系方式的浏览

（1）在文字内容“仅有企业用户才能查看此栏，请登录或者注册！”的前面添加以下代码。

```
% if session("user")="2" or session("ac")=job("ac") then
%>
```

（2）在后面添加如下代码。

```
<%
else
%>
```

（3）在页面前面调用包含文件和建立查询“记录集（job）”。

```
<!--#include file="info.asp"-->
<!--#include file="conn.asp"-->
<!--#include file="unhtml.asp"-->
<html>
```

以上是调用包含文件。

```
<%
sql="select * from in_user where id="&clng(request("id"))
job.open sql,conn,1,1
%>
```

以上是建立查询“记录集（job）”。

（4）在页面后面关闭和销毁数据连接和记录集。

```
<%
job.close
set job=nothing
set conn=nothing
%>
```

5.用户照片显示的设计

可以用以下代码来实现。

```
<img border="0" src="<%if job("pic")<>"" then
response.write job("pic")//如果记录集中的图片不为空则显示记录集中的图片
else
response.write "images/nopic.gif"//否则显示 nopic.gif 暂无图片的提示
end if
%>" width="120" height="150">
```

到此为止，该页面的设计技巧已经分别介绍完成，读者可以查看源文件来设计。下面从首页测试最新人才的链接，如图 8-12 所示。

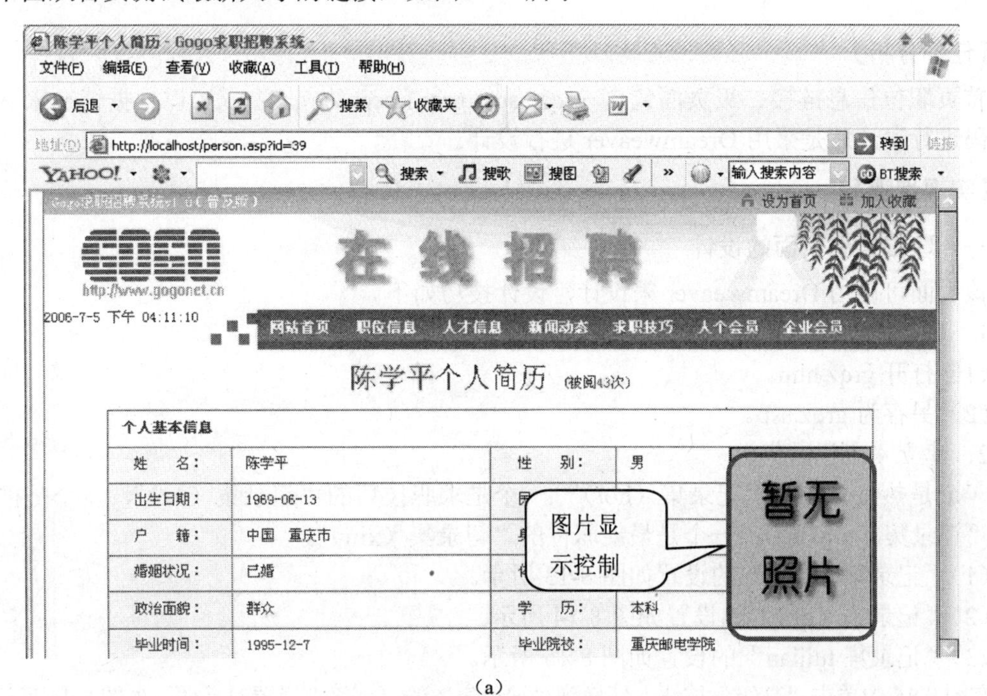

（a）

图 8-12　测试最新人才（一）

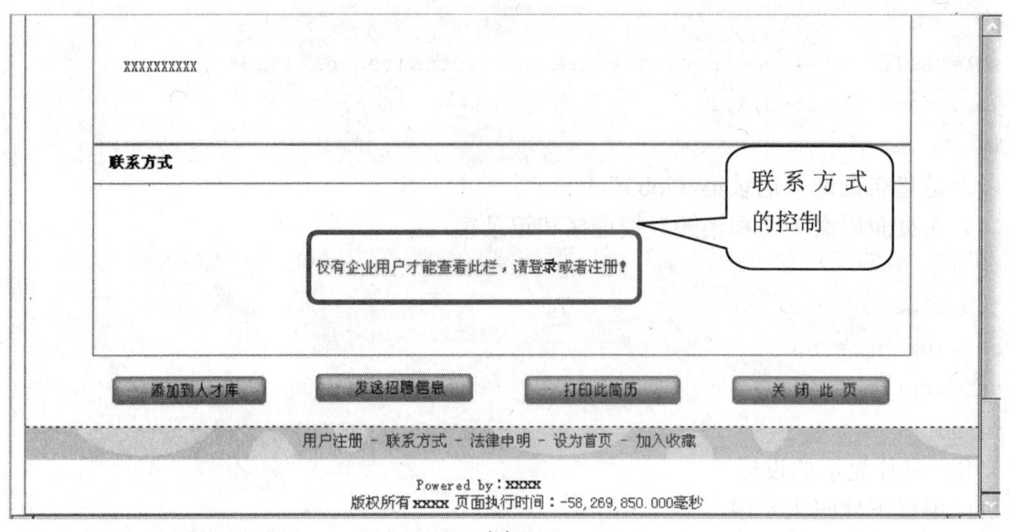

(b)

图 8-12 测试最新人才（二）（续）

【上机实战】

完成人才二级页面的设计及测试。

任务 4 首页职位信息链接二级页面的设计

【任务分析】

首页职位信息链接二级页面包含 grqz.asp、grqz1.asp、grqz2.asp,可以根据情况来看是采用代码进行设计还是采用 Dreamweaver 进行设计。

【实现步骤】

一、职位信息页面的设计

该页面可以用 Dreamweaver 来设计，设计技巧如下。

1．建立职位信息页面 grqz.asp

（1）打开 grqz.htm。

（2）另存为 grqz.asp。

2．建立 4 个记录集

一个是热点企业的“记录集（hot）”,一个是求职技巧的“记录集（qz）”，一个是推荐职位的“记录集（tuijian）”,一个是最新职位的“记录集（xin）”。

（1）“记录集（hot）”的设置如图 8-13 所示。

（2）“记录集（qz）”的设置如图 8-14 所示。

（3）“记录集 tuijian”的设置如图 8-15 所示。

在图 8-15 中单击“高级”按钮，切换到“记录集”的“高级”设置对话框，如图 8-16 所示。

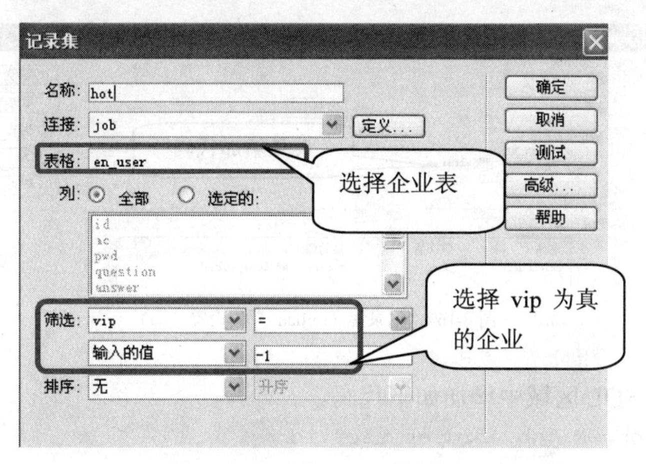

图 8-13 “记录集（hot）”的设置

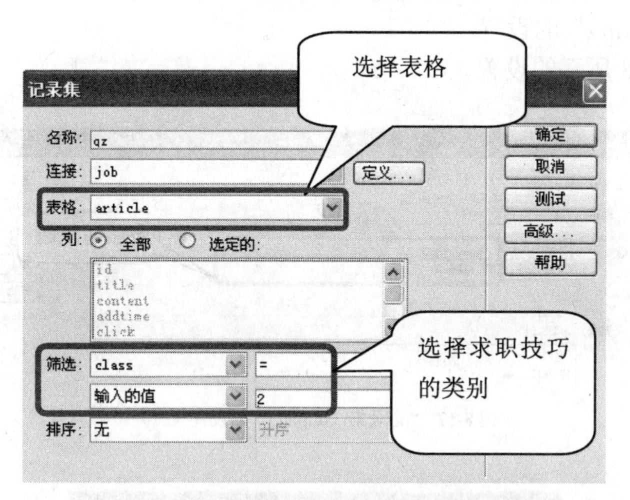

图 8-14 “记录集（qz）”的设置

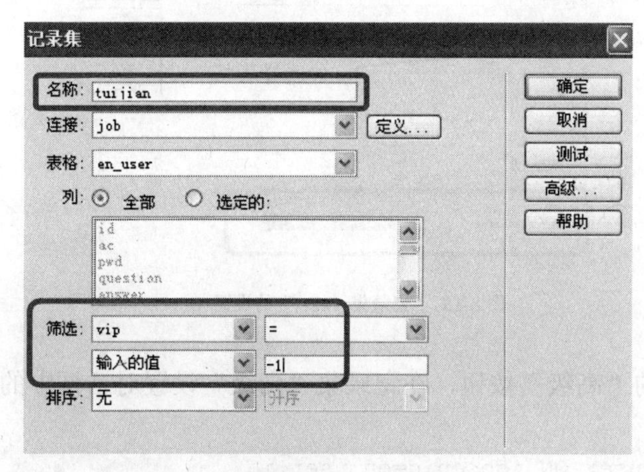

图 8-15 “记录集 tuijian”的设置（一）

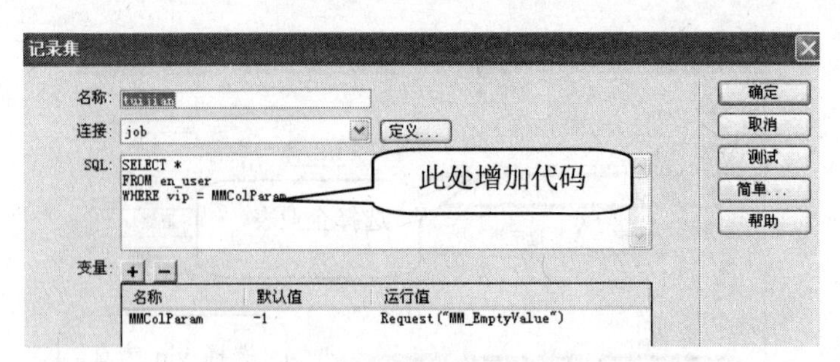

图 8-16 “记录集（tuijian）”的设置（二）

在图 8-16 中，SQL 区域中增加如下代码。

```
INNER JOIN job ON job.enid=en_user.id
```

增加代码后的“记录集”对话框如图 8-17 所示。

（4）“记录集（xin）”的设置。

首先作如图 8-18 所示的设置。

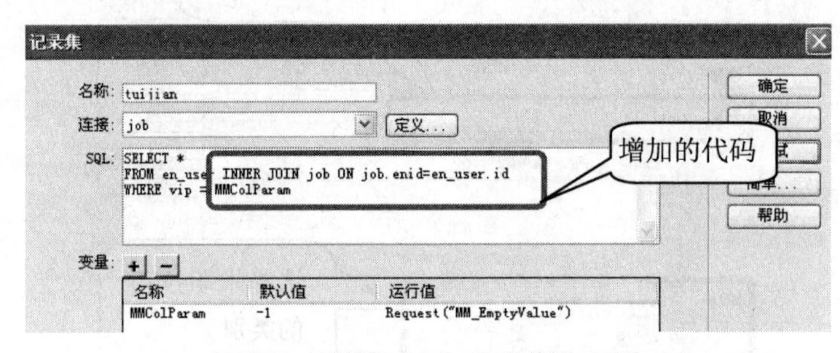

图 8-17 “记录集（tuijian）”的设置（三）

图 8-18 “记录集（xin）”的设置（一）

单击图 8-18 中的“高级”按钮，在记录集“高级”设置对话框中的 SQL 区域增加如下代码。

```
INNER JOIN en_user ON job.enid=en_user.id
```

增加代码后的对话框如图 8-19 所示。

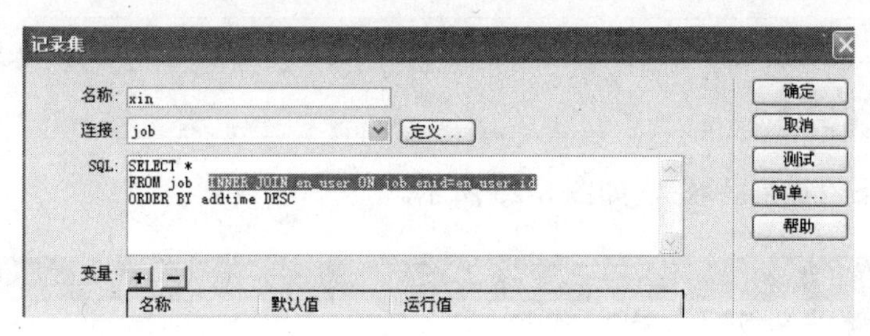

图 8-19　“记录集（xin）”的设置（二）

3．插入记录集字段到表格

打开各个“记录集”，将相关“字段”插入表格，如图 8-20 所示。

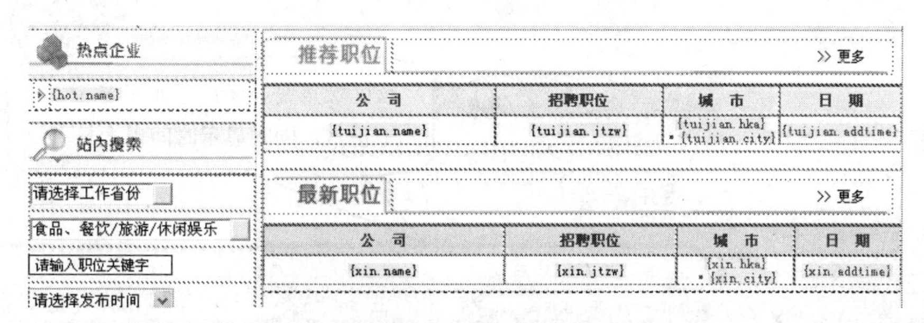

图 8-20　插入“记录集”字段

4．设计重复区域和显示区域

（1）按照前面已经学习的方法设置“热点企业”、“求职技巧”、“推荐职位”、“最新职位”4 个区域的动态表格的“重复区域”和“显示区域”，如图 8-21～图 8-24 所示。

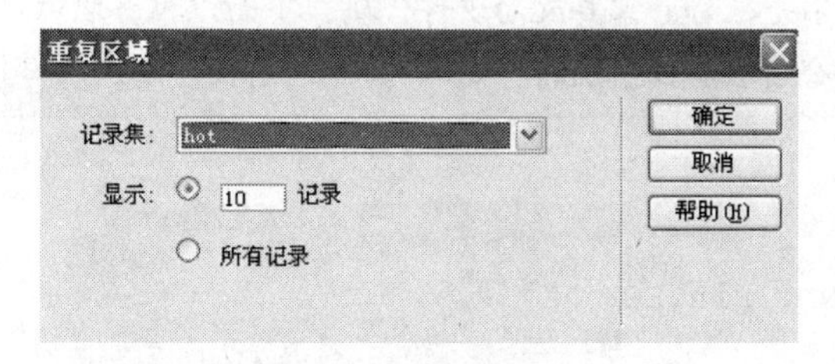

图 8-21　热点企业的“重复区域”

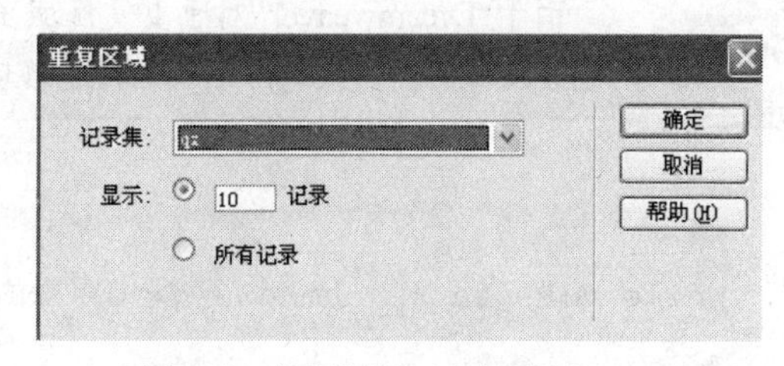

图 8-22　求职技巧的“重复区域”

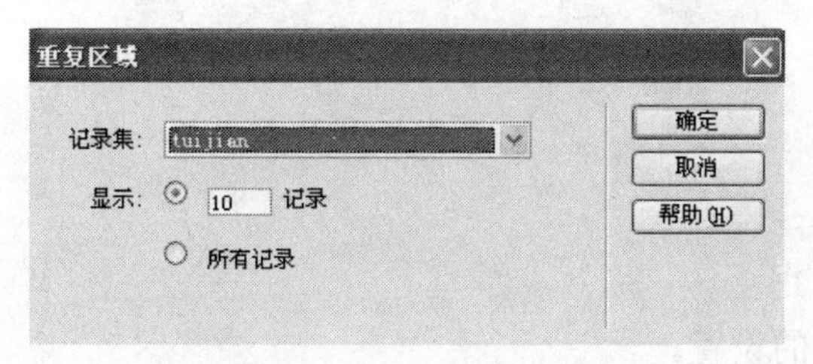

图 8-23　推荐职位的“重复区域”

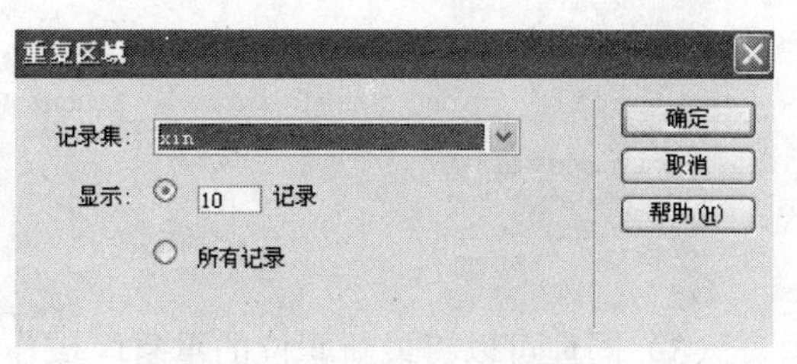

图 8-24　最新职位的“重复区域”

注意 以上重复区域的设置在选择记录集时需要选择所在区域相关的记录集，不能选择其他区域的记录集。

（2）测试一下“重复区域”，如图 8-25 所示。

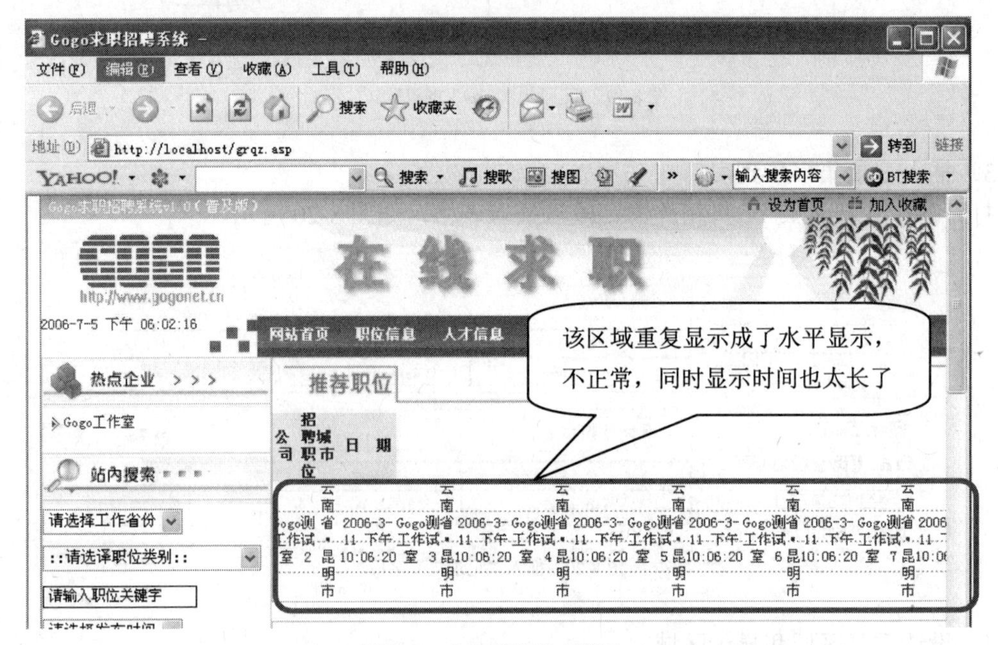

图 8-25 “重复区域”的测试

注意 由于 Dreamweaver 对于重复区域支持不是很好，需要改动少许代码，下面以推荐职位的重复区域为例，找到以下代码将其移动到公司和职位字段的“<tr>”标志的前面。

```
<%
While ((Repeat4__numRows <> 0) AND (NOT xin.EOF))
%>
```

找到以下代码将其移动到公司和职位字段的“</tr>”标志的后面。

```
<%
  Repeat4__index=Repeat4__index+1
  Repeat4__numRows=Repeat4__numRows-1
  xin.MoveNext()
Wend
%>
```

（3）同理可以将最新职位的重复区域作相似的设置。

（4）再测试一下重复区域，如图 8-26 所示。

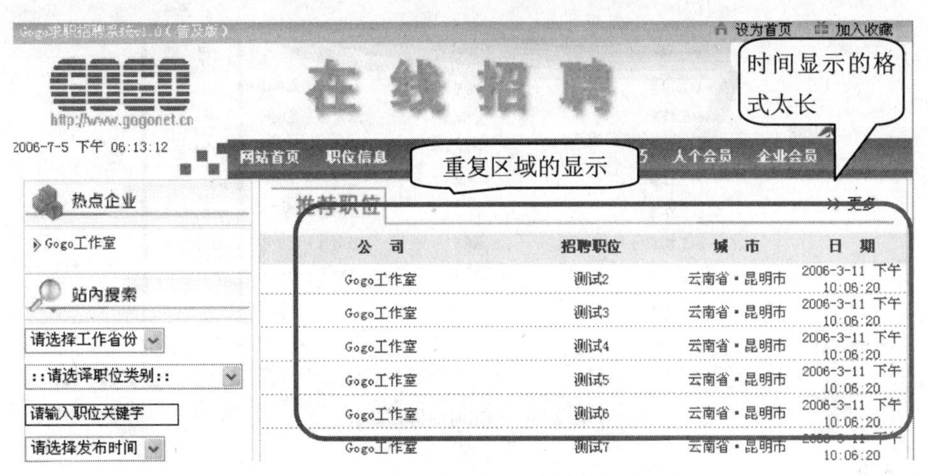

图 8-26　重复区域的正常显示

5．设置时间的显示格式

（1）单击推荐职位表格中的时间字段，此时在打开的“绑定”标签中该字段处于选中状态，如图 8-27 所示。

（2）单击图 8-27 中的下拉箭头，作如图 8-28 所示的选择。

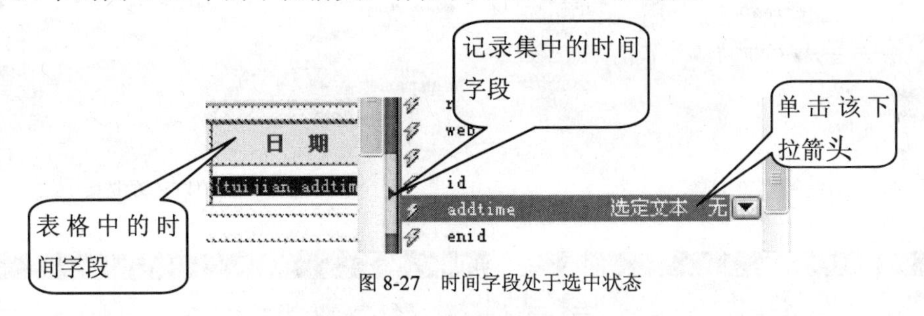

图 8-27　时间字段处于选中状态

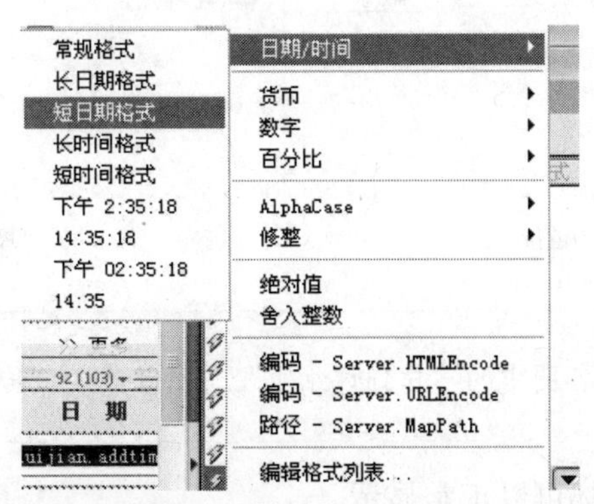

图 8-28　选择“短日期”格式

（3）同理将最新职位的时间字段作相同的设置。

（4）测试页面如图 8-29 所示。

推荐职位　　>> 更多

公　司	招聘职位	城　市	日　期
Gogo工作室	测试2	云南省・昆明市	2011-3-11
Gogo工作室	测试3	云南省・昆明市	2011-3-11
Gogo工作室	测试4	云南省・昆明市	2011-3-11
Gogo工作室	测试5	云南省・昆明市	2011-3-11
Gogo工作室	测试6	云南省・昆明市	2011-3-11
Gogo工作室	测试7	云南省・昆明市	2011-3-11
Gogo工作室	测试8	云南省・昆明市	2011-3-11
Gogo工作室	测试1	云南省・昆明市	2011-3-11
Gogo工作室	1111	云南省・重庆市	2011-3-10
Gogo工作室	软件设计师	云南省・昆明市	2011-3-11

图 8-29　测试时间格式显示

6．设置链接

设置“热点企业”、“求职技巧”、“推荐职位”、“最新职位”的链接，通过“服务器行为”标签的“转到详细页面”命令来设置，如图 8-30～图 8-33 所示。

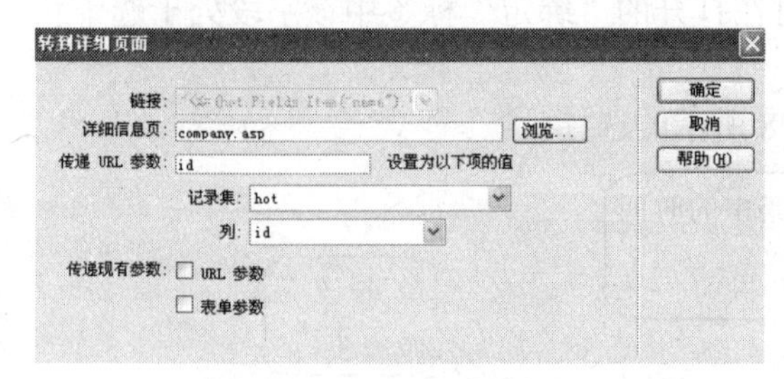

图 8-30　“热点企业”的链接

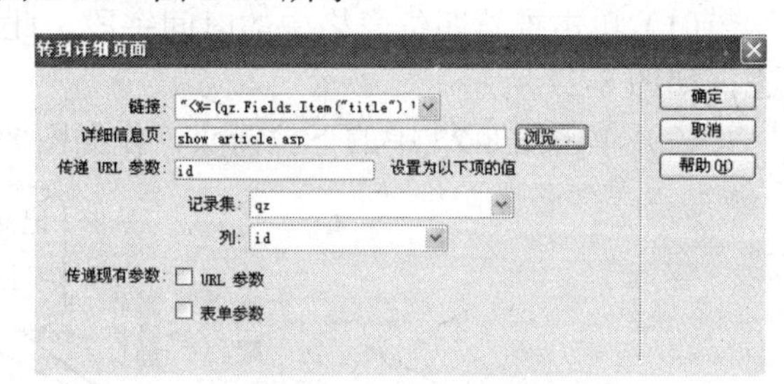

图 8-31　“求职技巧”的链接

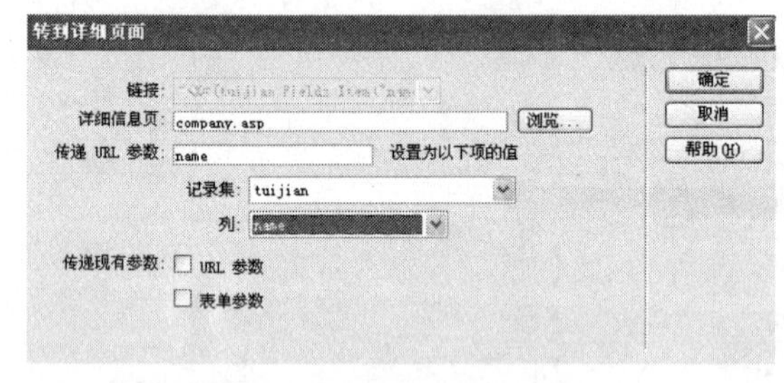

图 8-32　“推荐职位”的链接

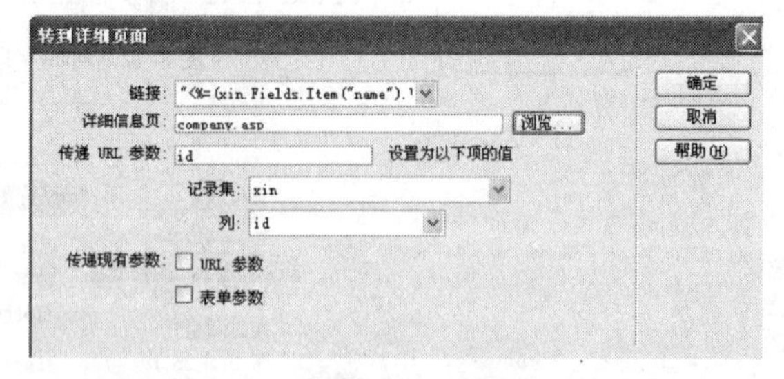

图 8-33　“最新职位”的链接

请读者体会以上各图中的“转到详细页”、“记录集”、“传递参数”的区别。

测试各个区域的链接，都可以正常显示。

二、更多推荐职位和最新职位页面的设计

更多推荐职位页面是 grqz1.asp，更多最新职位页面是 grqz2.asp。

这两个页面的设计方法较为简单，可以用代码来设计，也可以用 Dreamweaver 来设计，关键是记录集的设置。

（1）打开职位信息页面 grqz.asp，在“绑定”标签中复制“记录集（tuijian）”，如图 8-34 所示。

（2）在更多推荐职位页面 grqz1.asp 中，切换到“绑定”标签中，然后选择“粘贴”命令。

（3）同理在职位信息页面 grqz.asp 和更多最新职位“grqz2.asp”页面中，将“记录集（xin）”进行复制和粘贴。

（4）在更多推荐职位 grqz1.asp 页面，打开“记录集（tuijian）”，插入“记录集”的字段到表格中，然后设置“重复区域”和“链接”，方法与职位信息页面 grqz.asp 相同。

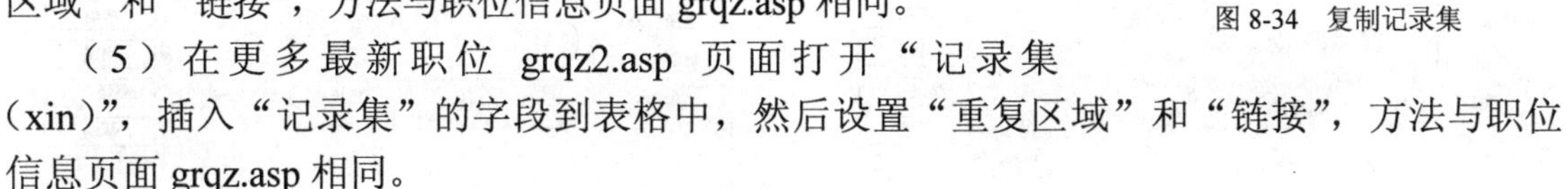

图 8-34　复制记录集

（5）在更多最新职位 grqz2.asp 页面打开“记录集（xin）”，插入“记录集”的字段到表格中，然后设置“重复区域”和“链接”，方法与职位信息页面 grqz.asp 相同。

此处不再多述，请读者参见源文件，要注意的是光盘中的源文件是代码设计的，读者可以根据提示改为用 Dreamweaver 来设计。

三、首页人才信息链接二级页面的设计

首页人才信息链接的二级页面是 qyzp.asp。

（1）该页面可以用代码来设计，也可以用 Dreamweaver 来设计。关键是数据库“记录集”的设置。

（2）“记录集”的设置与首页中的最新人才的“记录集（qz）”一样。

（3）如果用 Dreamweaver 来设计该页面，则在首页中按照前面提示的方法将首页 index.asp 中的“记录集（qz）”复制到 qyzp.asp 页面中。如果用代码来设计，则可以查看光盘中的源文件来设计。

（4）本页面的设计与首页中的最新人才的动态区域大体相同，这里不再多述。读者可以自己决定采用哪种方法来设计该页面。

【上机实战】

练习本案例的 3 个模块的上机操作。

任务 5　首页新闻动态和求职技巧“链接区域”二级页面的设计

【任务分析】

首页新闻动态和求职技巧链接二级页面是 article1.asp、article2.asp，这两个页面的设计方法较为简单，可以用代码也可以用 Dreamweaver 来设计。

如果用代码设计读者可以参见源文件，主要是设置好记录集，然后将字段应用到表格中。

【实现步骤】

我们对用 Dreamweaver 来设计这两个页面作一下提示。

（1）新闻动态页面 article1.asp“记录集”的设置有两个，一个是“新闻动态”区域部分的“记录集”，另一个是“热点文章”部分的“记录集”的设置，设置这两个“记录集”要注意选择数据库表 article，对于“新闻动态”区域的“记录集”要注意“筛选”字段为“class = 输入的值 2”，对于“热点区域”的“记录集”除了要设置“筛选”为“class = 输入的值 2”，还需要设置“访问量”、click 按照降序排列，如图 8-35、图 8-36 所示。

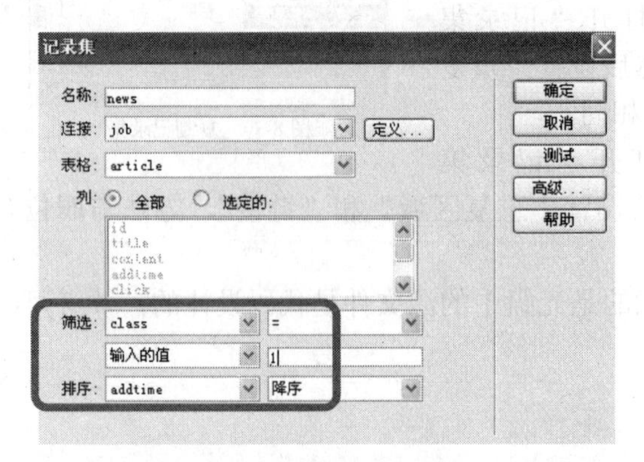

图 8-35 “新闻动态”区域的“记录集”设置

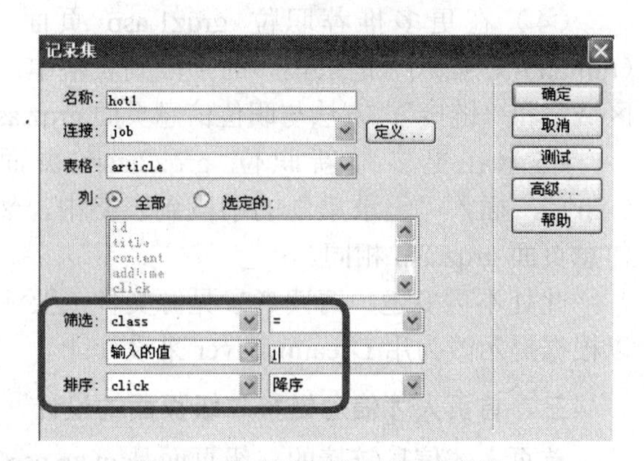

图 8-36 热点区域“记录集”的设置

设置好“记录集”后打开“记录集”，将字段插入表格的相关内容后。

（2）求职技巧动态页面 article2.asp“记录集”的设置有两个，一个是“求职技巧”动态区域部分的“记录集”，另一个是“热点文章”部分的“记录集”的设置，设置这两个“记录集”要注意选择数据库表 article，对于“求职技巧”动态区域的“记录集”要注意“筛选”字段为“class=输入的值 2 ”，对于“热点区域”的“记录集”除了要设置“筛选”为“class=输入的值 2”，还需要设置“访问量”、click 按照降序排列，如图 8-37、图 8-38 所示。

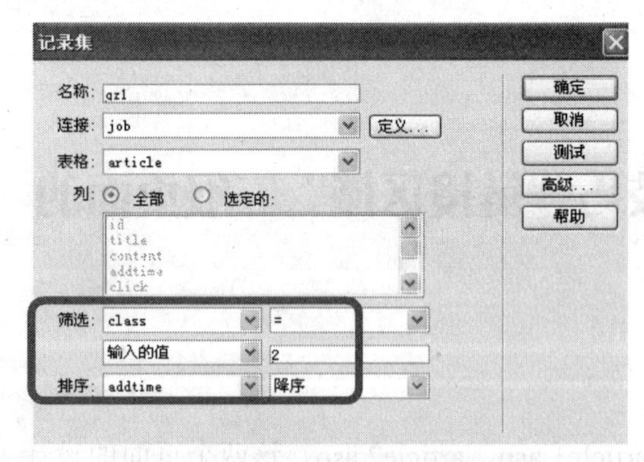

图 8-37 “求职技巧”区域记录集设置

图 8-38 热点区域“记录集”设置

设置好“记录集”后打开“记录集”，将字段插入表格的相关内容后。

读者可以根据提示自己选择一种方法进行设计。

【上机实战】

设计新闻动态和求职技巧链接区域的二级页面。